室内设计师的38堂必修课

王凯　编著

机械工业出版社
CHINA MACHINE PRESS

本书是一本囊括众多知识，具备较强实用性的辅助类图书。全书共分为9章，包含室内设计师入职基础、设计基础知识、选材施工管理要则、熟知相关法律法规、与客户有效沟通、提高有效签单率、获取新客户、提高自身综合水平、学习前人经验等内容。书中以思维导图、表格等比较直观的形式向读者阐明了室内设计师应当学习的内容和应当具备的技能，帮助初入职场的室内设计师更快地成长起来。本书适合从事室内设计工作的设计师阅读，同时也可作为室内设计职业技术培训机构的辅导教程。

图书在版编目（CIP）数据

室内设计师的38堂必修课/王凯编著. —北京：机械工业出版社，2024.7
ISBN 978-7-111-75828-0

Ⅰ. ①室…　Ⅱ. ①王…　Ⅲ. ①室内装饰设计　Ⅳ. ①TU238.2

中国国家版本馆CIP数据核字（2024）第098898号

机械工业出版社（北京市百万庄大街22号　邮政编码100037）
策划编辑：宋晓磊　　　　　责任编辑：宋晓磊　李宣敏
责任校对：肖　琳　李　杉　封面设计：鞠　杨
责任印制：李　昂
北京捷迅佳彩印刷有限公司印刷
2024年7月第1版第1次印刷
184mm × 260mm · 13印张 · 335千字
标准书号：ISBN 978-7-111-75828-0
定价：79.00元

电话服务　　　　　　　　　　网络服务
客服电话：010-88361066　　机　工　官　网：www.cmpbook.com
　　　　　010-88379833　　机　工　官　博：weibo.com/cmp1952
　　　　　010-68326294　　金　书　网：www.golden-book.com
封底无防伪标均为盗版　　　机工教育服务网：www.cmpedu.com

前 言

室内设计是当今社会的主流行业之一，室内设计师作为美化室内空间的实际操作者，受到大众的关注，且随着时代的进步，国民审美水平不断提高，这也要求室内设计师需要不断强化自身的专业水平，丰富自身的知识储备，学习和接纳新的知识和思想。本书作为一本涵盖面较广的提高职业技能的书，作用便是强化室内设计师的核心竞争力，以便其能更好地顺应时代的发展，创造出更适合大众的室内空间。全书共分为 9 章 38 课，书中内容旨在强化室内设计师的专业素养：

1. 入职前的思考。思考室内设计师的职业定位、职业规划、职业前景，以更饱满、自信的情绪面对职场。

2. 强化设计功底。学习并强化空间、基础图纸、风格、软装、色彩、灯光等元素的设计要点，夯实设计基础，提高室内设计师的核心竞争力。

3. 剖析材料选购与施工工艺。逐一列表说明室内装饰材料的特性和选购要点，以图解的形式阐明不同工序施工的具体流程，并说明管理项目的具体内容，从而加强室内设计师“将理想化为现实”的能力。

4. 简述设计相关法律法规。列出现行的部分设计法律法规，讲解招标投标文件和施工合同的具体内容，从而更好地保证设计作品的科学性和严谨性。

5. 分析与客户沟通的方法。获取客户基本信息，利用语言的魅力在合适的时间和地点将自己的设计构想正确且形象地传递给客户，这也能强化室内设计师的业务能力。

6. 分析提高签单率的方法。了解、分析客户，并以合适的谈话方式，正确的促单方法，让客户感受到设计师的专业能力，这是室内设计师必须要考虑的一点。

7. 分析获取新客户的方法。通过不同的营销手法，辅以具有实用价值的营销文案，从而获取更多的新客户。

8. 提升专业水平。强化专业技能，包括绘图、设计、软件操作等能力，并进行有效社交，养成较好的工作习惯，学会以更便捷的方式工作。

9. 实践出真知。通过签单实战，强化设计信心；通过临摹、赏析优秀案例，学习前人的设计经验，反思自身设计的缺点，这也能让室内设计师更具市场价值。

本书由浅入深，逐层讲解，图文并茂，且讲解细致、完整，通俗易懂，很适合从事室内设计工作的设计师阅读，同时也可作为室内设计职业技术培训机构的辅导教程。

读者购书后可加微信 whcdgr，将购书小票与本书拍照后发送微信验证，可获得本书相关资料。

编者

目 录

第 1 章　室内设计师入职基础

识别难度： ★☆☆☆☆
核心概念： 职业内容、职业要求、职业规划、职业前景
章节导读： 室内设计师能够在有限的空间、时间内，采用不同的装饰材料和施工手法，将客户的需求转变成事实。优秀的室内设计师能创造出兼具实用性和美观性的全新空间，他们明白自己的职业方向在哪里，懂得如何让自己成为更具核心竞争力、专业水平更高、更具规划性的室内设计师。

第 1 课　职业定位与实际切合

在正式入职之前，设计师应当仔细思考自己未来的职业方向，并根据装饰行业的市场特点，选择最适合自己发展的道路。

一、室内设计师职业定位

室内设计师的首要职责是加强室内空间的使用功能和提高居住质量，一名成熟的室内设计师必须要有艺术家的素养，工程师的严谨思想，旅行家的丰富阅历，以及经营者的经营理念和会计的成本意识。

图 1-1 为室内设计师的工作内容。

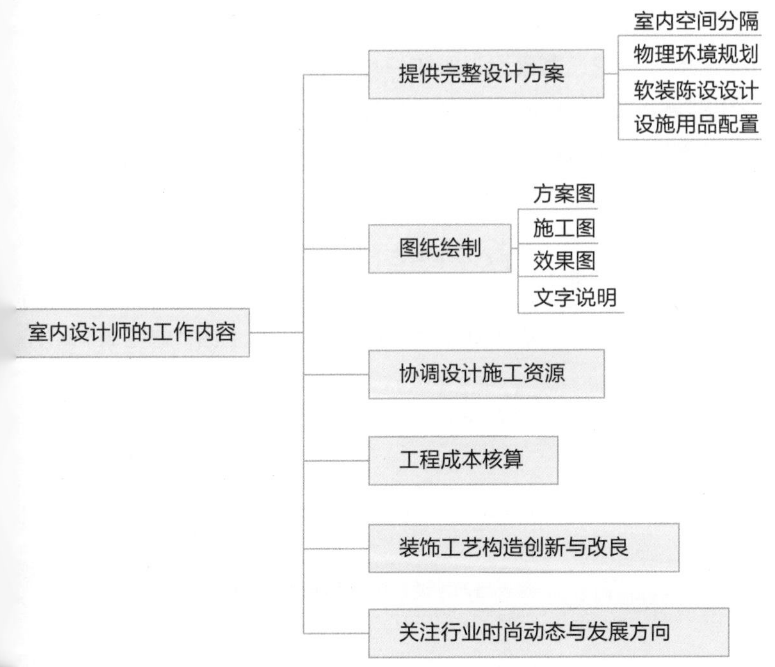

图 1-1　室内设计师的工作内容

←室内设计师的职业定位具有包容性，具体工作内容类别广泛，需要掌握多种专业技能。

室内设计师需要掌握室内设计制图、效果图渲染、后期处理、预算报价、装饰材料应用、施工工艺构造、工程管理、谈单签单技巧、业务营销等知识，纯粹只会设计的设计师无法走得更长远。

室内设计师的职业定位需要顺应市场发展，需要能够身兼数职，一要能成为绘画家，能够将设计构想以比较形象生动的图画展现给客户；二要能成为建筑师和设计师，要能掌握建筑和室内空间的结构特点；三要能成为装修顾问和施工监理，能运用通俗易懂的语言向客户阐明设计构思，能与施工人员良好地沟通设计细节，并能管理、监督其施工。

二、室内设计师工作要求

室内设计师的具体工作要求如下：

（1）了解土建制图、机械制图、给水排水工程图、采暖工程图、通风工程图、电气照明工程图、消防工程图等制图规范，并能绘制出专业的设计图纸和施工详图。

（2）熟悉透视学原理，并能快速地绘制出室内空间轴测图、透视图等图纸，能将室内空间的结构特征清晰地展示在客户面前。

（3）熟悉各种室内装饰材料，包括材料的性能、尺寸规格、色泽、市场价格、施工工艺、装饰效果等，在施工时能正确运用装饰材料。

（4）了解室内设计风格、家具风格等方面的知识，并熟悉各种构造的基本特征和变化，对室内陈设品的历史和设计要点也应了解。

（5）具备较好的独立测绘能力，能准确做好现场实测记录，能细心观察到周边情况，为后期预算编制提供一定的参考资料。

（6）熟悉室内装饰装修施工工艺，能独立制作室内设计建筑模型，对于园林艺术、插花、盆景设计等知识也有一定的了解。

（7）能熟练操作 AutoCAD 和 3dsMax 等计算机辅助设计软件，对社会学和经济学有粗略的了解，并能协调好人与人之间的关系。

图 1-2 为室内设计师需要具备的能力。

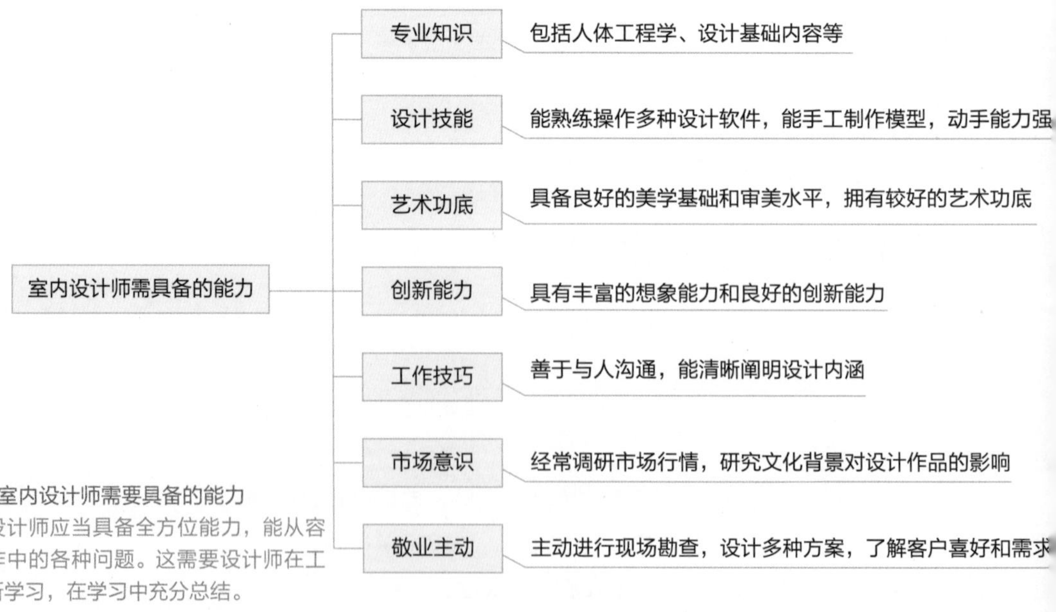

图 1-2　室内设计师需要具备的能力

↑室内设计师应当具备全方位能力，能从容面对工作中的各种问题。这需要设计师在工作中不断学习，在学习中充分总结。

第 2 课 职业规划与现实意义

室内设计师的职业规划与整个装饰行业的发展状况和装饰企业的类型息息相关，设计师所制订的职业规划应具有目标性和可实现性。

一、行业发展状况

室内设计师的职业规划要顺应装饰行业的发展状况，我国的装饰行业主要可分为四个阶段，分别为萌芽时期、发展时期、变革时期和快速发展时期（图 1-3）。图 1-4 为室内设计发展趋势。

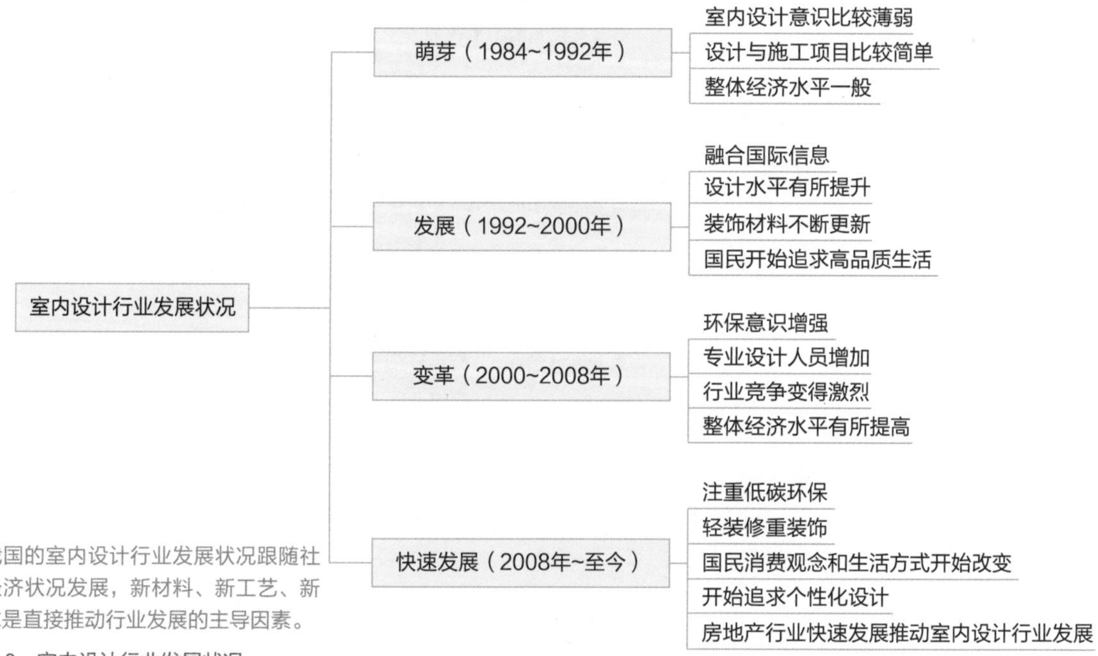

- 室内设计行业发展状况
  - 萌芽（1984~1992年）
    - 室内设计意识比较薄弱
    - 设计与施工项目比较简单
    - 整体经济水平一般
  - 发展（1992~2000年）
    - 融合国际信息
    - 设计水平有所提升
    - 装饰材料不断更新
    - 国民开始追求高品质生活
  - 变革（2000~2008年）
    - 环保意识增强
    - 专业设计人员增加
    - 行业竞争变得激烈
    - 整体经济水平有所提高
  - 快速发展（2008年~至今）
    - 注重低碳环保
    - 轻装修重装饰
    - 国民消费观念和生活方式开始改变
    - 开始追求个性化设计
    - 房地产行业快速发展推动室内设计行业发展

→我国的室内设计行业发展状况跟随社会经济状况发展，新材料、新工艺、新需求是直接推动行业发展的主导因素。

图 1-3 室内设计行业发展状况

- 室内设计发展趋势
  - 智能化：应用智能终端系统，室内集成控制
  - 人性化：追求美观性和舒适性，展开多功能设计
  - 绿色化：不断更新材料和工艺，注重环保
  - 工业化：室内设计施工产品实施工业化生产，施工效率大幅提高
  - 产品化：室内设计具有高附加值产品与服务
  - 专项化
    - 住宅空间设计
    - 商业空间设计
    - 办公空间设计
    - 展示空间设计

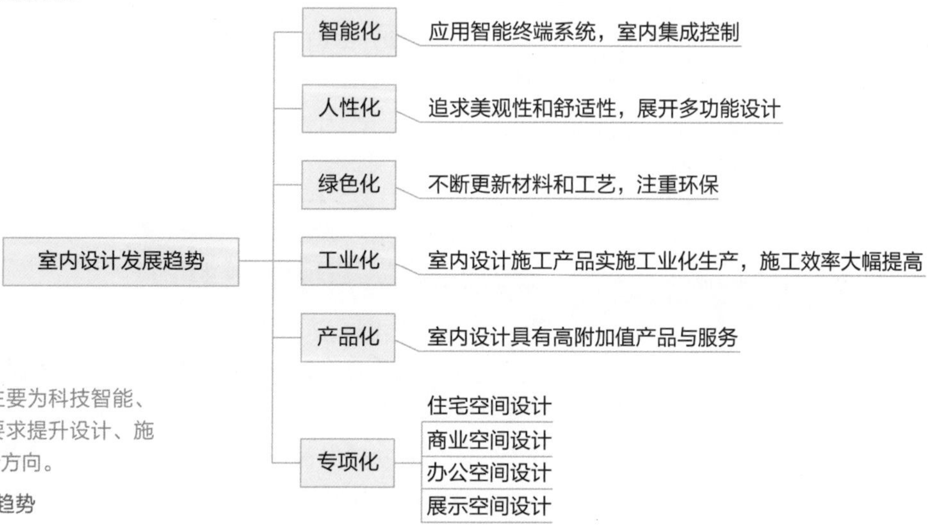

→室内设计发展趋势主要为科技智能、绿色环保方向，同时要求提升设计、施工工作效率，细化设计方向。

图 1-4 室内设计发展趋势

二、企业类型

设计师无法长期以“单打独斗”的状态工作，即使是独立设计师也需要有能够长期合作的施工团队，否则设计师将无法进一步拓展业务来源，客户对设计师的信任度也会有所降低，且设计师的工作特点也是需要与施工团队和运营团队配合工作的。

无论是成立属于自己的公司，还是就职于其他装饰企业，在正式入职前，都应当深入了解装饰企业的规模、所涉及的业务以及未来的发展趋势等信息。

图 1-5 为室内设计企业的类型。

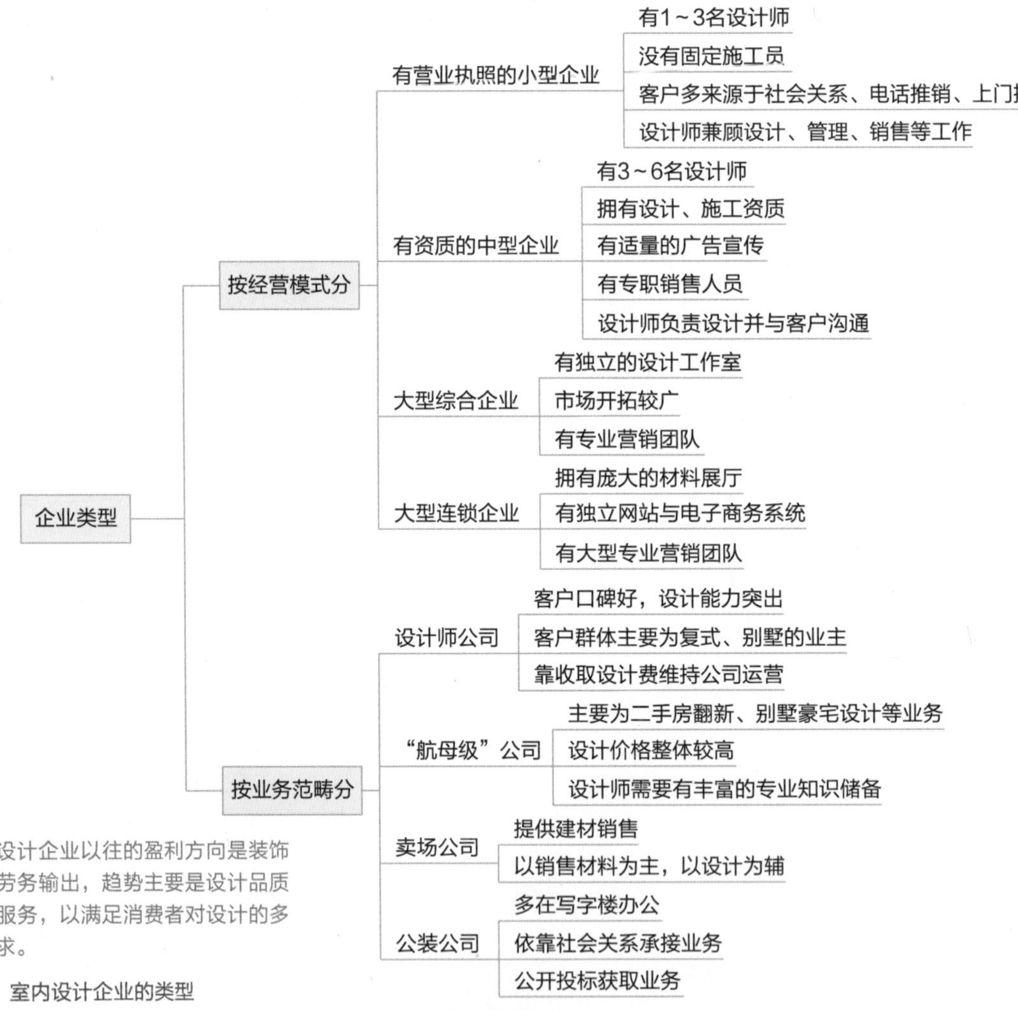

→室内设计企业以往的盈利方向是装饰材料和劳务输出，趋势主要是设计品质与咨询服务，以满足消费者对设计的多元化需求。

图 1-5　室内设计企业的类型

三、职业规划意义

室内设计师的职业规划需具备可操作性和可发展性，设计师应当以建立优质个人品牌（图 1-6）为根本目的，并与优秀的辅助团队，共同创造一个既能为公众提供良好设计，又能保证在不侵犯其基本利益的情况下，获取合理利润的装饰企业。

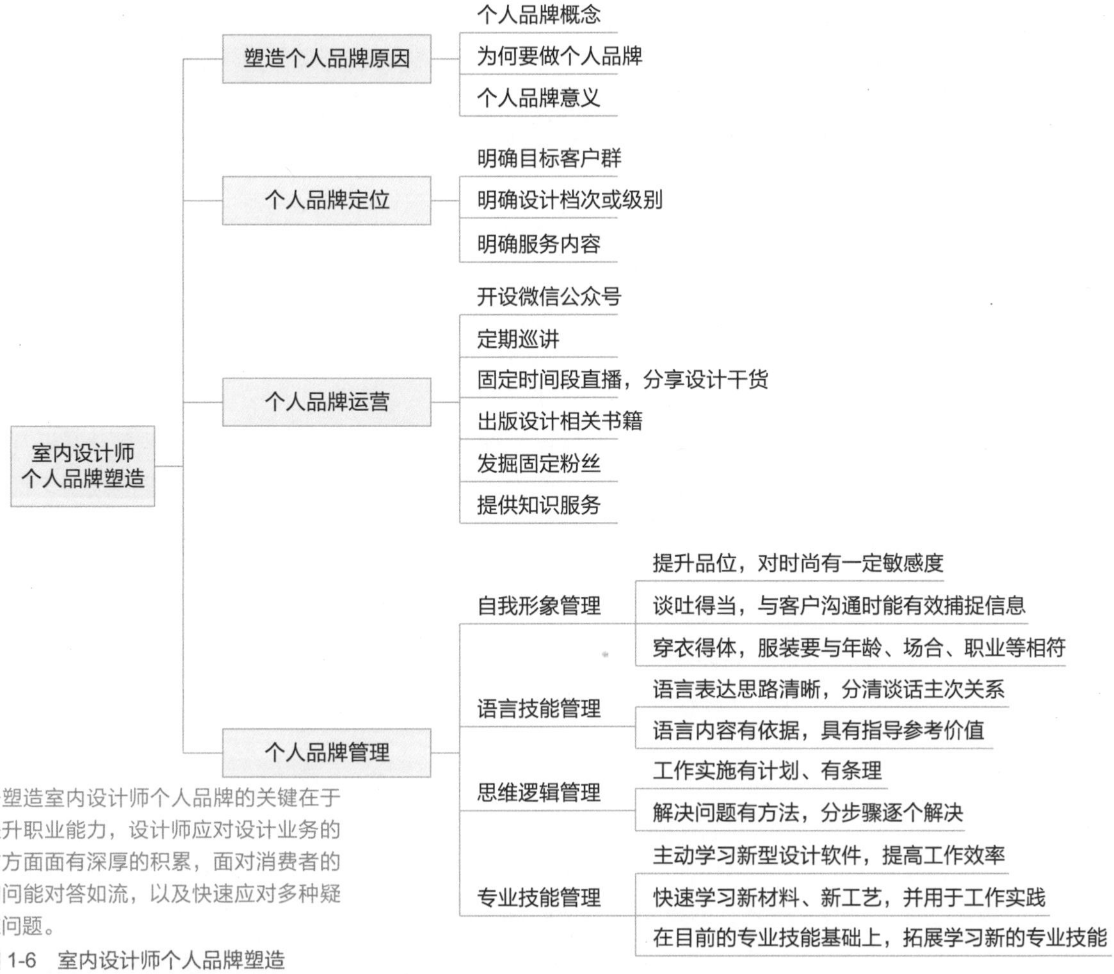

室内设计师个人品牌塑造
塑造个人品牌原因
个人品牌概念
为何要做个人品牌
个人品牌意义
个人品牌定位
明确目标客户群
明确设计档次或级别
明确服务内容
个人品牌运营
开设微信公众号
定期巡讲
固定时间段直播，分享设计干货
出版设计相关书籍
发掘固定粉丝
提供知识服务
个人品牌管理
自我形象管理
提升品位，对时尚有一定敏感度
谈吐得当，与客户沟通时能有效捕捉信息
穿衣得体，服装要与年龄、场合、职业等相符
语言技能管理
语言表达思路清晰，分清谈话主次关系
语言内容有依据，具有指导参考价值
思维逻辑管理
工作实施有计划、有条理
解决问题有方法，分步骤逐个解决
专业技能管理
主动学习新型设计软件，提高工作效率
快速学习新材料、新工艺，并用于工作实践
在目前的专业技能基础上，拓展学习新的专业技能

→塑造室内设计师个人品牌的关键在于提升职业能力，设计师应对设计业务的方方面面有深厚的积累，面对消费者的询问能对答如流，以及快速应对多种疑难问题。

图 1-6　室内设计师个人品牌塑造

第 3 课　室内设计师前途

室内设计师是综合艺术、实践于一体的职业，设计师的工作阅历越深，所积累的工作经验和设计经验越丰富，展现出来的社会价值便越高，因此，综合来看室内设计师的前景还是很好的。

一、室内设计师发展前景

1. 有更多升职机会

室内设计师是不断成长的，随着工作年限的增加，设计师的自身价值也会不断增长，所能获得的升职机会也会增多，相应的工资水平也会随之增长。

图 1-7 为室内设计师升职历程。

实习生
助理设计师
设计师
设计主管
设计总监
经理
合伙人
企业总裁

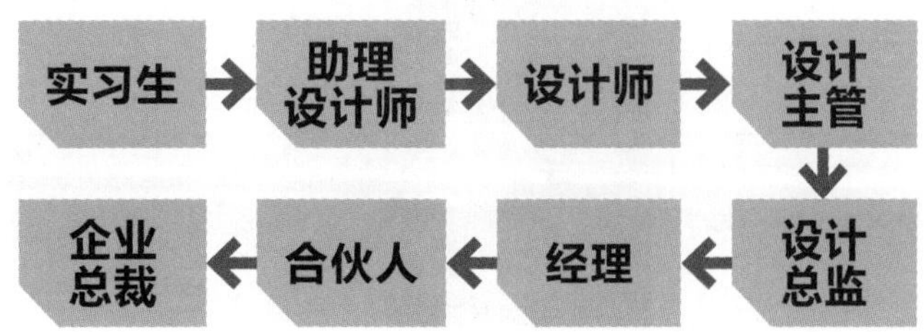

图 1-7　室内设计师升职历程

↑室内设计师每一次角色提升都是工作方向的改变，逐步由技术层面走向管理层面，因此，室内设计师要不断提升个人对行业全局的认知，掌握较广的社会关系与业务资源。

2. 需求量大

衣食住行是公众的必需品，室内设计师作为住宅空间、办公空间、酒店空间、娱乐空间等室内空间的专项设计人员，有更多的机会发挥自身所学。同时，室内设计还属于一个创新产业，能以其特有的艺术特征引领潮流的发展。

3. 有更多的创业机会

室内设计师在长期的工作中，能够积累大量的客户资源，且熟知装饰工程施工的所有工序，对整个装饰行业的发展状况也有一定的了解，创业机会会更多。

4. 经济要用设计带动消费

目前国内经济发展的重点是要拉动内需，房地产行业虽然在近几年有所徘徊，但对公众而言依旧是刚需，而室内设计所涉及的项目工程较多，如施工工程、材料选购工程等，这些都能拉动经济，这也从侧面说明了室内设计师存在的重要性。

5. 国际交流机会增多

随着大大小小设计比赛的举办，室内设计师能接触到更多的优秀设计，自身的设计水平能够得到提升，且逐渐开始与国际接轨，所能接触到的设计工程类别也将更丰富。

二、室内设计师发展方向

室内设计师所学习的理论知识十分丰富，因而其未来的发展方向也较多，既可发展为室内装饰设计师，也可转向环境景观设计、公共空间设计、展示空间设计等领域（表 1-1）。

表 1-1　室内设计师的发展方向

发展方向	图例	主要内容
室内装饰设计		主要从事软装配饰设计，对精装修室内空间进行后期配饰，设计周期短，工作效率高，涉及多种门类，如住宅空间设计、酒店空间设计、餐饮空间设计、文娱空间设计等
环境景观设计		主要从事室外空间设计。与室内装饰设计有共通性，室内空间和室外空间可为一体化设计。要求设计师对绿化植物、山石水景有深入了解，如住宅庭院设计、公园景观设计、城市绿地设计、环境规划设计等
公共空间设计		主要从事室内外公共空间设计、公共设施设计，集室内设计、景观设计于一体，兼顾建筑设计。设计师不仅要懂各种材料的特性和设计规范，还要懂各种设计技法和设计流派
展示空间设计		主要从事博物馆、博览会室内外空间设计，包括展陈策划、装饰装修、展品布置、展示道具设计、灯光照明设计等，从事的专业方向更加专业独立，要求设计师了解历史与设计心理学等知识

第 2 章　设计基础知识

识别难度： ★★★★☆
核心概念： 人体工程学、基础设计、软装设计、色彩设计、照明设计
章节导读： 扎实的设计基础是室内设计师立于不败之地的重要条件，这要求室内设计师能够灵活应用人体工程学的相关知识，创造出更契合人体特征，更具舒适性的设计，同时能够通过硬装与软装赋予室内空间不一样的氛围。此外，室内设计师还能通过不同色彩的对比实现不同的视觉效果，以及综合应用自然光与人工光为室内空间提供采光照明。

第 4 课　人体工程学设计

室内设计必须要遵守的首要原则是“以人为本”，设计必须从使用者的角度出发，力求能够更好地为大众服务。在进行室内设计时，必须结合人体工程学的相关知识，将人体尺寸与设计完美结合，从而设计出更符合大众使用功能与审美的室内空间。

一、适宜的空间尺寸

室内空间尺寸设计应以人为中心，所营造的空间环境要能增强使用者日常生活的便捷性，可从空间规划和室内性能等角度出发，从而营造安全、舒适、健康的环境。

1. 如何规划空间

在规划室内空间时，应充分利用色彩、温度、材料质感、室内装饰等元素，创造一个综合性的室内空间，并通过艺术手法，使人感到舒适、便利（图 2-1）。

a）客厅沙发背景墙

b）客厅纵深空间

图 2-1　室内空间设计

通过家具、墙和地面的不同材质来突显出饰面的质感。室内空间中的灯具在补充采光的同时，也能和室内的家具、绿植、窗帘、装饰品等相搭配，从而营造舒适、和谐的室内环境，空间中的氛围感也能在灯光的映衬下有所增强。

2. 室内性能设计

室内性能（图 2-2）包括环境性能和使用性能，环境性能要求室内空间应具有适宜的湿度、温度、采光、照明、通风、隔声、吸声等条件；使用性能则要求室内空间布局能够增强使用的便捷性，且室内动线形态明朗，条理清晰，行走的安全性较高。图 2-3 为室内性能设计。图 2-4 为动线设计。

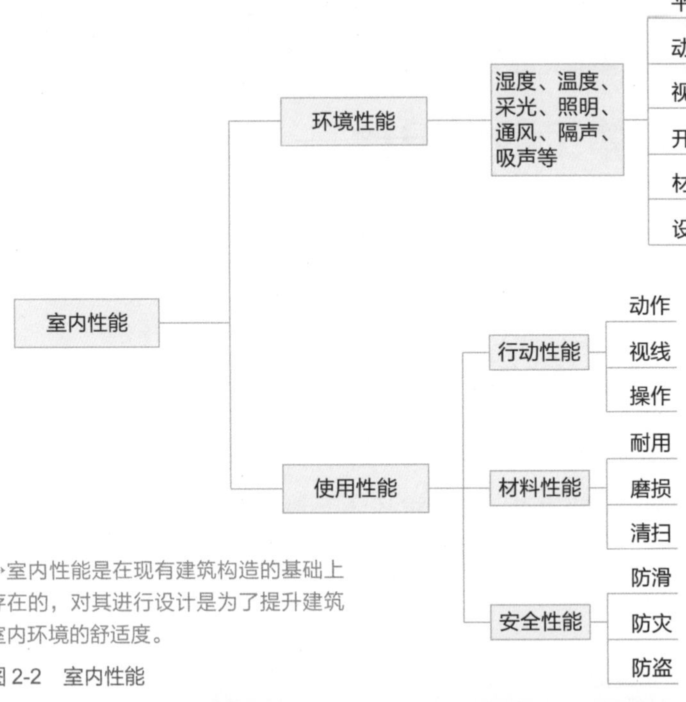

→室内性能是在现有建筑构造的基础上存在的，对其进行设计是为了提升建筑室内环境的舒适度。

图 2-2　室内性能

a）冷暖气设备

b）通风透气

c）采光

图 2-3　室内性能设计

↑面积较大的室内空间安装中央空调，在顶棚设计中要预留新风口与回风口，有风向导流叶片的为新风口，仅为格栅的为回风口，两处风口位置距离应保持 1m 以上。

↑小型独立建筑中，在外墙上开设门窗的数量较多，窗户对称布置可以增强空气对流，但也要注意门窗的密封性与建筑墙体的保温性，需根据实际状况在建筑墙体内外增加保温层。

↑对现有建筑外墙窗户进行改造，扩采光窗面积，优化采光功能。特别要意室内窗帘安装位置，避免窗户边缘窗帘边缘出现漏光现象。同时，注意内家具、陈设在阳光直射的环境下容褪色。

图 2-4 动线设计

←动线从①→⑦，由外向内，逐渐深入，整个形态十分清晰，且没有大的障碍物，能够保证使用者正常行走。

二、人与空间的关系

室内设计与人体尺寸密切相连，有意识或无意识的人体行为都会对室内设计的内部尺寸产生较大的影响，而室内空间设计又是室内各种因素的综合设计，人的行为只是其中的一个主要因素。人的行为与室内空间设计的关系主要表现在以下方面。

1. 大空间

大空间具有一定的开放性，空间尺度较大，多指公共空间，如大餐厅、大型商场、营业厅、体育馆、观众厅、大礼堂等（图 2-5a）。

2. 中空间

中空间兼具开放性和私密性，这类空间的尺度既要能满足个人行为要求，同时又要满足与其相关的公共事务行为的要求，是少数人由于某种事务的关联而聚集在一起的行为空间，如办公室、研究室、教室、实验室等（图 2-5b）。

3. 小空间

小空间的空间尺度较小，主要是能满足个人的行为活动要求，这类空间拥有较强的私密性，是具有较强个人行为的空间，如卧室、酒店客房、经理室、档案室、资料库等（图 2-5c）。

→大型商业空间每层楼的销售品类均不相同，各具特色，设计有中庭，可使各层消费者行走流畅；此外，等距离布置各家门店，具有秩序感，提升消费者的购物效率。

a）大空间

→属于中空间的办公室在视觉上要具有开阔感，但也要满足个人隐私要求。可利用家具、陈设、构造进行小范围的视觉隔断，这样既能满足个人的隐私要求，又不会影响空间使用。

b）中空间

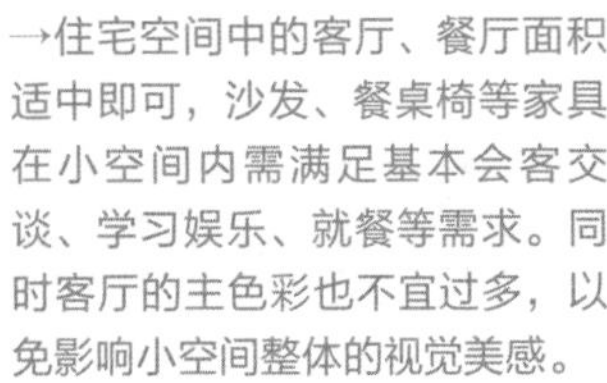

→住宅空间中的客厅、餐厅面积适中即可，沙发、餐桌椅等家具在小空间内需满足基本会客交谈、学习娱乐、就餐等需求。同时客厅的主色彩也不宜过多，以免影响小空间整体的视觉美感。

c）小空间

图 2-5　不同空间与人的关系

三、契合人体的设计尺寸

人体动作主要有“站”“坐”“躺”等，不同的人体动作对应的空间尺寸也不同，其作业域主要可分为水平作业域（平面空间）和垂直作业域（立体空间）。通常，作业域指人体可以轻松操作的范围空间，最大作业域则指人体伸手便能够到的范围空间，这一点在进行室内设计时必须要注意。

1. 人体工作域

具体工作域的尺寸如图 2-6 所示。

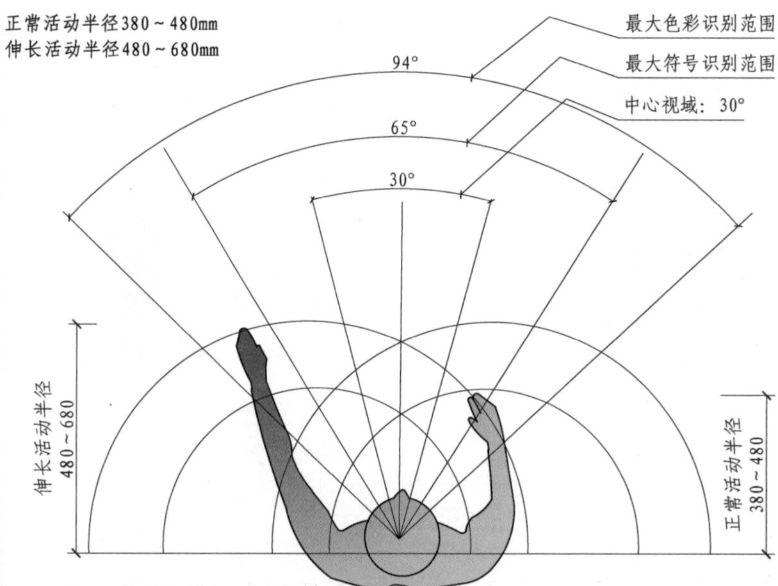

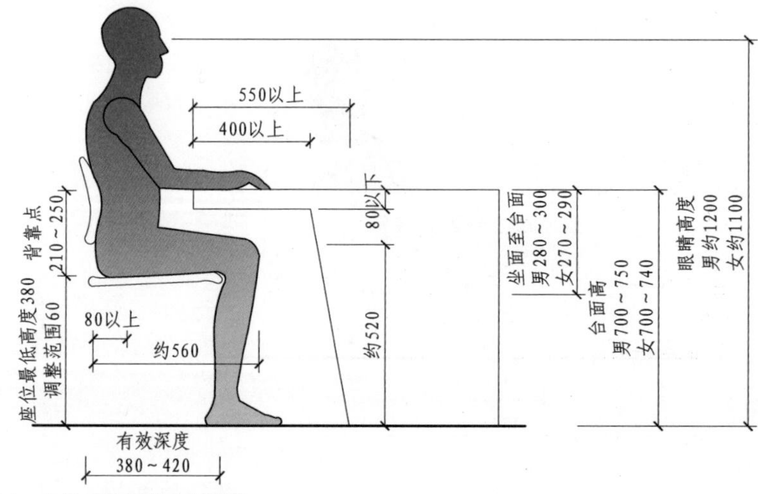

图 2-6　人体工作域尺寸示意图

2. 人体坐姿与家具

根据人体工程学的相关知识，可知“站姿”是比较自然的人体状态，而“坐姿”维持时间过长，会对人体健康有影响。当人体处于“坐姿”状态时，脊椎无法保持 S 形，时间过长，人体便会有疲惫感。为了缓解这种疲惫感，便出现了基于人体工程学设计的家具。此处参考人坐在椅子上的静止状态，进行以下分析（图 2-7）：

（1）座位标准点。坐姿尺寸的原点是坐骨节点，这一节点为座位标准点，功能性尺寸显示的便是到这一节点的距离。

（2）靠背支撑点。靠背支撑点又称背部标准点，指座椅中支撑上半身的压力中心点，它是以一个支撑点来承托使用者的腰部，所承担的压力较大。

（3）桌椅高度差。桌椅高度差是指地面到桌面的高度与地面到座椅面的高度之间的差值。通常桌椅高度差在 270 ~ 300mm 的范围内，可根据用途的不同设置不同的桌椅高度差。

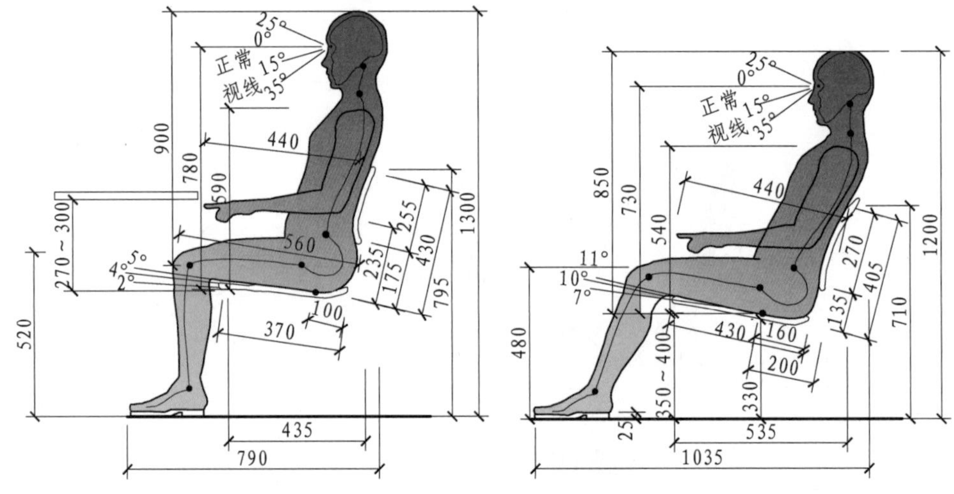

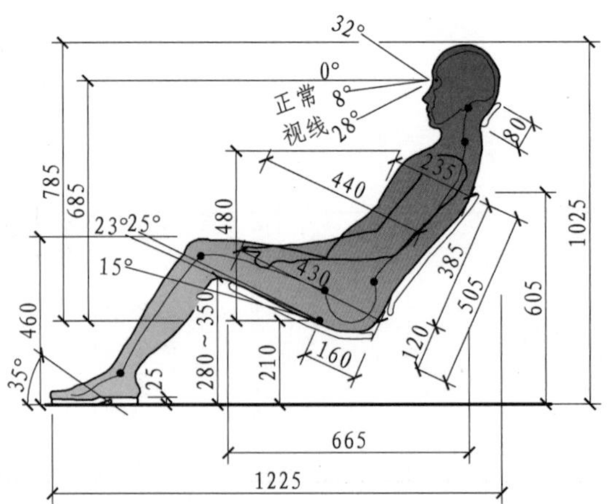

→↑当人体处于标准坐姿状态时，人的重心位于椅面上，此时膝盖弯曲角度接近 90°，地面距离膝盖的距离为 520mm，视线高度为 850mm；当人体处于半躺坐姿状态时，人的重心则向椅背倾斜，此时人体双脚处于放松状态，视线高度为 730mm。

图 2-7　人体坐姿分析图

此外，根据人体工程学的相关知识，在进行室内空间设计或室内家具设计时，均需考虑其使用目的、使用地点、制作材料、设计结构、设计经济性、设计效率性等因素。

四、家具尺度设计

1. 餐桌尺度设计

餐桌是家居生活的必备品之一，餐椅数量依据餐桌长度而定，单人居住空间中的餐桌长度不超过 800mm；两人居住空间应选用 1200 ~ 1400mm 长的餐桌；三人及三人以上居住空间则选用不小于 1400mm 长的餐桌。这样日常使用也会更方便，但需注意，圆形餐桌的直径可从 1100mm 开始递增（表 2-1）。

表 2-1 餐桌类型与尺寸（单位：mm）

餐桌类型	面对面两人座	面对面四人座	四人座方桌	六人座圆桌
图示				
餐桌尺寸（长 × 宽）	750 × 750	1200 × 750	800 × 800	1100 × 1100
区域尺寸（长 × 宽）	2000 × 1200	2000 × 1500	2200 × 2200	2400 × 2400
备注	适合一居室或无餐厅的户型，舒适度欠佳	适合餐厅面积较小的户型，能节省空间	适合餐厅面积适中的户型，体验感较好	适合面积大的户型，适合三代同堂的家庭

★小贴士

餐厅设计注意事项

1. 功能配置。餐厅要注重实用性，要能够充分满足就餐需求。设计应重点注意餐桌的大小、造型等，且在追求个性化的同时还要能够增强餐厅的功能。

2. 色彩搭配。餐厅宜选择清朗、明快的色调，这样既能增强用餐兴趣，也能增加餐厅空间的温馨感。

3. 材料选择。餐桌建议选用耐高温、耐脏的材质。软装配饰可选择装饰画或具有特殊造型的布艺品，还可以设置一面小镜子，既能反射出餐桌上的食物，同时也能在视觉上有效延伸空间。

2. 沙发尺度设计

沙发尺度应参考室内空间的整体尺寸规格设计。沙发依据造型不同有 I 形沙发、L 形沙发、U 形沙发等；依据使用人数不同，有单人沙发、双人沙发、三人沙发等。沙发的尺度设计与其摆放方式也有一定的关系，其中户型较大的客厅可面对面摆放沙发，空间大气感会更强。

（1）I 形沙发。I 形沙发即一字形沙发，这类沙发摆放的灵活性较高，更适合小户型家庭使用。设计时可将其沿着墙面摆放，这样既能有独立的使用空间，同时又能增加一定的活动区域（图 2-8a）。

（2）L 形沙发。L 形沙发即转角沙发，适合大多数住宅，可摆放在墙角转弯处，常由多个沙发拼接而成，能够很好地增强客厅空间的美观度（图 2-8b）。

（3）U 形沙发。U 形沙发为组合沙发，这类沙发能增强空间的立体感和装饰美感，且能够围合出独立的空间，作为隐形隔断存在。注意在设计时要依据空间尺寸来选择沙发的尺寸（图 2-8c）。

a）I 形沙发

b）L 形沙发

c）U 形沙发

图 2-8　沙发类型

↑沙发摆放形式根据室内空间面积与形态来定，小面积室内空间适合 I 形沙发，多功能室内空间适合 L 形沙发，大型室内空间适合 U 形沙发。

受到室内户型影响，成品沙发在使用空间中会遇到各种安装问题，沙发造型与空间往往很难完全契合。因此，现代沙发大多数为组合模块化设计，能组合成上述三种类型，适合不同空间摆放（图 2-9）。

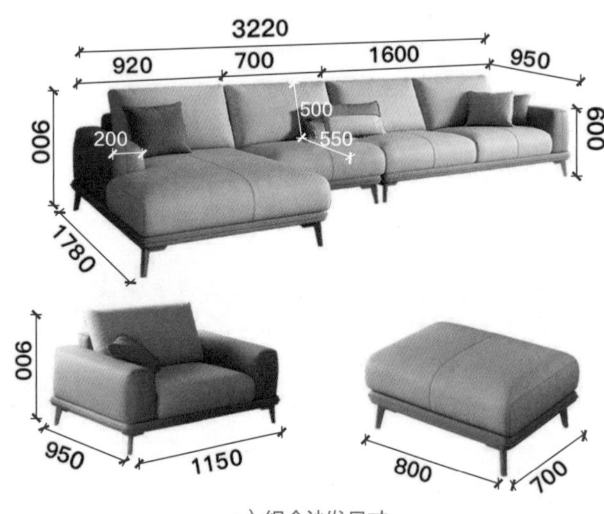

a）组合沙发尺寸

b）组合沙发搭配

图 2-9　组合沙发

↑组合沙发分解后，每件沙发的尺寸各不相同，经过模块化组合后，所形成的布局形式能满足大多数的使用需求。

沙发的尺寸以人的坐姿尺寸为依据，单个座位的座面宽度为 720mm 左右，深度为 450mm 以上（图 2-10）。

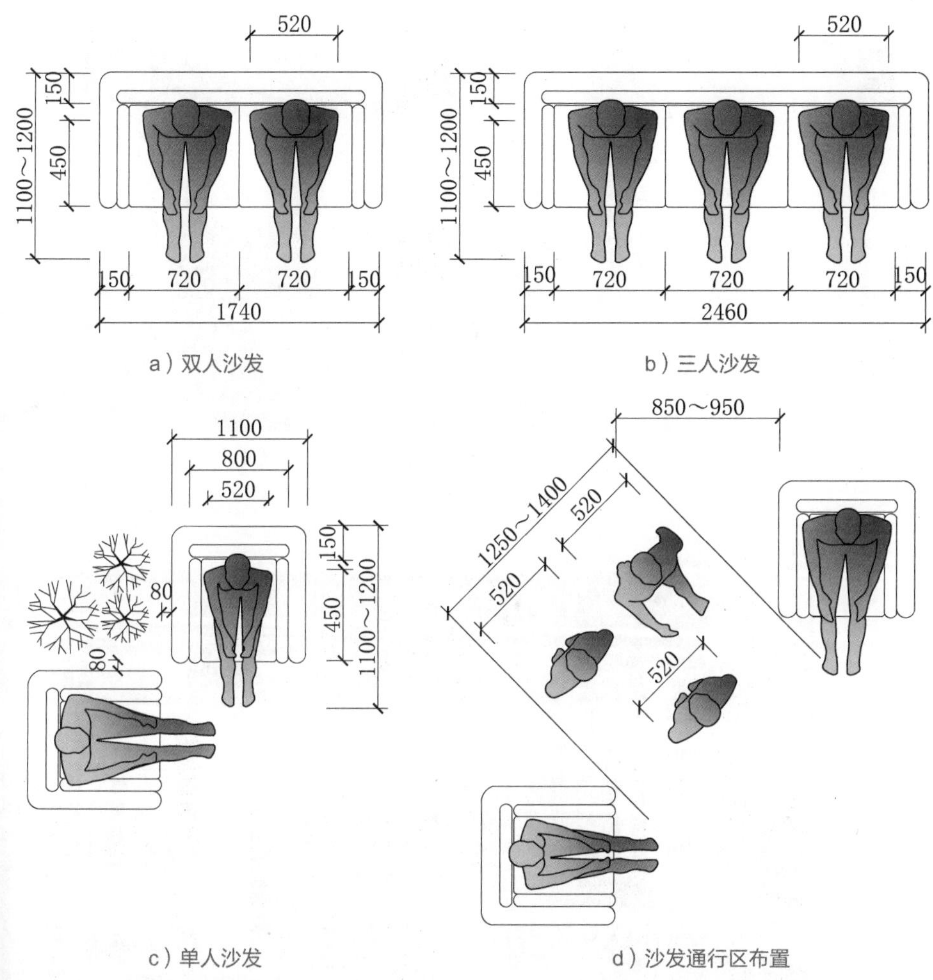

图 2-10　沙发尺寸示意图

←通常三人沙发长度是单件沙发尺寸的上限，当单件沙发长度超过 2400mm 时，会在一定程度上影响运输，尤其会给进出电梯带来困难。

←单人沙发布置要预留人的腿部活动空间。沙发拐角布置与走道通行区要预留空间，具体宽度尺寸根据人流量来确定。

3. 衣柜尺度设计

（1）衣柜尺度不同，建议储存的物品也会有不同，深度尺寸小于 600mm 时储存小件衣物；高度在 600 ~ 1850mm 之间时储存季节性的常穿衣物或棉被；高度在 1850mm 以上时储存不常用的衣物或棉被等。

（2）衣柜长衣区高度不能低于 1300mm，否则长衣容易拖到柜底；衣柜抽屉的顶面高度应小于 1250mm；老年人的衣柜高度则建议在 1000mm 左右，这样使用会更顺手。

（3）衣柜层板和层板间距应在 400 ~ 500mm 之间，深度则建议在 500 ~ 650mm 之间，使用会更方便。

（4）衣柜安装挂衣杆应参考衣柜内部的实际进深，应取中间尺寸，且距离上部的层板必须有 40 ~ 60mm 的距离。

衣柜尺寸与衣柜类型（图 2-11）有密切关系，要根据衣柜造型来确定尺寸。衣柜中的组合构造尺寸也需要深度了解（图 2-12）。

a）入墙式衣柜

↑入墙式衣柜能够很好地节省空间，且收纳性好，尺寸、形状等也能自由设计，但通风条件较差。

b）步入式衣柜

↑步入式衣柜陈列效果好，储存空间大，适合大面积空间，但占用空间较多，空气流通性较差。

→开放式衣柜为衣柜与衣架组合的形式，通风条件较好，但需注意衣物储存的整洁性和有序性。

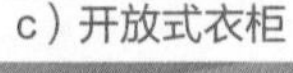

c）开放式衣柜

→独立式衣柜可靠墙布置，也可作为隔断墙使用，布局有一定的逻辑性。

d）独立式衣柜

图 2-11　衣柜类型

←将梳妆台与床嵌入衣柜中能节省占地面积，提升空间的利用率，这些衣柜中的构造仅为临时使用。

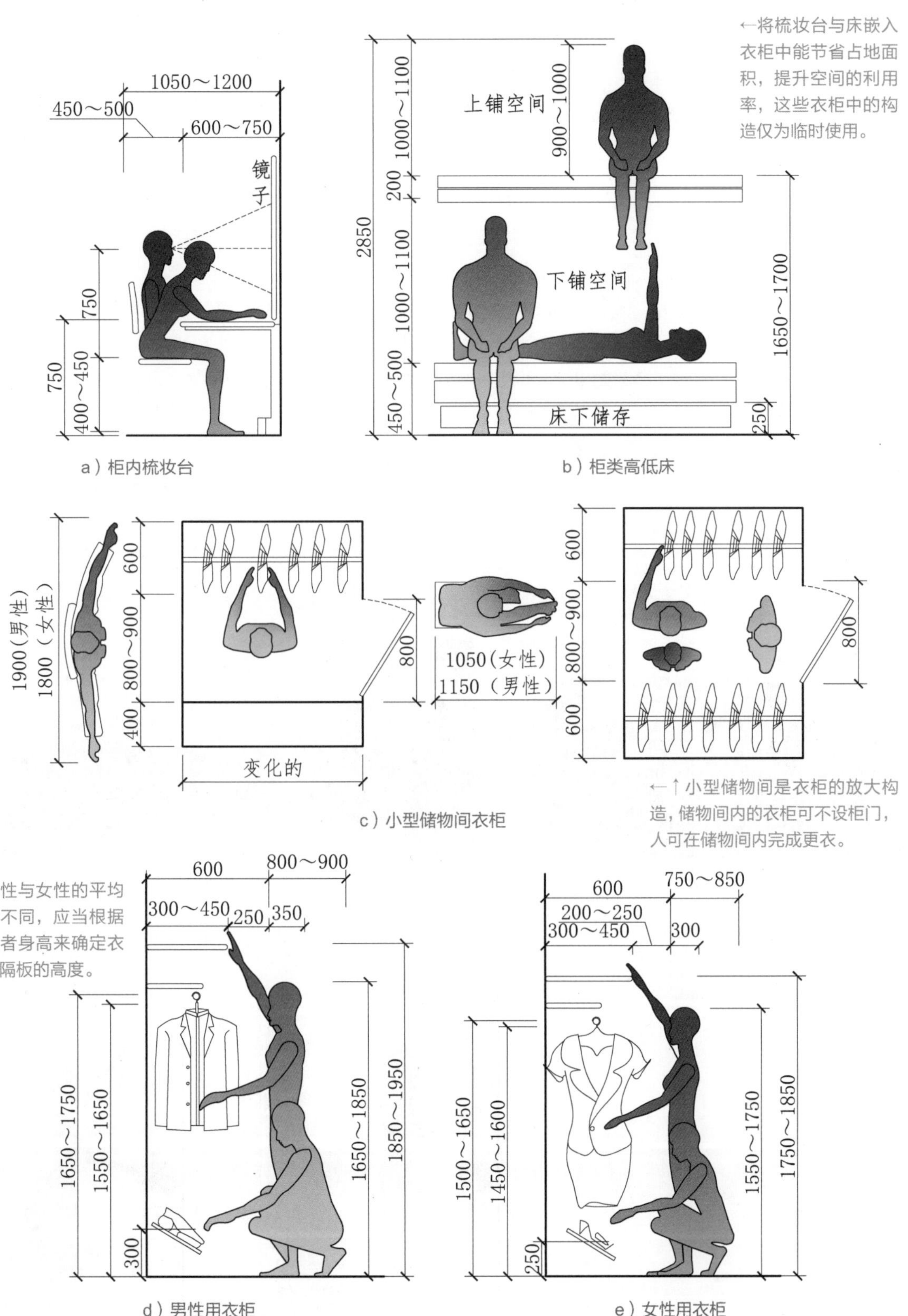

a）柜内梳妆台

b）柜类高低床

c）小型储物间衣柜

←↑小型储物间是衣柜的放大构造，储物间内的衣柜可不设柜门，人可在储物间内完成更衣。

→男性与女性的平均身高不同，应当根据使用者身高来确定衣柜中隔板的高度。

d）男性用衣柜

e）女性用衣柜

图 2-12 衣柜尺寸示意图

4. 厨柜尺度设计

厨柜设计形式（图 2-13）多样，但是主体结构基本一致。厨柜设计主要考虑地柜高度、吊柜高度、厨柜深度、台面厚度等尺度。

（1）地柜高度。可根据使用者身高推算地柜高度，多为使用者身高的 50%，当使用者身高在 1650mm 以下时，地柜高度约为 800mm；当使用者身高在 1650mm 以上时，地柜高度约为 850~900mm。

（2）吊柜高度。厨柜吊柜高度需根据厨房层高来定，常见的尺寸有 650mm、780mm、920mm 等。为了保证使用者不会撞到头，当地柜进深为 600mm 时，吊柜和台面之间应保持 600mm 的间距；当地柜进深为 650mm 时，吊柜距离操作台面的间距可为 530mm；当地柜进深为 800mm 时，吊柜距离操作台面的间距可为 450mm。

（3）厨柜深度。厨柜深度需根据水槽大小和厨房面积确定，通常为 550 ~ 650mm。

（4）台面厚度。厨柜台面材料不同，台面厚度也会有所变化，常见石材厚度有 10mm、15mm、20mm、25mm 等。

图 2-14 为厨柜主体尺寸示意图。

a）欧式厨柜

b）现代厨柜

图 2-13　厨柜形式

↑欧式厨柜造型复杂，适合面积较大的厨房；现代厨柜造型简约，结构紧凑，应用很广。

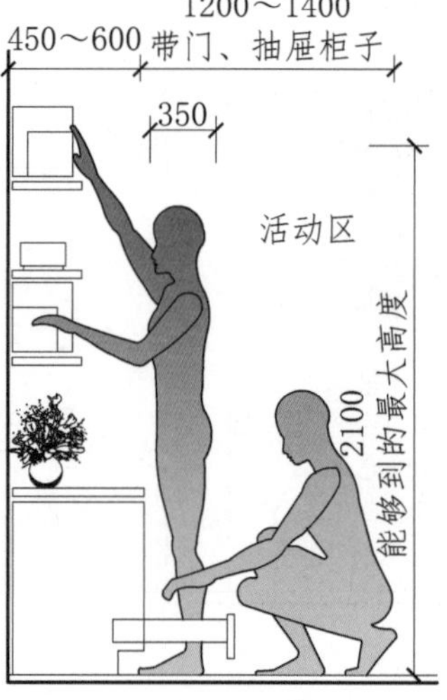

a）男性用厨柜

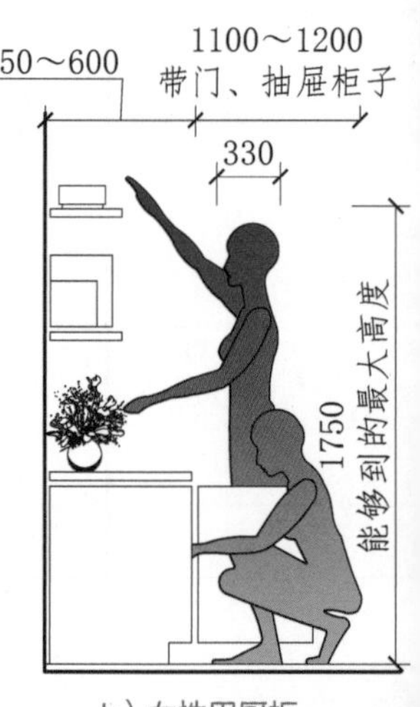

b）女性用厨柜

→男性与女性平均身高不同，厨柜中尺寸设计应当有所区别。

图 2-14　厨柜主体尺寸示意图

图 2-15 为厨房细节尺寸示意图。

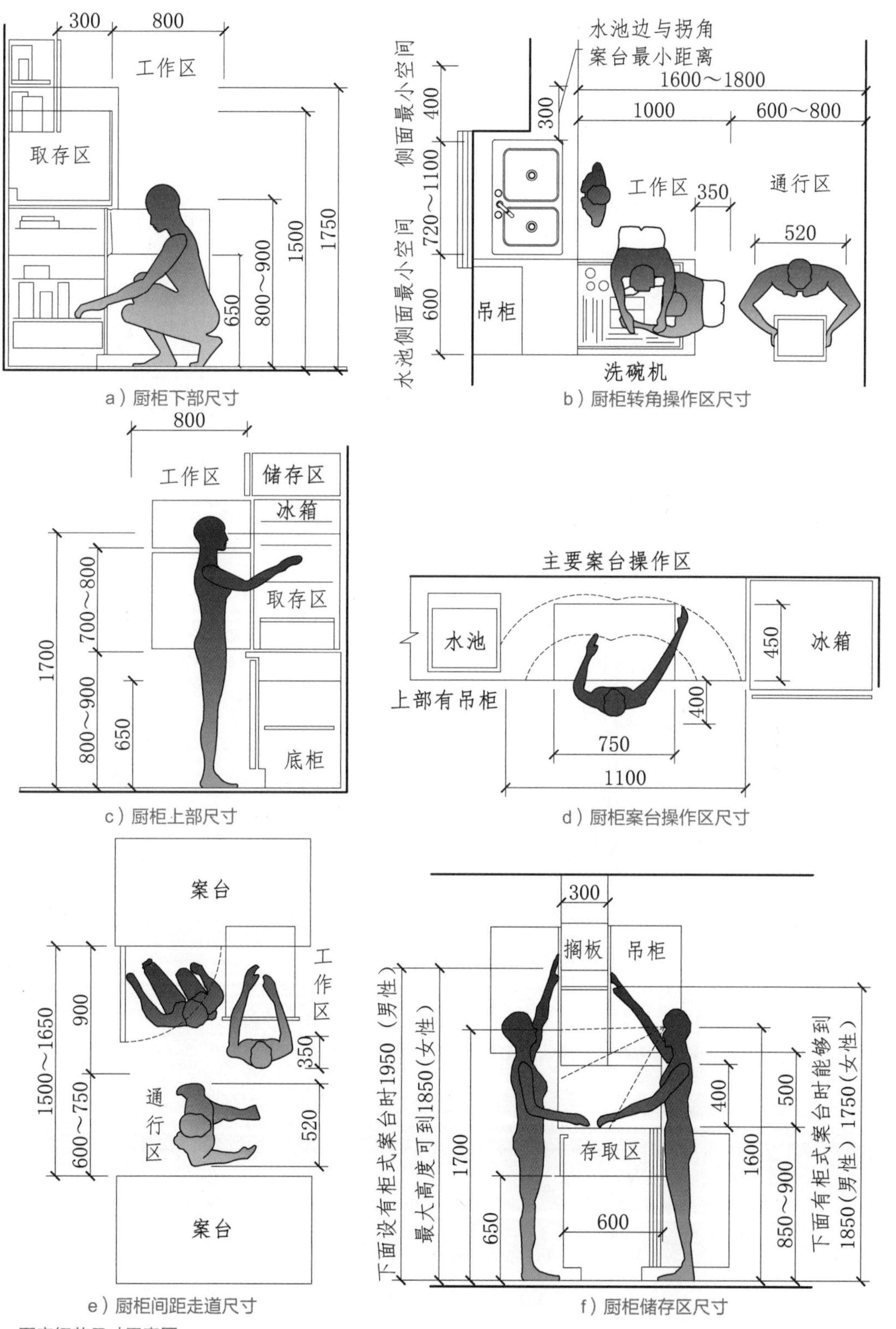

图 2-15 厨房细节尺寸示意图

第5课 图纸设计

图纸设计是室内设计师必须了解且熟练掌握的基础技能，只有基础设计符合使用者需要，后期签约和设计施工才会更顺利。

一、基础设计图纸

基础设计图纸主要包括原始平面图、平面布置图、地面铺装平面图、顶棚平面图等。

（1）原始平面图。原始平面图中需表现出室内空间中的现有布局状态，并标明层高、剪力墙、梁柱等结构；绘制出墙体分隔、门窗、烟道、楼梯等造型；记录卫生间下沉，强、弱电箱位置；根据需要标明窗台宽度、高度、位置和水管、地漏等位置（图2-16）。

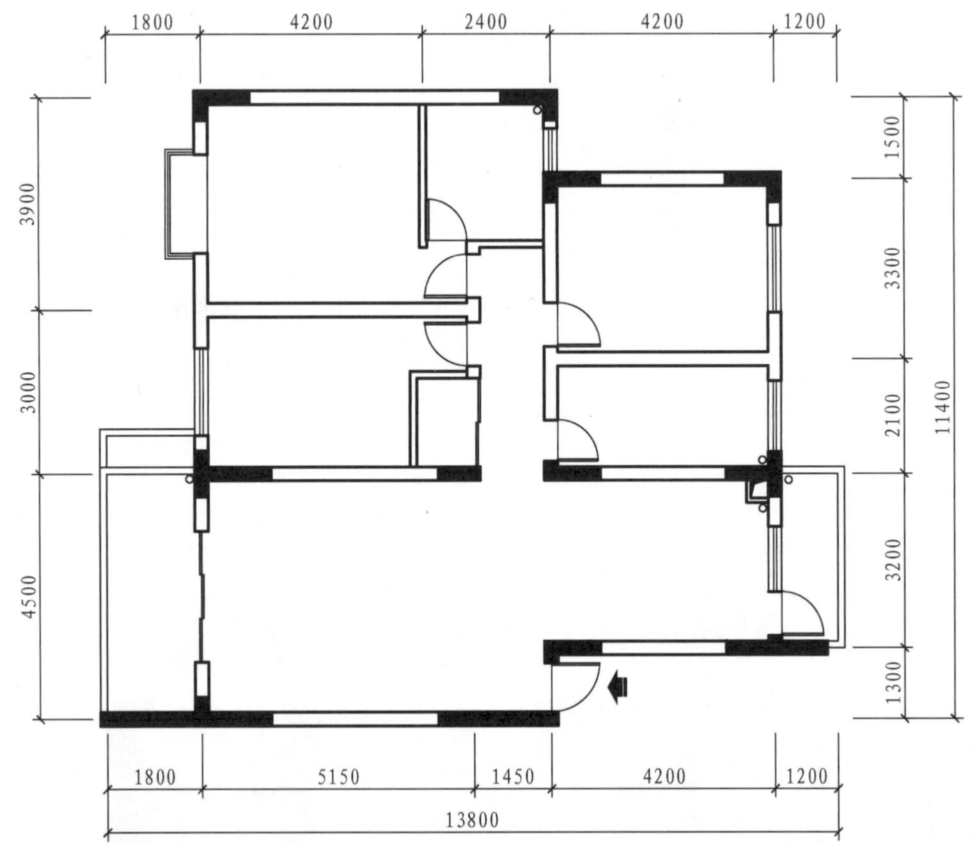

图2-16　原始平面图

↑原始平面图中应对不可拆除的墙体，立柱等重要构造填充黑色，避免误拆导致建筑结构遭到破坏，同时便于后期的深度设计和施工。

（2）平面布置图。平面布置图中需表现出新的空间布局状态。绘制时需充分掌握各类家具、电器、门窗、窗帘等的尺寸，并充分考虑其占用尺寸及使用需求尺寸，避免出现布局不协调、通道挤占等问题（图2-17）。

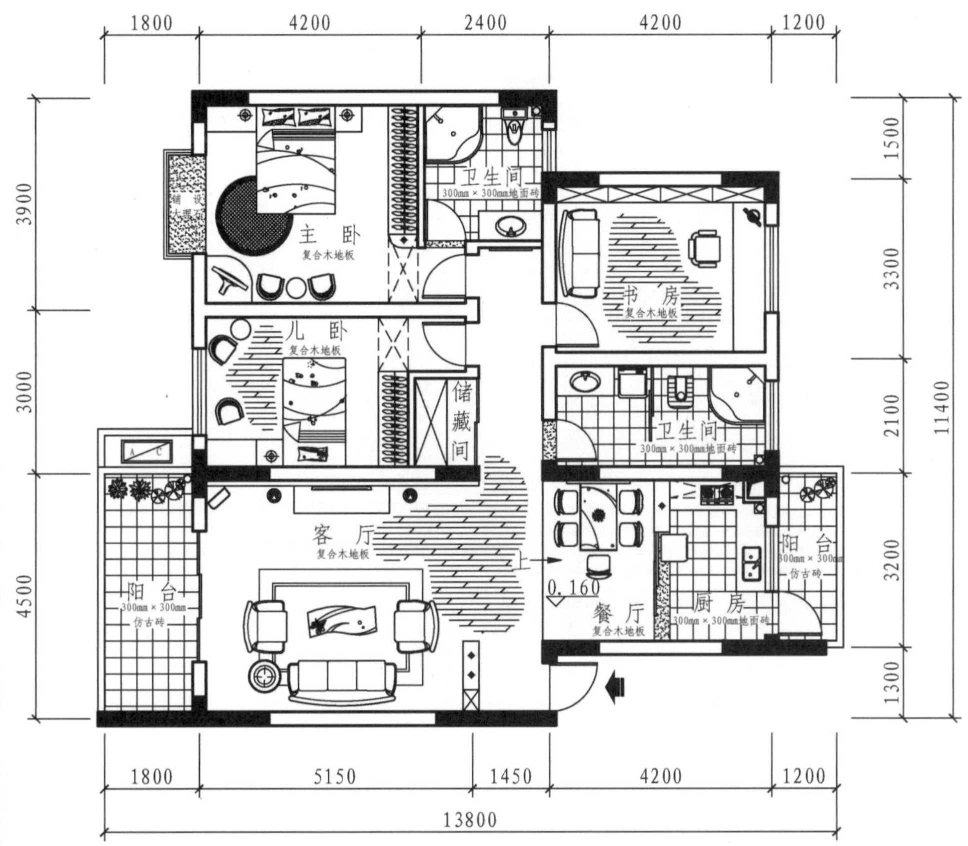

图 2-17 平面布置图

↑平面布置图需标明空间名称，以及简单标明楼地面装饰材料和各种设施、设备、固定家具的安装位置及具体的空间布局情况。

（3）地面铺装平面图。地面铺装平面图需表现出地面构造设计和材料铺设的细节。绘制时需去除所有可以移动的设计构造与家具，但需保留固定件，并注意图纸中应标明文字说明，包括空间名称、地面铺装材料、楼梯台阶形式等（图 2-18）。

（4）顶棚平面图。顶棚平面图中需表现出顶棚的平面布置状况和构造形态。绘制时需熟悉顶棚设计的构造特点、各部位吊顶的龙骨种类、罩面板材质、安装施工方法等；明确主、次龙骨的布置方向和悬吊构造；明确吊顶板的安装方式；在图中标明所用龙骨主配件、罩面装饰板、填充材料、增强材料、饰面材料和连接紧固材料的品种、规格、安装面积、设置数量等信息（图 2-19）。

施工图主要包括拆砌示意图，水、电施工图，顶棚施工图，柜体家具施工图，以及施工详图和其他构造施工图。

（1）拆砌示意图。拆砌示意图主要包括拆墙示意图、砌墙示意图、地面拆除示意图等。这类图纸需标明拆、砌的具体位置和拆、砌尺寸，注意不可拆除剪力墙和承重墙，且需考虑室内采光、通风等问题。

（2）水、电施工图。水、电施工图中需表现出水、电布线情况，

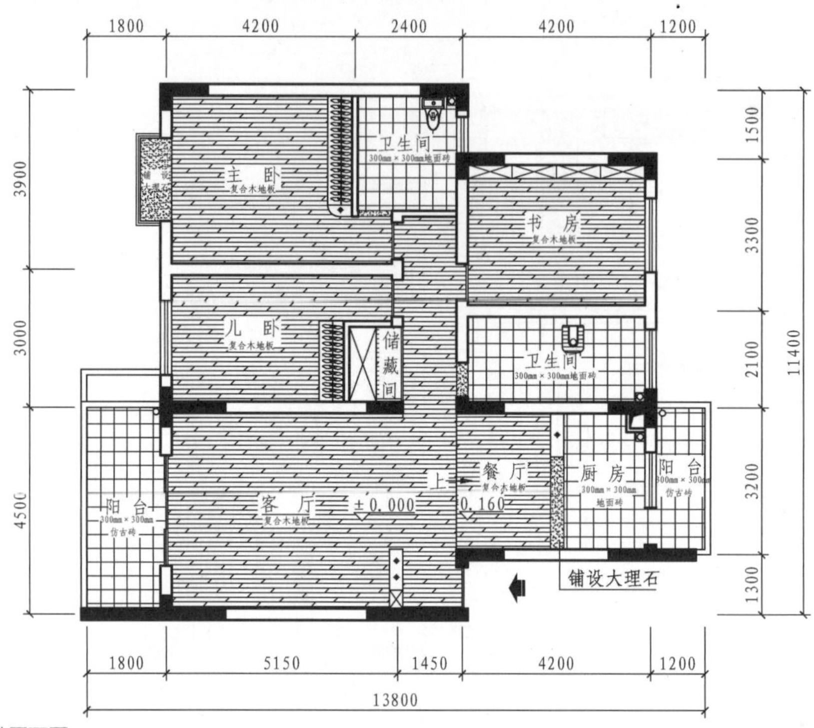

图 2-18　地面铺装平面图

↑地面铺装平面图需详细标出地面装饰材料、地面高度差尺寸，绘制出地面铺装材料形态。

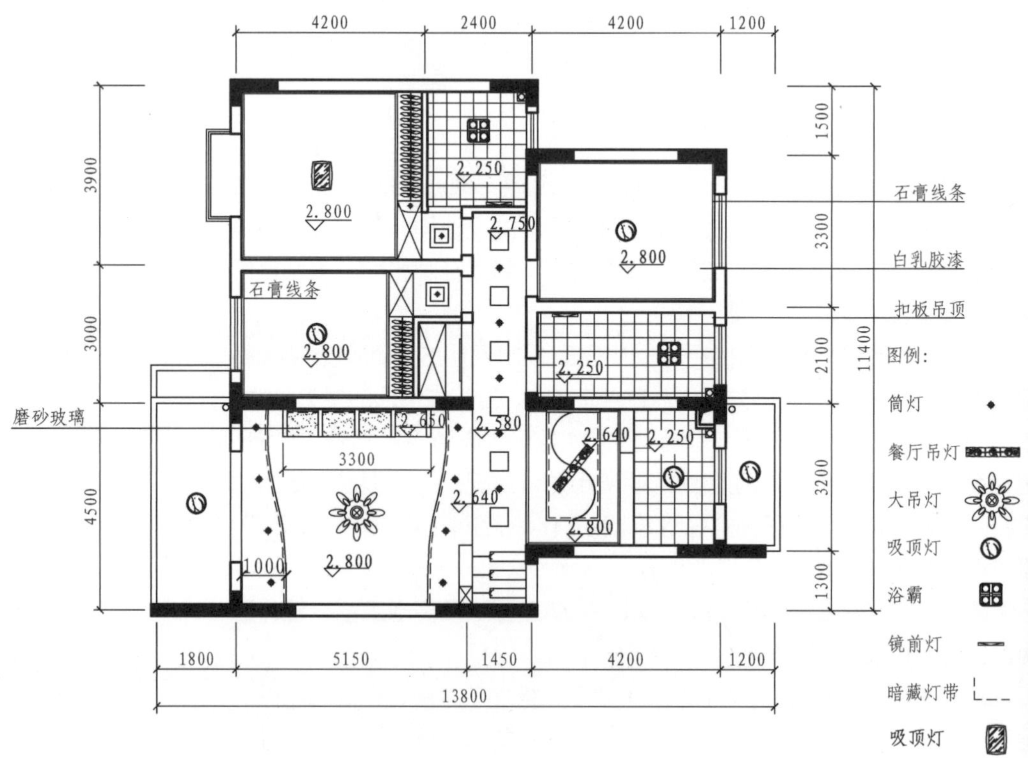

图 2-19　顶棚平面图

↑顶棚平面图需标出吊顶构造的高度差尺寸，绘制出顶面构造的形态与灯具，并根据实际情况绘制出灯具图例。

并明确进水和出水方向。

（3）顶棚施工图。顶棚施工图中需表现出顶棚施工工艺、灯具数量和安装高度等信息。

（4）柜体家具施工图。柜体家具施工图主要包括柜体立面图、轴测图等，需表现出柜体制作工艺、柜体尺寸、柜体格局、柜体制作材料等相关信息。

（5）施工详图和其他构造施工图。施工详图和其他构造施工图主要用于表现细节构造的施工工艺，绘制时注意与平面布置图相对应。

图 2-20 为隐形门构造示意图。图 2-21 为地面防水构造示意图。

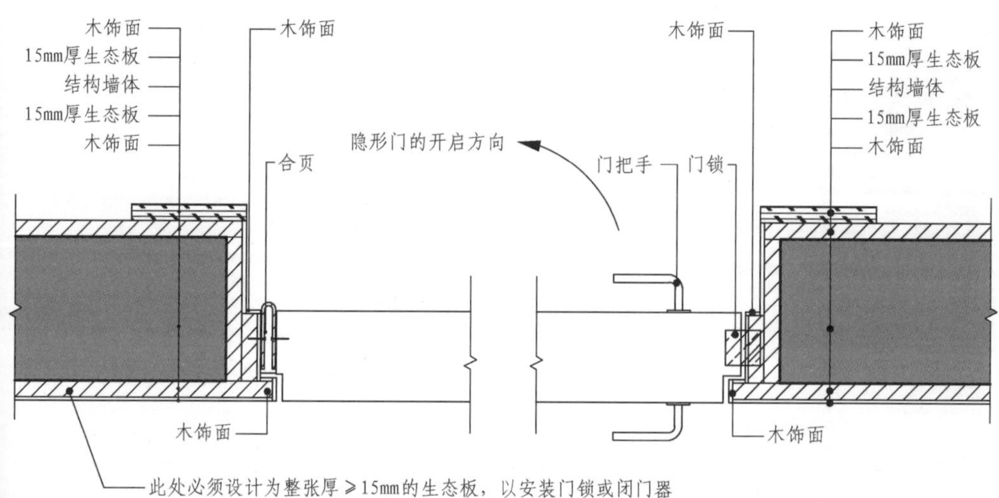

图 2-20 隐形门构造示意图

↑隐形门属于特殊设计构造，在设计图纸中需要重点表现，主要绘制出门框套的材料构造，并标明材料名称。

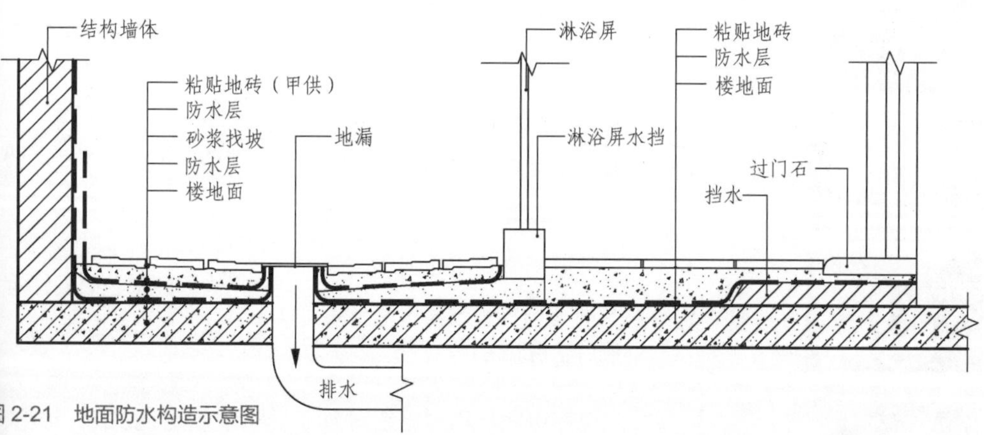

图 2-21 地面防水构造示意图

防水构造是卫生间施工图设计的重点，绘制前需要了解防水材料性质。防水材料位于原有楼板结构上部，以及所有装饰施工构造层的下部。必要时可在重点部位设计双层防水材料构造，确保万无一失。

二、基础设计风格

室内设计的基础设计风格主要包括现代风格、简欧风格、中式风格、北欧风格、工业风格、混搭风格、地中海风格、日式风格等（表 2-2）。

表 2-2　室内空间基础设计风格

元素	图示	风格	特点	备注
陈设		现代风格	功能分区布局简单，各设计元素搭配简单，崇尚简约的陈设布置	常运用新型材料，装修成本较低
		简欧风格	功能分区明确，布局清晰	陈设注重对称性布局
		中式风格	陈设具有比较鲜明的空间层次感，整体动线流畅	多运用屏风作自然隔断
		北欧风格	陈设常与灯光搭配，空间多留白	注重温馨感和舒适感的营造
		工业风格	空间布局具备流动性、灵活性和随意性，整体陈设比较自由	陈设以人为本，内部环境注重舒适性
		混搭风格	空间布局具备多样性，整体陈设比较和谐、统一	不可随意搭配，应将不同风格的设计元素有序组合
		地中海风格	善用白墙、石地板、拱形门窗等作为家居陈设	要合理搭配软装和硬装，注意控制好纯色彩的比例问题
		日式风格	内部陈设精致，主要突显祥和的生活意境和宁静致远的生活态度	多遵循以小见大的陈设原理
色彩		现代风格	常运用高纯度的色彩，色彩搭配具有跳跃性，色彩比例讲求合理性	运用大面积单色时要注意避免单调，色彩明度要适宜
		简欧风格	色彩以浅色和对比色调为主，多以白色搭配其他色彩	黄色、粉色、复古色、绿色、金色、米色等色彩也有运用
		中式风格	色彩比较沉稳，色彩搭配也比较协调	色彩能给人一种沉稳感

（续）

元素	图示	风格	特点	备注
色彩		北欧风格	黑、白、灰为主色调，中性色为其过渡色，活泼色为点缀色，整体色彩干净、明朗	偏粉带灰的暖色、米黄色、灰蓝色、豆沙色、藕色等色彩也有运用
		工业风格	黑、白、灰为主色调，可适当搭配跳跃色，以避免空间产生单调感	灵活运用鲜亮色彩，能使空间更具活泼感，更温馨
		混搭风格	色彩丰富，注意空间内不宜运用三种以上的色彩	选用互补色和对比色时，注意色彩不可过于杂乱
		地中海风格	按照地域不同主要有蓝＋白，黄、蓝紫＋绿，土黄＋红褐这三种色彩搭配形式	整体色彩比较柔和、自然
		日式风格	色彩淡雅，多以碎花图案为主	色彩多偏重于原木色，或竹、藤、麻和其他天然材料的颜色
饰品		现代风格	以线条简单、色彩纯度较高的装饰品为主，以少量色彩跳跃的装饰品为辅	选择金属制品或具有科技感的装饰品装点室内空间
		简欧风格	装饰品具备比较浓郁的现代感和设计感	装饰品的色彩、材质等都应与室内空间总体风格相呼应
		中式风格	装饰品带有中式特色，瓷器、盆景等依旧在空间中有所使用	装饰品会融入更多的现代元素，木质类装饰品做工精美，观赏价值高
		北欧风格	装饰品的色彩、造型等都较简单，且具有自然特色	植物、花卉等都可作为装饰品点缀室内空间
		工业风格	选择造型简单的装饰品，色彩多依据个人喜好而定	装饰效果比较特别，艺术气息比较浓郁
		混搭风格	可以主风格为主，也可以多种次风格相互搭配呈现，无强制要求	装饰品的风格应当能够相互融合

（续）

元素	图示	风格	特点	备注
饰品		地中海风格	装饰品多以海洋元素为主	装饰品的色彩要与空间色彩相一致
		日式风格	装饰品为字画、浮世绘、茶具、绿色植物、扎染布、纸扇、玩偶、面具等	和服也可用作室内装饰品，“枯山水”也是很好的装饰
家纺		现代风格	家纺色彩多采用纯净色，材料多为轻柔质地	家纺材质要给人舒适感，多以棉麻材质为主
		简欧风格	家纺的材质、色彩等都具备较强的美观性，多采用棉麻或真丝材料制作	简欧风格的家纺融入了现代元素，设计具备典雅感
		中式风格	家纺带有中式元素，如代表中国的中国结、如意图案、盘扣等	家纺大多采用绸缎或棉麻材料制作
		北欧风格	家纺主要选用棉麻材料制作，表面可绘制羽毛或V字形图案，或用代表海洋的图案等	棉麻材质的家纺能给人一种自然感，触感也较好
		工业风格	家纺色彩应以黑、白、灰为主色调，并适当增添跳跃色	建议家纺以素色为主，其他色为辅
		混搭风格	家纺色彩、材质等应与室内家具、环境、设计主题等搭配	家纺色彩具有多样性，但色彩不可过于杂乱
		地中海风格	家纺多为棉织品，表面图案精美	家纺具有摩洛哥风格特色，布料质地较柔和
		日式风格	家纺具备较浓郁的和风特色，材质多为棉麻或真丝面料	家纺图案可运用自然元素，如树叶、花卉等
家具		现代风格	家具造型简单，注重实用性和功能性，且色彩纯度较高	多选用几何线条的家具，白色或浅色家具是首选

（续）

元素	图示	风格	特点	备注
家具		简欧风格	家具多以深色或白色为主，造型自然、简洁，经过特殊工艺处理，实用性较强	家具线条柔和，没有复杂的肌理和装饰
		中式风格	家具融入中式元素，且采取了现代的干燥、收缩工艺，实用性强	家具多为直线条，且具备良好的舒展性和人性化设计
		北欧风格	家具不会有太多的雕花和纹饰，多采用木质材料制作	家具造型简约，各部位线条都比较简单，色彩较浅
		工业风格	家具材质多为金属或木质，或与裸露的水管组合成家具	家具具有一定的曲线特征
		混搭风格	家具色彩要协调，材质要与整体室内空间相搭配	家具可选品种较多
		地中海风格	家具具有浑圆的曲线，家具色彩要与墙面、地面的色彩相呼应	家具线条比较自然
		日式风格	家具多为原木色，极少运用金属等现代化装饰材料制作家具	家具造型简单，所运用的色彩也能给人一种明亮感
灯具		现代风格	灯具为几何造型，无过多细节修饰，照度较高	这些风格所选用的灯具各有特点，但都需要依据室内空间的结构和使用者的功能需求、经济条件、个人喜好等来选定
		简约风格	灯具造型精美，艺术感比较强，灯光柔和	
		中式风格	灯具具有中式特征，所选色彩比较淡雅	
		北欧风格	灯具兼具美观性和实用性，造型简单但又富有艺术感	
		工业风格	灯具造型简单，多为裸露的灯泡，照度需依据室内空间中的内容而定	

（续）

元素	图示	风格	特点	备注
灯具		混搭风格	灯具依据功能需要选择，灯具色彩要与周边环境相融合	这些风格所选用的灯具各有特点，但都需要依据室内空间的结构和使用者的功能需求、经济条件、个人喜好等来选定
		地中海风格	灯具造型精致，多为铁艺灯饰，并配以部分彩色玻璃，灯光柔和	
		日式风格	灯具造型简单，可选用树叶、蝴蝶等自然形象来作为吊灯的装饰配件	

三、基础测量方法

室内空间测量需要有严谨的态度和专业的技术，要能通过对室内空间结构尺寸的分析客观地判断出空间的优缺点，以便为后期装修提供比较科学的依据。

1. 测量工具

常用的测量工具主要有钢卷尺、塑料卷尺、测距仪等，可根据需要选择（表 2-3）。

表 2-3　室内设计常用测量工具

工具	图示	特点
钢卷尺		价格便宜，经济耐用，长度有 3m、5m、8m 等，主要用于测量室内空间的尺度
塑料卷尺		有 15m、30m、50m 等规格，可用于测量大面积的室内空间，包括各种圆形构件的弧长等
测距仪		这是一种新型的电子测量设备，有激光、超声波和红外线等类别，是基于电子射线反射的原理来测量室内空间尺寸，测量起来很方便，但是操作要平稳

2. 测量方法

室内设计测量的方法较多，这里主要介绍室内空间常用的测量方法

（1）对齐尺端测量。这种方式可单人测量，也可多人共同测量。注意应将卷尺对齐墙边，使其保持水平或竖直状态，并做好记录（图 2-22）。

（2）分段拼接测量。过高过宽的墙壁，需分段测量。测量时应

用硬铅笔作分段标记，然后相加分段尺寸，得出总的尺寸，注意分段测量时卷尺两端应对齐平整。

（3）目测估量。室内空间中比较复杂的顶部构造，如横梁，可目测估量，可通过参考物的尺寸来估算出这些复杂结构的尺寸。例如，以手机为参考物，仔细观察手机长度与横梁宽度、高度之间的倍数关系，从而得出比较准确的估量值。

（4）边角尺寸。测量时不可遗漏墙体转角处与内凹部分的尺寸，由于这些复杂的转角部位上方都会有横梁交错，因此目测估量时应当拍照，以便后期制图参考。

（5）设备位置。水、电路管线的外露部分需进行实地测量，水管超出墙地面的高度和宽度，以及门窗的边角等区域都需进行测量，并拍照作记录。

a）单人测量

b）双人测量

c）三人测量

d）高度测量

e）转角宽度测量

f）记录测量尺寸

图 2-22　对齐尺端测量

↑常规卷尺测量方法较简单，但是测量动作要规范，需保持尺面水平与竖直，仔细查看尺面刻度值，并逐一记录下来。

第 6 课　精巧的配饰

室内设计师必须拥有较好的时尚敏感度，并能巧妙地应用软装配饰，来增强室内空间的艺术美感和氛围感。

一、室内软装设计步骤

室内软装设计应按照上门测量、沟通→构想软装初步设计方案→签订软装设计合同→复核空间尺寸→分区制订软装设计方案→签订软装采购合同→售后等步骤进行。

1. 上门测量、沟通

（1）上门测量。上门测量的重点在于实地考察室内空间的尺度、结构等，并拍照记录。

（2）沟通。沟通的重点在于通过空间动线、生活习惯、文化喜好、宗教禁忌等方面与客户沟通，了解客户的生活方式，捕捉客户深层的需求点，以设计最合适的软装方案。

2. 构想软装初步设计方案

初步设计方案中应能表现出风格、色彩、质感、灯光、家具、灯饰等信息。

3. 签订软装设计合同

签订合同时需注意，定制家具需确定定制的价格和时间，并确定厂家制作、发货的时间和到货时间。

4. 复核空间尺寸

复核空间尺寸的目的在于纠正软装设计方案的不合理性，并全面核实软装配饰的尺寸，完善软装设计方案。

5. 分区制订软装设计方案

根据室内空间的设计风格，分区域确定软装配饰的材质、色彩、尺寸等信息（图 2-23）。

a）布艺面料

b）仿真植物

c）抱枕

d）装饰画

图 2-23　蓝色软装元素

↑将采用同一种色彩的多种软装产品组合搭配，能获得整体感较强的室内环境氛围。

6. 签订软装采购合同

在与业主签订软装采购合同时，应先与软装配饰厂家核定好价格和制作、发货、到货的时间，再与业主确定具体的配饰。

7. 售后

软装配置完成后，应提供软装配饰保洁、保修、勘察、送修和回访跟踪等服务，并为消费者提供一份详细的配饰产品手册，其中要详细说明各种软装配饰的保养方法（图 2-24、图 2-25），以便消费者能自行保养，降低综合使用成本。

图 2-24　窗帘

↑窗帘保养方法

1. 清洗窗帘前要注意窗帘的材质。手工编织的窗帘绑带和配饰用湿抹布或吹风机吹掉表面灰尘即可。
2. 窗帘清洗时的水温应控制在 30℃以下，忌用烈性洗涤剂清洗。
3. 为避免混合染色，不同的面料要分开清洗。
4. 较薄的窗帘不宜使用洗衣机清洗，以免损坏。
5. 罗马帘需干洗，水洗可能会产生严重的变形或缩水。
6. 遮光布最好用湿布抹擦。
7. 竹帘、木帘要防止受到潮湿的液体和气体的严重影响，清洁时切忌用水，用鸡毛掸扫或干布清洁即可。
8. 卷帘、百叶窗、垂直帘、百折帘和风琴帘可直接用湿布抹去灰尘。

图 2-25　绿植

↑绿植保养方法

1. 绿植叶子上的粉尘清理，喷洒清水即可。
2. 绿植应进行定期修剪和清洁，以便于枝叶吸收更多阳光、水分。
3. 通过土壤的干湿程度，确定绿植是否需要浇水，并根据绿植的特性确定浇水量。
4. 盆栽植物对肥料的需求量不是很大，绿植若长时间无阳光滋养，可适当追肥，施肥频率应为 2 ～ 3 周施肥一次。
5. 浇水时要把控水量，如发现有病根，要及时将其剪掉，还可浇多菌灵或甲基托布津预防真菌感染。
6. 大部分绿植都有匍匐的分枝，可将分枝减下来扦插到土壤中，进行繁殖。

二、利用布艺强化软装效果

1. 百变的窗帘

窗帘有多种样式，如百叶式窗帘、折叠式窗帘、卷筒式窗帘、垂挂式窗帘等；窗帘又有多种材质，如真丝材质、棉麻材质、纯棉材质等；窗帘有多种风格，如韩式窗帘、中式窗帘、欧式窗帘等；窗帘还有多种色彩搭配，如原木色 + 白色、黑色 + 白色 + 灰色、蓝色 + 橘色、蓝色 + 白色、黄色 + 绿色等。在进行室内软装设计时，应根据室内风格和所要营造的氛围来选择合适的窗帘（图 2-26）。

图 2-26　百变的窗帘

↑通常棉质窗帘较柔软、舒适，丝帘优雅、贵重，绸帘豪华、富丽，水晶珠帘晶莹、剔透，纱帘则柔软、飘逸，这些窗帘各具特色，能满足不同需求。

2. 时尚的抱枕

抱枕主要有沙发抱枕和床上抱枕两种，常见的抱枕形状主要有方形、圆形、长方形、异形和玩偶造型，可根据室内空间的家具类型、材质等选择抱枕（图2-27）。

a）沙发抱枕

↑沙发抱枕作为沙发的装饰设计，不仅能够增加沙发的使用舒适性，同时也能带来良好的体验感。

b）床上抱枕

↑床上抱枕能增强睡眠舒适度，设计精巧的抱枕还能增添卧室温馨的氛围，提高空间的装饰效果。

图 2-27　抱枕

3. 雅趣的床品

床品即指床上四件套，主要包括床单、床罩、被套、枕套等，这四件可以风格一致，也可自由搭配，但都需与卧室环境相搭配，并能营造良好的睡眠环境。床品花纹、色泽等都比较多变，可根据床的大小、个人喜好和卧室风格等进行搭配（图 2-28）。

4. 防污渍桌布

桌布根据生产工艺不同可分为塑料类桌布和纺织类桌布，前者包括PVC 桌布、EVA 桌布、PEVA 桌布、烫花桌布、PP 桌布等；后者则包括涤棉针织花边桌布、涤棉平织印花桌布、涤棉平织绣花桌布、涤丝经编提花桌布、涤麻平织补花桌布、纯棉丝光提花桌布、纯棉丝光网扣桌布、亚麻针织花边桌布等。应依据桌子的类型、室内设计风格、用餐场合、色彩搭配的合理性等综合因素选择桌布（图 2-29）。

5. 美观实用的地毯

书房、卧室、飘窗等区域均可使用地毯，常见地毯有羊毛地毯、纯棉地毯、塑料地毯、化纤地毯、真丝地毯、草编地毯等。合适的地毯不

软装配饰的检查与摆放　★小贴士

大型软装配饰应在最后完工之前前往工厂验货，在即将出厂或送到现场时，还需再次复核现场空间的尺寸。配饰产品到场时，设计师应亲自参与摆放，应充分考虑各个元素之间的关系和客户的生活习惯，并且应按照家具、布艺、画品、饰品的顺序进行摆放。

图 2-28 床品

↑床品保养方法

1. 棉制品易起皱，弹性一般，耐酸不耐碱，清洗水温宜在30℃以下，晾干后以中温熨烫，折叠好存放于干燥处即可。
2. 洗涤软质床品时浸泡时间不可太长，洗涤时建议选用温和、中性的洗涤剂，应先将洗涤剂在水中溶解，再把床上用品置入其中。
3. 乳胶枕需用冷洗洁精浸泡，用手轻压后再以清水反复冲洗干净，以布包裹，将大部分的水分吸收后，放置阴凉处风干即可。
4. 不要将床单、被套的正面曝晒在阳光下，应将床上用品背面向外，在阴凉通风的地方晾晒。
5. 不同面料、花纹、色泽的床品不建议一起浸泡清洗。
6. 尽量采用水洗的方式清洗床品，干洗会渗入化学试剂，在一定程度上会破坏布料原本的组织性。

图 2-29 桌布

↑桌布保养方法

1. 桌布表面如有油脂、蛋白质等污渍，可在 5L 清水中加入 5ml 的碱溶液，完全溶解后，放入桌布并煮沸大约 5 分钟，等油污和蛋白质污渍完全消失后，取出桌布清洗即可。
2. 桌布表面如有色素，则可在 5L 清水中加入 50g 漂白剂，浸泡 5 分钟后，等桌布表面色素污渍去除后，清洗甩干晾干。
3. 桌布表面如有油污，则可先用牙刷蘸洗洁精轻轻擦洗，然后用牙刷蘸清水擦干净，再用一块干净的棉布擦干即可。
4. 洗涤桌布时不宜在水中浸泡太久，大约半小时即可。
5. 桌布应轻柔洗涤，不宜用力揉搓和拧干，可放在洗衣机里甩干。
6. 桌布应悬挂于通风处晾干，避免在日光下长时间曝晒，防止褪色。

仅能够带来舒适的脚感，增强地面的防滑性，同时也能调节室内空间的色彩，增强室内空间的观赏性（图 2-30）。

a）客厅地毯

b）飘窗地毯

c）草编地毯

图 2-30 地毯

↑现代常用的地毯在正常使用 2 ~ 3 年后就会更换，因清洗成本较高。在室内使用的地毯应多为局部铺装，方便随时更换。

三、利用绿植提升空间品质

绿植作为软装元素之一，不仅可以很好地装饰室内空间，缓解人们的心理压力，同时还能有效分隔空间。通常卧室空间可布置月季花、吊兰、山茶花、芦荟等植物；客厅空间则可布置发财树、君子兰、绿萝、富贵竹等植物。在选择和摆放绿植时，应充分结合室内格局、绿植造型、花艺色彩等因素（图 2-31）。

a）地面摆放
↑绿植摆放在沙发旁，用于填充边角空间。

b）书桌上
↑书桌上选用几何造型的绿植，不会分散注意力。

c）墙面前方
↑在浅色的墙面前方摆放呈自然生长形态的绿植，能表现出绿植强烈的生命力。

d）台面组合
↑台面上组合摆放多种盆栽绿植，营造出主题感。

图 2-31　绿植

四、利用摆饰丰富空间内容

室内空间中的摆饰主要有创意摆件、装饰画、书法画等。

1. 创意摆件

创意摆件能提高空间活力感，其造型丰富，有人物造型、动物造型、抽象造型、特色造型等多种样式（图 2-32）。

2. 装饰画

装饰画主要有油画、水彩画、烙画、镶嵌画、摄影画、挂毯画、丙烯画、铜版画、玻璃画、竹编画、剪纸画、木刻画等多种，不同的装饰画有着不同的艺术风格和韵味（图 2-33）。

3. 书法画

书法画古色古香，其装裱样式有立轴、横批、屏条、对幅、镜片等，能赋予空间比较浓郁的文化气息（图 2-34）。

图 2-32　创意摆件
↑图示中的摆饰为生活中不常见的摆件，色彩与造型经过精心设计，具有较强的创意感。

图 2-33　装饰画
↑装饰画幅面较大，用于修饰墙面，提升室内空间的主题感。

图 2-34　书法画
↑书法文字具有表意性，能为室内空间点题，表达使用者的心境。

五、利用灯饰增强空间氛围

室内空间中的灯饰不仅要能与空间氛围相匹配，同时还要能够增强室内空间的氛围感；灯饰的风格要能够与室内空间的整体风格相搭配；灯饰的数量也不宜过多，以免形成混乱不堪的灯光环境，且灯饰的高度要根据层高而定；同时，灯饰还要能够突显出装饰画和创意摆件的特点，要能增强其装饰美感（图 2-35）。

a）吊灯

↑垂挂距离较高，适合内空较大的室内空间。

b）桌面台灯

↑桌面放置台灯除了能够照明桌面外，还能提升其室内空间的重要性，让人的注意力集中在此。

c）案几台灯

↑台灯是案几家具、墙面装饰画的配饰，丰富此处空间的层次感。

d）落地灯 + 吊灯

↑造型一致的落地灯与吊灯相互组合，展现了室内空间的风格。

图 2-35　灯饰

第 7 课 感受色彩魅力

室内设计师必须拥有良好的色彩感知力，要能遵循配色比例，设计出更具舒适感和美感的色彩空间。通常室内黄金配色比例为 70%：25%：5%，其中基础色占 70%，主配色占 25%，剩下的 5% 为强调色。

一、色彩基本属性

室内设计中所有的色彩都是设计的对象，而色彩的三要素，即色相、明度、纯度，又影响着色彩表现出来的视觉效果。通常可将色彩分为光源色、物体色和固有色，通过调节色彩的三要素，并进行适当的对比，便可感受到不同的设计情感。同时需注意色相对比主要有同类色对比、邻近色对比、对比色对比和互补色对比等（图 2-36 ~ 图 2-38）。

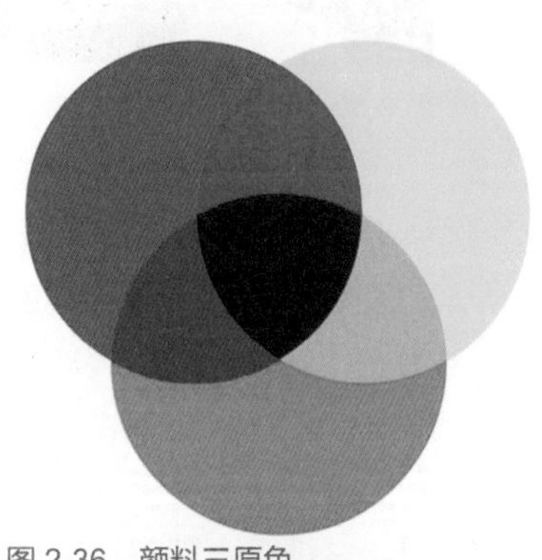

←由品红、黄、蓝三种颜色组成，可混合出所有的颜色，其中，等量相加为黑色。

图 2-36　颜料三原色

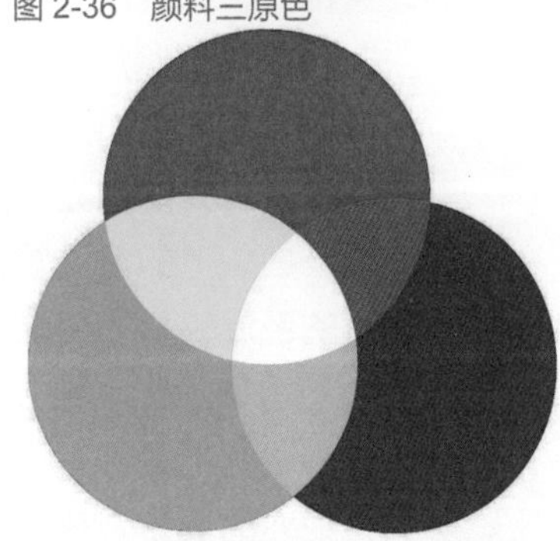

←由红光、绿光、蓝光三种光色构成，三种等量混合可获得白色，可应用于电视、计算机等影视图像显示。

图 2-37　色光三原色

a）深色背景

↑深色作为背景颜色，在视觉上能给人一种浓郁、华丽的空间氛围感，搭配亮色家具时，有一种亮色更亮的视觉感。

b）高纯度背景

↑高纯度色彩作为背景色，十分醒目、刺激，若家具色彩与背景色搭配和谐，整个空间也会显得活泼、热情。

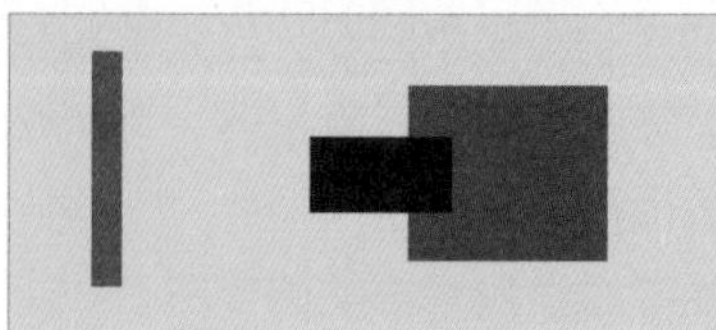

c）淡雅背景

↑淡雅的背景色能将人带入一种舒适、柔和的空间氛围中，亮色家具在这一空间中能起到点睛之笔，同时也能很好地提亮空间色彩。

图 2-38　不同色彩背景

二、影响色彩搭配效果的因素

1. 空间的重心

空间的重心主要由较深颜色所处的位置决定，当较深的颜色处于顶面、墙面时，整体空间会更具活力感；当较深的颜色处于地面、地毯上时，整体空间会更具稳重感（图 2-39）。

←↑深色在下方，落到了地板、沙发和座椅上，浅色则分别落在了顶面和墙面上，地面地毯色也为浅色，这些色彩共同形成了低重心的视觉感受，能有效增强空间的安全感。

图 2-39　低重心的客厅色彩

2. 地理位置、光照变化与色彩选择

（1）地理位置。通常温带地区炎热时间长，色彩应以冷色为主，适宜选择明度较高和纯度较低的颜色；寒带寒冷时间长，色彩应以暖色为主，宜采用低明度、高纯度的色彩。

（2）光照变化。在室内空间中，阳面朝东的户型，与光照相对应的部分，宜采用吸光率较高的深色，如深蓝色、褐色等；背光部分的家具、装饰等，则建议采用反射率较高的浅色，如浅黄色，浅蓝色等。

3. 色彩与照明灯具

照明灯具的色温对色彩搭配也有一定的影响，人工光应与自然光搭配使用，人工光的色光有冷有暖，可利用它来调节人们对室内光色的感觉。通常白炽灯的色温较低，色温低的光源偏黄，有温暖稳重的感觉；荧光灯的色温较高，色温高的光源偏蓝，有清新明亮的感觉。

4. 色彩与占比面积

室内空间中的各个色彩之间，存在着面积大小的差异，面积大的色彩具有绝对的优势，往往对空间起着支配作用，可通过增大色彩面积占比，从而在视觉上增强空间的动感，或通过均衡色彩面积占比，在视觉上营造一种安定、舒适的感觉（表 2-4）。

表 2-4　色彩的面积差比较

三色面积均等	蓝色为主导色	黄色为主导色
两色面积均等	黄色占三分之二	黄色为主导色

注：色彩的面积差比较：面积差越小，给人的视觉感越稳定、安稳；面积差越大，给人的视觉感越鲜明、动感。

三、色彩搭配技巧

1. 色彩比例要合适

主题色、背景色和配角色的比例要合适，这三种色彩的纯度、明度等也要能相互配合，并能衬托室内空间的设计亮点。

2. 依据使用人群选择色彩

（1）男性。黑色、灰色、冷色的蓝色和厚重的暖色等多为男性房间的代表色。

（2）女性。女性使用的房间建议采用暖色调的色彩进行搭配，能给人一种简约、温和感。

（3）儿童。色彩选择要参考儿童的性别，通常女生房间可选用较粉嫩的色彩，如粉色（图 2-40）；男生房间可选用蓝色、黄色等色彩，这些色彩可令人联想到卡通英雄人物。

（4）老人。要避免大面积使用冷色调装饰，以及使用过于艳丽的色彩与对比色搭配，且家具配色宜深浅搭配设计，尽量不选用过于亮丽的色彩（图 2-41）。

图 2-40　女童房间应用色彩

图 2-41　老人房间应用色彩

第8课 灯光照明设计

人们开展一切活动的前提是有光的存在，这包括自然光和人工光。室内设计师需要灵活应用自然光和人工光，创造出在视觉上更符合人的习惯，以及视觉效果更好的室内环境。

一、自然光与人工光

1. 自然光

室内空间多从窗户、阳台或天井等处获取自然采光，而自然采光的效果又与采光通道的面积，阳光的变动和季节变化等因素有关。在进行室内空间设计时，要充分考虑窗户、阳台等区域的朝向，要能利用巧妙的设计来确保室内可以获取充足的光照（图 2-42）。

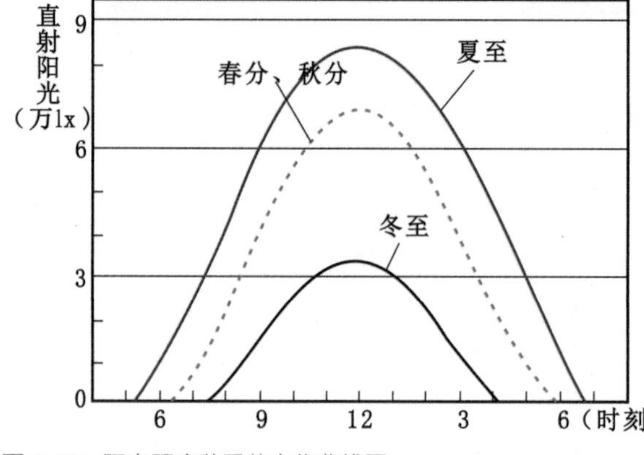

←秋季到冬季的日照时间较短，位于高纬度地区比低纬度地区的人更容易患上“冬季抑郁症”，而随着光照时间增加，“冬季抑郁症”的症状会有所缓解。由此可见，光照与人们的身心健康密切相关。

图 2-42 阳光照度随季节变化曲线图

2. 人工光

在室内空间中，人工光既可用于整体照明，又可用于局部照明和气氛照明（图 2-43）。人工照明方式多种多样，主要包括直接照明、半直接照明、全方位扩散照明、间接照明、半间接照明（表 2-5）等；人工照明灯具常见光源则有白炽灯、荧光灯、水银灯、卤化金属灯、高压钠灯等。

在进行室内灯光设计时要充分结合室内格局、使用需求等因素选择合适的照明方式和照明灯具。

二、照明计划

1. 照明计划的流程

在制订室内空间的照明计划之前，应当了解照明的相关设计标准，包括照明标准、照明质量标准、法规等；需确定对光环境的各种要求，以及光的数量等相关信息，以便更好地进行照明设计。照明计划的具体流程如下：

a）整体照明

↑整体照明可选用 LED 灯光作为照明灯具，这种灯具既能完整地展示室内空间中的物品，又环保、节能。

b）局部照明

↑局部照明可选用壁灯作为照明灯具，这种灯具可以通过墙壁来反射光，从而使光线愈加柔和，这也有利于营造一个舒适的睡眠环境。

c）气氛照明

↑餐厅需要营造一个良好的用餐氛围，因此可选用低照度搭配可调光的开光照明，台面上的蜡烛，也能加强餐厅的浪漫气息。

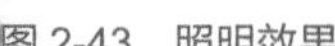

图 2-43　照明效果

表 2-5　人工照明方式

照明方式	图示	上照光线	下照光线	光线方向
直接照明		0 ～ 10%	100% ~ 90%	大部分光线向下照射
半直接照明		10% ~ 40%	90% ~ 60%	一部分光线向下照射，一部分向上照射
全方位扩散照明		40% ~ 60%	60% ~ 40%	光线呈 360° 扩散
半间接照明		60% ~ 90%	40% ~ 10%	光线会经过其他介质，从而使大部分光线反射在需要光源的平面上
间接照明		90% ~ 100%	10% ~ 0	光线向上会经过其他介质，从而反射在需要光源的平面上

● Step1: 确定照明设计标准。

● Step2: 记录空间数据和相关约束条件。

● Step3: 明确照明需求和所需的环境照度等。

● Step4: 选择合适的照明系统，包括确定光源位置、光源种类和光线角度等。

● Step5: 选择灯具及光源系统，包括灯具的尺寸、外观、风格、材质等。

- Step6: 确定灯具的数量和位置。
- Step7: 明确开关和其他控制设备的布局情况。
- Step8: 考虑整体的美观性，并进行适当的调整。

表 2-6 为不同复杂程度和困难度的照明标准。

表 2-6　不同复杂程度和困难度的照明标准

复杂程度和困难度	照明标准
A 类	公共空间 300lx
B 类	简单定向 50lx
C 类	简单视觉作业 100lx
D 类	强对比大尺度目标作业 300lx
E 类	强对比小尺度目标作业 500lx
F 类	弱对比小尺度目标作业 1000lx
G 类	接近视觉极限的作业 10000lx

2. 照明设计步骤

照明设计的目的是利用照明设施创造出更安全、更便捷的照明环境，并期望通过合理的灯具布局，来增强室内空间中的氛围感。具体照明设计的步骤如图 2-44 所示：

←在进行照明设计时，应首先考虑照明环境的使用功能和性质，深入分析设计对象，全面考虑与照明设计相关的功能、形式、心理、经济等诸多要素，并以此为依据，制订出最合适的设计方案，然后再按照科学的照明设计步骤予以实施。

图 2-44　照明设计步骤

三、不同空间的照明需求

以住宅空间为例，针对不同的功能分区和照明需求，选择最合理的照明方式（表 2-7）。

表 2-7 不同空间的照明需求

功能区	图示	照明需求
客厅		• 满足聚会、放松的需要，提供基本照明，并能调节亮度 • 建议选择直接照明 + 间接照明的照明形式
餐厅		• 满足基本用餐需要，能增强食欲，美化食物 • 可作基础照明，建议选择显色性较好、向下照射的灯具，灯光为暖光；也可以吊灯为主要光源，再增加筒灯、射灯等间接光源，以烘托气氛
厨房		• 满足备餐、烹饪等备餐需要，备餐区亮度较高 • 封闭式厨房可选用直接照明 + LED 筒灯或间接照明的照明形式；开放式厨房可选用直接照明 + 间接照明 + 筒灯的照明形式
卧室		• 灯光要营造一个良好的睡眠环境，灯光要柔和、均衡 • 可选用可调光灯具 + 荧光灯的照明形式
书房		• 满足基本阅读、写字等照明需求，灯光要柔和 • 可选用直接照明 + 间接照明，如采用可调筒灯 + 筒灯 + 落地灯 + 台灯或 LED 灯 + 台灯或射灯 + 筒灯等照明形式
卫生间		• 满足化妆、洗漱等的照明需求，灯光要柔和、无阴影 • 可利用顶棚灯具作一般照明，并安装镜前灯作补充照明
阳台		• 满足晾晒衣物的照明需求 • 可选用 LED 吸顶灯、射灯、筒灯作顶棚灯具，并作一般照明

第 9 课 效果图快速表现

效果图是室内设计的表现媒介，设计师通过效果图来反映自己的创意，将室内空间构造、家具陈设布局清晰表现出来。传统效果图采用笔和纸绘制，工具多样，绘制这类效果图需要有一定美学基础与绘画功底，设计师需要 2 ~ 3 年的基础训练。计算机效果图采用专业软件绘制，操作相对简单，但是对空间尺寸要求较高，同样需要具备一定的美学常识。

一、快速手绘效果图

快速手绘效果图主要采用马克笔、绘图笔在绘图纸上快速绘制，A4 ~ A3 单幅效果图绘制时长多为 1 ~ 2 小时，表现技法轻松自然。设计师能当着客户面现场绘制，清晰表现室内空间的造型，在绘制的同时能与客户沟通，快速协商多种设计细节（图 2-45）。

a）住宅客厅效果图

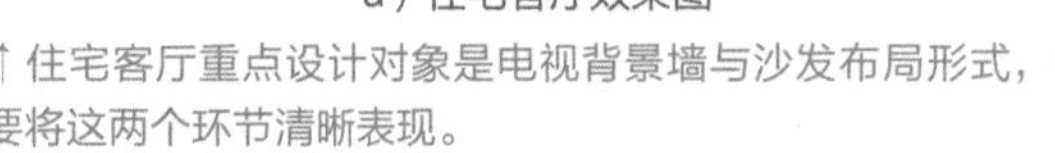

↑住宅客厅重点设计对象是电视背景墙与沙发布局形式，需要将这两个环节清晰表现。

b）办公室效果图

↑快速手绘效果图要表现出空间中的重点构造，如家具、地面、墙面、窗帘等。顶面造型仅用线条绘制轮廓，避免色彩过多显得画面压抑。

图 2-45　快速手绘效果图

1. 绘图工具

（1）铅笔。一般选择 2B 铅笔绘制草图，传统铅笔需要经常削，也不易控制粗细，因此，常选择自动铅笔（图 2-46、图 2-47）。

（2）绘图笔。绘图笔是针管笔、签字笔、碳素笔等笔类工具的统称。其笔尖较软，用起来手感很好，绘图笔画出来的线条十分均匀，适合细细勾画线条，画面会显得很干净（图 2-48）。

（3）马克笔。主要上色工具是马克笔，马克笔有酒精性（水性）与油性两种，通常选用酒精性（水性）马克笔。马克笔两端分别为粗笔头和细笔头，可以绘制粗细不同的线条（图 2-49）。

图 2-46　2B 绘图铅笔

↑ 2B 铅笔的硬度比较合适，太硬的铅笔有可能在纸上留下划痕；太软的铅笔颜色太浅，很难对形体轮廓进行清晰表现。

图 2-47　自动铅笔

↑自动铅笔的铅芯最好选择 2B；同时，可根据个人习惯来选择不同粗细的铅芯，0.7mm 铅芯比较适合。

图 2-48　绘图笔

↑绘图笔根据笔头粗细分为不同型号，可按需购买。初期练习可以选择中低端品牌的产品，价格便宜，性价比很高。

图 2-49　马克笔

↑马克笔具有作图快速、表现力强、色泽稳定、使用方便等特点，全套颜色可达 300 种。

（4）彩色铅笔。彩色铅笔是比较容易掌握的涂色工具，画出来的笔触效果类似普通铅笔，并能与马克笔结合使用，表现主体构造的质感（图 2-50）。

（5）白色笔。白色笔能在快题设计中提高画面局部的亮度，使用方法和普通中性笔相同，在深色区域运用能体现白色效果（图 2-51）。

（6）涂改液。涂改液的作用与白色笔相同，只是涂改液的涂绘面积更大，效率更高（图 2-52）。

（7）绘图纸。绘图纸性价比高且运用普遍，摩擦力与吸水率比较均衡，适合铅笔、绘图笔、马克笔等多种绘图工具表现（图 2-53）。

图 2-50　彩色铅笔

↑彩色铅笔多选择油性产品，能营造出良好的肌理效果。

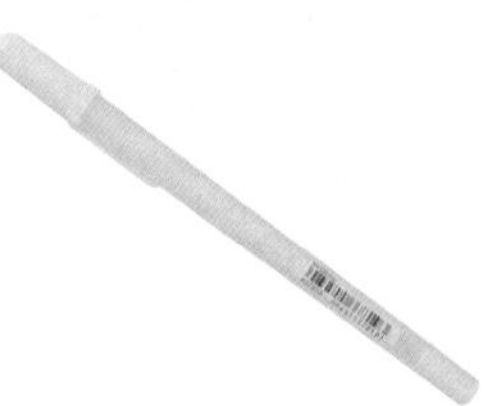

图 2-51　白色笔

↑白色笔用于勾勒高光轮廓，覆盖性能比不上涂改液，不能用于大面积的涂白使用。

图 2-52　涂改液

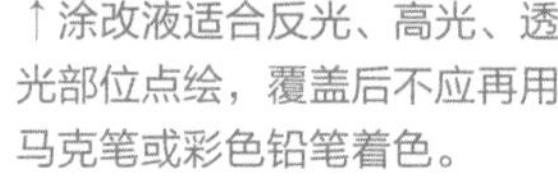

↑涂改液适合反光、高光、透光部位点绘，覆盖后不应再用马克笔或彩色铅笔着色。

图 2-53　绘图纸

↑绘图纸幅面多以 A4、A3 尺寸为主。

2. 透视方法

透视是手绘效果图的定型基础，主要分为一点透视、两点透视、三点透视，可根据室内设计效果图表现需要来选择。

（1）一点透视。一点透视是指当人正对着物体进行观察时所产生的透视范围，这种透视方式只有一个消失点，且能塑造较强的纵深感，很适合表现庄重、对称的空间（图 2-54）。

醒目部位的线条要求具有透视效果，绘制时应当干净、简洁。

绘制时要表现出主体家具外部轮廓的特征，且基本保持平行状态。

家具暗部区域应当用密集的平行直线绘制，这样家具的体积感也会更强。

图 2-54　一点透视客厅

（2）两点透视。两点透视又称为成角透视，斜线均消失于左右两点上，而物体的对角正对着人的视线，这种透视方式应用范围比较广。在绘制时由于有两个消失点，因此左右两边的斜线既要相互交于一点，同时又要保证两边的斜线比例能够处于正常值（图 2-55）。

商业柜台空间的面积较大，在使用两点透视绘制线稿时，应当注意画面边缘地带延伸感的塑造，要合理分配左右两侧边缘构造所占的比例。

网格线条可以很好地表现出墙面材质的特色。

画面近处弧面构造物的圆弧线绘制应当圆滑，这样视觉效果也会比较好。

图 2-55　两点透视商业柜台

（3）三点透视。三点透视多用于绘制超高层建筑的俯瞰图或仰视图，偶尔会用于室内空间中的单体元素绘制。使用这种透视方法时需注意，第三个消失点必须和与画面保持垂直的主视线以及视角的二等分线保持一致（图 2-56）。

墙面材质轮廓的强化可通过强化透视的方向感和存在感来实现。

鸟瞰三点透视的第三个消失点在普通层高的室内空间中常在底部，这样也能让空间更具舒展性。

厨柜底部可适当加深阴影，这样也能有效平衡画面。

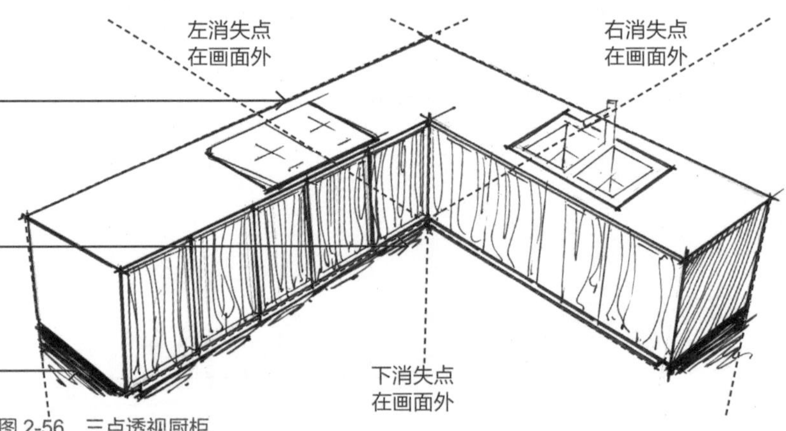

图 2-56　三点透视厨柜

3. 绘制步骤

下面以会议室练习稿为例，介绍室内效果图的手绘方法。

（1）绘制线稿。根据参考照片（图 2-57）绘制出线稿，对一点透视效果图进行稍许倾斜，能丰富画面效果（图 2-58）。

（2）基础着色。先只对墙面、地面与主体家具构造强化着色，亮面与顶面始终保持不画，只画暗部，暗部可以适当加深（图 2-59）。

（3）表现细节。逐个绘制家具与地面上的投影，利用深色区域挤压出浅色区域。采用彩色铅笔排列线条覆盖大块面域，同时进一步加深暗部，并用白色涂改液勾勒地面轮廓（图 2-60）。

图 2-57 会议室参考图

↑在练习过程中收集室内设计案例图片，这些用于手绘表现的照片或计算机效果图要求色彩饱和度高，明暗对比强烈，造型统一。

图 2-58 绘制线稿

↑线条力求简洁，描绘出室内空间的主要轮廓，强化主要家具与装饰构造形体。严格控制透视方向，地面与顶面形体线条清晰细腻。

图 2-59 基础着色

↑马克笔基础着色为平涂，笔触色彩不要超出各局部构造的轮廓线。马克笔笔触整齐密集，但是不宜相互频繁叠加，避免色彩过深污染画面。

图 2-60 表现细节

↑用马克笔细致刻画局部构造，彩色铅笔排列线条紧凑密集，形成粗糙的肌理质感，与白色涂改液填涂的高光、反光部位形成对比。丰富地面投影层次，让画面更稳重。

二、计算机效果图

计算机效果图的视觉效果更真实，但是制作难度较大，一直以来是室内设计师技能提升的难点。主流软件是 3ds Max，界面复杂，对计算机硬件配置要求较高，最终渲染出图时间较长，需要调整的参数过多，要获得高质量的效果图需要长期学习。

目前，我国室内设计专业效果图制作软件是酷家乐，这款专用于室内效果图设计的软件采用网络服务器渲染，操作简便，制作流程清晰。软件中预置了各类住宅小区的户型，还可以根据需要自主创建建筑室内空间。从基础模型创建，到材质贴图赋予，再到灯光配置渲染，效果图能在短时间内完成，适合零基础入门级室内设计师自学。下面以一套住宅室内户型为例，介绍该软件的使用步骤，供参考。

1. 基础模型创建

打开酷家乐软件界面，单击“我的方案”和“新建室内设计”，可以新建一个室内方案（图 2-61）。在“新建方案”页面中选择新建方式，其中“搜索户型库”可以获得完整的地产住宅户型（图 2-62、图 2-63）。打开所选择的住宅小区户型后，可以修改户型的墙体、门窗等模型基础数据（图 2-64）。

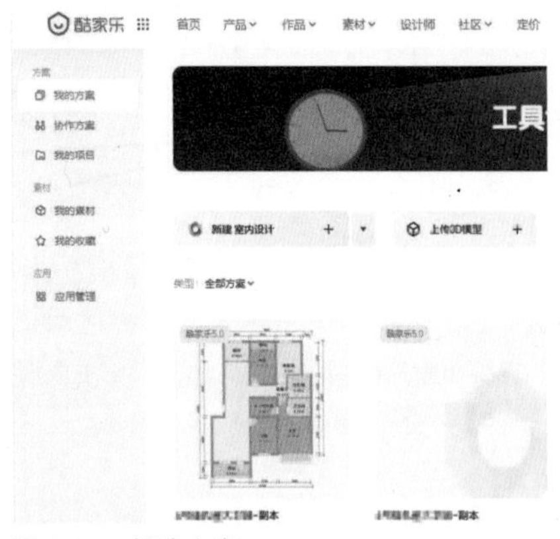

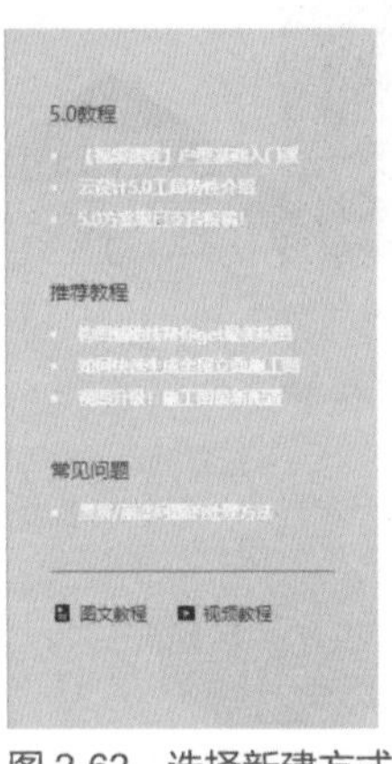

图 2-61　新建方案

↑酷家乐软件专用于室内设计，设计师能快速创建各种住宅户型，或直接调用后进行快速修改，能大幅度提高工作效率。

图 2-62　选择新建方式

↑可以选择多种新建方式，其中“自由绘制”适合公共空间设计；“搜索户型库”适合住宅空间设计；“导入 CAD”适合个性化室内空间设计；“导入图片”能将普通图片识别成模型；“量房数据”可以直接输入参数生成模型。

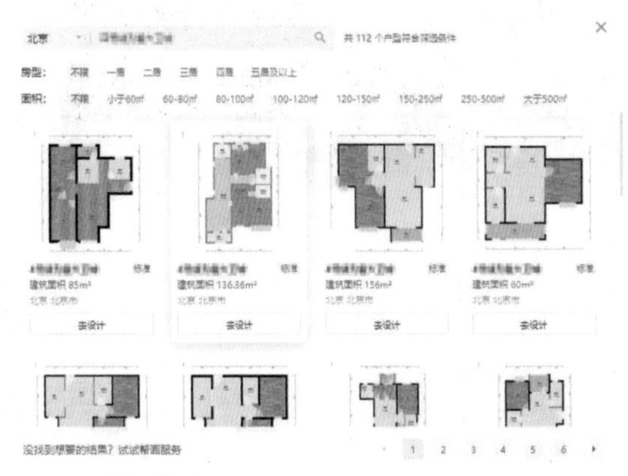

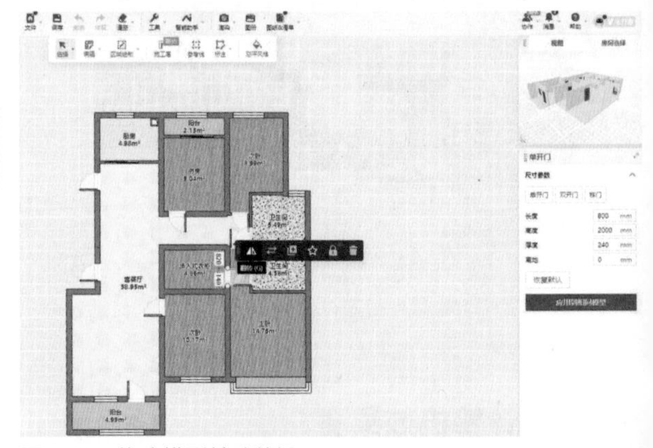

图 2-63　选择户型

↑酷家乐能在现有基础户型中选择与实际设计项目一致或接近的户型文件，进行修改后设计。选择方法为：先选择城市，再选择住宅小区，最后选择户型模式。

图 2-64　修改模型基础数据

↑打开户型模型后，可以调节户型中的门窗、墙体等构造的参数，使其与实际现场环境完全一致，最终获得所需的室内空间场景。

2. 素材库选用

酷家乐准备了丰富的素材，包括海量的家具、饰品，可以根据设计要求选择不同风格、款式的素材，并能进一步选择素材的材质贴图，形成更加多样的变化，满足不同设计的需求。这些素材都是根据真实产品制作，可以到各大电商平台购买，让设计与施工保持高度一致（图 2-65 ~ 图 2-68）。

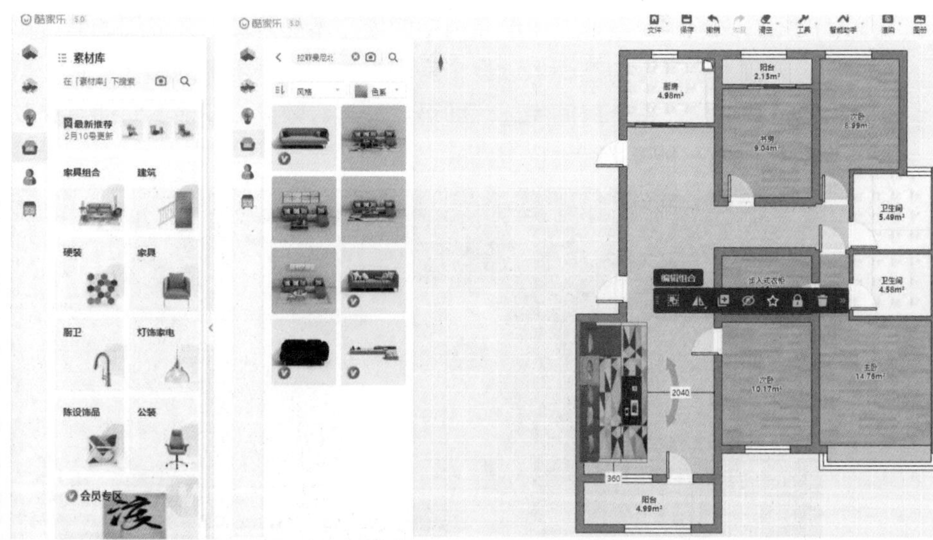

图 2-65 素材库

↑素材库位于酷家乐软件界面左侧，在户型确定后就可以调用。

图 2-66 调用家具

↑从素材库中选择合适的家具，即可置入指定的室内空间，调用后可以根据实际情况进一步编辑家具的角度、大小、方位、配件等细节，使家具与户型空间完美匹配。

图 2-67 编辑家具

↑对于家具的深度调整可以在酷家乐界面的右侧编辑面板中设置各种参数。

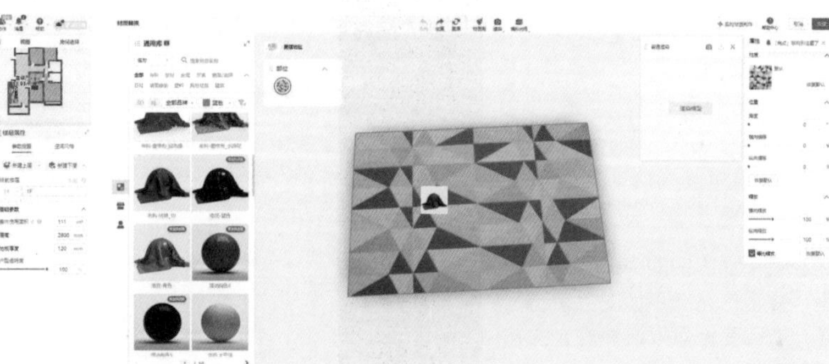

图 2-68 编辑材质贴图

↑家具上的配件，还可以通过变换其表面的材质贴图，营造出统一的设计风格。

3. 细节构造制作

在酷家乐界面右侧选择空间的吊顶，就可以将吊顶构造放大，深度制作吊顶的细节构造。同样，选择墙面、地面等构造都可以深度制作，直至达到设计要求（图 2-69）。

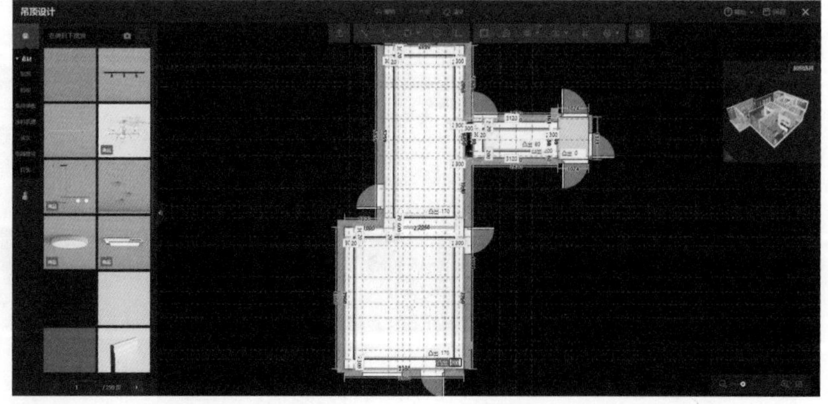

图 2-69 吊顶细节设计

↑对吊顶细节深度设计时可选用左侧素材库中的各种灯具和构造，根据需要摆放好位置，设定好高度，这个环节内容较多，需要花费时间操作。

4. 灯光设置与渲染

进入灯光渲染界面，选择照明方式。室内效果图要突出视觉效果，大多选择灯光照明。在界面中给室内空间模型添加灯具，并仔细调节灯具的参数。住宅室内空间可以逐个房间设置，这个步骤的操作较多，需要仔细制作，每个房间完成后即可渲染观看效果，发现不对即可修改（图 2-70 ~图 2-72）。

→进入灯光设计界面，选择左侧面板中的灯光模式。同时在右侧面板设置视角，方便最后渲染。

图 2-70 灯光设置

→在每个室内空间中选择灯光模型，并将灯光在平面图上移动位置，右侧面板可以调节灯光的亮度与高度。

图 2-71 逐一选择灯光

→将主视图调整到三维图模式，深度细致调整灯光的位置，让灯光充分显示照明效果。

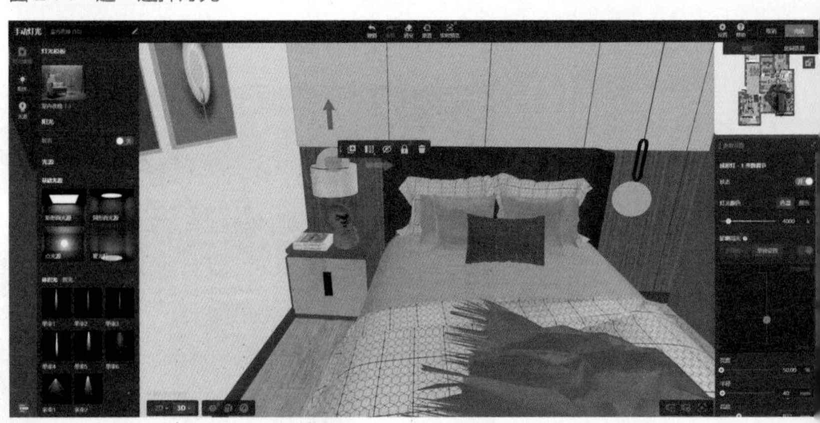

图 2-72 调整灯光参数

使用酷家乐制作效果图效率很高，有室内设计基础而没有制作效果图经验的设计师，能在 2 ~ 3 天内通过自学制作出令人满意的效果图（图 2-73 ~图 2-80）。

图 2-73　客厅
←住宅整体风格为简约时尚，家具、地毯、装饰画的配色相互呼应，选用的家具造型简洁，色彩稳重，是当前的主要流行趋势。

图 2-74　餐厅
←餐厅吊顶延续了客厅吊顶造型，在视觉上保持统一，墙面选用深色木质墙板搭配壁纸，形成明暗反差的撞色效果。

图 2-75　厨房
↑厨房选用的整体厨柜模型，根据厨房面积尺寸进行调整。

图 2-76　卫生间
↑卫生间选用灰色瓷砖，搭配白色洁具，再搭配合适的照明，整体呈现出强烈的秩序感。

图 2-77　阳台

图 2-78　客卧室

↑阳台空间虽然狭窄，但选用了多种绿化植物，使阳台充满生机。

→客卧室装饰造型延续了餐厅的风格，家具布局紧凑，灯光照明均衡。

图 2-79　儿童房

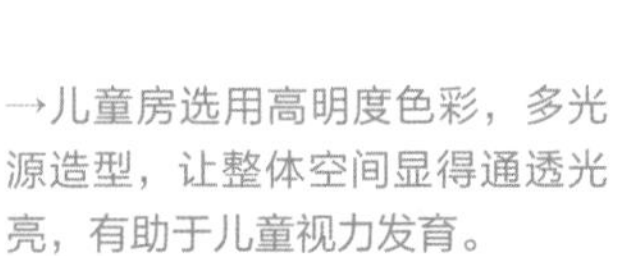

→儿童房选用高明度色彩，多光源造型，让整体空间显得通透光亮，有助于儿童视力发育。

图 2-80　主卧室

→主卧室家具配置齐全，家具与墙面挂件装饰风格统一，色彩深浅搭配形成一定对比，符合全房整体格调。

第 3 章　选材施工管理要则

识别难度： ★★★☆☆
核心概念： 选材、施工、预算、管理
章节导读： 一个具备艺术性和实用性的设计创想，必定需要良好的施工工艺来逐一实现，室内设计师除需具备扎实的设计功底外，还需了解各类装饰材料的特性和其施工工艺，并能选择优质的装饰材料，从而塑造出一个具备美观性、安全性、实用性的室内空间。室内设计师要严格管理施工现场，材料选购需谨慎，同时还需精通施工与预算，将材料落实到施工中，精准计算成本。

第 10 课　材料选购

室内设计中所选用的装饰材料类别较多，这里将逐一介绍这些装饰材料的选购方法。

一、墙固和地固

室内空间的水泥墙地面需要进行封闭处理，防止原有水泥粉末脱离，造成外部装饰材料开裂或脱落。应当选用墙固涂料和地固涂料处理墙面基层，确保后期施工顺利展开（表 3-1）。

表 3-1　墙固、地固涂料选购

品种	图示	特点	选购方法
墙固涂料		•具有较好的渗透性，能增强基层的密实性 •附着力强，适合粘贴墙布、壁纸 •施工方便，不易产生死褶和鼓包，注意密封保存 •无毒、无味，绿色、环保	•查看固含量：高固含量的墙固涂料更适合墙面水泥造毛，且有利于瓷砖的铺贴 •选用浅彩色墙固：彩色墙固着色效果明显，便于检验涂刷是否均匀 •查看黏稠度：中等合适即可
地固涂料		•封锁性强，能有效防止地砖的空鼓和地面跑沙现象 •耐水、耐潮，能避免木地板因受潮而产生的变形 •色彩丰富，主要以绿色、蓝色、红色为主 •色彩遮盖力强，绿色、环保 •应储存在 5 ~ 40℃阴凉通风处，严禁曝晒和受冻	•查看品牌：选用优质和口碑较好的品牌 •查看储存环境：查看其是否存放于阴凉环境中 •查看色泽：色彩应纯净，且不掺杂其他色彩 •查看环保指数：优质产品应为环保、绿色产品 •取样品搅拌：混合应均匀，优质地固搅拌后可保持质地均匀

二、水电材料

1. 水路管材

选购水路管材时要根据设计图纸和室内空间面积精确计算，并按需购买。常见的水路管材有 PP-R 管、PVC 管、铝塑复合管、铜塑复合管等（表 3-2）。

表 3-2　水路管材选购

品种	图示	特点	选购方法
PP-R 管		• 具有较好的耐热性，绿色、环保，安全性较高，且施工便捷，可回收利用 • 可用作厨卫空间的冷、热水给水管；全套空间中央空调、小型锅炉地暖的给水管；直饮纯净水的供水管 • 配件主要有直接、角弯、三通、四通、活接、过桥弯、阀门等 • 有 S5、S4、S3.2、S2.5、S2 等级别	• 看级别：经济允许，则建议选择 S3.2 级、S2.5 级的 PP-R 管 • 看外部包装：两端应有塑料盖封闭，外部均有塑料膜包装，且无异味 • 看外观：内外光滑，管材与配件颜色一致，且表面无凹凸、气泡等 • 测量尺寸：壁厚应均匀，外径和壁厚尺寸应符合国际标准 • 火烧样品：加热后管壁不会有掉渣现象，且无刺激性气味
PVC 管		• 抗腐蚀能力较强，质地坚硬、价格较低，且易于粘贴 • 有软、硬之分，前者绝缘性、着色性好；后者抗老化性能好 • ϕ 40 ～ 90mm 的主要用于连接洗面台、浴缸、淋浴房、拖布池、洗衣机、厨房水槽等排水设备 • ϕ 110 ～ 130mm 的主要用于连接坐便器、蹲便器等排水设备 • ϕ 160mm 以上的主要用于厨房、卫生间横、纵向主排水管的连接	• 看外观：多为白色，白度高，但不刺眼 • 测量尺寸：壁厚应均匀，外径和壁厚尺寸应符合国际标准 • 检查配件：配件接头部位紧密、均匀，无任何细微的裂缝、歪斜等现象，管材与接头配件均用塑料袋密封包装 • 样品挤压：力度合适，优质品受力后不会轻易开裂或破碎
铝塑复合管		• 耐腐蚀、耐高压，环保性能较好，管壁较厚，不会轻易出现断裂 • 白色 L 标识管材可用于生活用水、冷凝水、氧气、压缩空气等输送管道 • 标有黄色 Q 标识的管材可用于输送天然气、液化气、煤气等管道系统	• 看外观：表面色泽与喷码均匀，无色差，内外表面光洁平滑，无划痕、凹陷、气泡、汇流线等痕迹 • 检查配件：接头与管壁的接触应紧密、均匀，且无任何细微的裂缝、歪斜等现象 • 卡扣试压：试压后连接依旧牢固 • 敲击裁切：敲击后不会破裂，撞击面可恢复为原形，裁切后管口光滑

（续）

品种	图示	特点	选购方法
铜塑复合管		• 内层为无缝纯紫铜管，环保性能优于铜水管 • 节能、环保，有一定的抑菌能力 • 导热性能较好，但价格较高 • 按外径尺寸分为 4 分管(20mm)、6 分管(25mm)、1 寸管(32mm)等	• 看外部包装：两端应有塑料盖封闭，外部均有塑料膜包装，且无异味 • 看外观：内外表面光洁、平滑，无凹凸、气泡等，且与配件色泽一致 • 测量尺寸：壁厚应均匀，外径和壁厚尺寸应符合国际标准 • 样品裁切：裁切后管口应光滑，且无毛边或凹凸
不锈钢管		• 不易被细菌污染，保温性较好，可直接用于输送饮用水 • 常用规格有 ϕ16mm、ϕ20mm、ϕ24mm、ϕ25mm、ϕ28mm、ϕ32mm、ϕ36mm 等	• 看外部包装：两端应有塑料盖封闭，外部均有塑料膜包装，且无异味 • 看外观：内外表面光洁、平滑，无凹凸、气泡等，与配件色泽一致 • 测量尺寸：壁厚应均匀，外径和壁厚尺寸应符合国际标准
编织软管		• 按照功能可分为单头管、编织管和淋浴管，单头管主要用于龙头、洗菜盆等厨卫五金 • 采用 304 型不锈钢丝，配件为全铜产品，可用于将用水设备与给水管的末端连接固定在一起	• 看编织效果：不跳丝、不断丝、不叠丝 • 看表面编织交织密度：表面编织交织密度较高，可观察编织层股与股之间的空隙孔径，孔径越小则密度越高 • 看外观：表面应无瑕疵，且应是不锈钢材质 • 看弯曲性能：将其弯曲时有一定阻力，且弯曲后能快速还原

2. 电路线材

电路线材重在使用功能，要以少用、精用为原则，尽量选购中高档产品。常见的电路线材有电源线和信号线，这里主要介绍电源线的选购方法（表 3-3）。

表 3-3 电路线材选购

品种	图示	特点	选购方法
单股线		• 可细分为软芯线与硬芯线，内部为铜芯，外部包裹 PVC 绝缘层 • 成卷包装，长度标准为 100m，且其阻燃 PVC 线管表面应光滑，壁厚要求达到手指用劲捏不破的程度	• 看产品说明书：查看线材表面有无质量体系认证书；合格证是否规范；有无厂名、厂址、检验章、生产日期；产品上是否印有商标、规格、电压等信息

（续）

<table>
<tr><th>品种</th><th>图示</th><th>特点</th><th>选购方法</th></tr>
<tr><td>单股线</td><td></td><td>• 普通照明用线截面面积选用 1.5mm^2，插座用线选用 2.5mm^2，热水器、壁挂空调等大功率电器设备用线选用 4mm^2，中央空调等超大功率电器选用 6mm^2 以上的电线</td><td rowspan="2">• 看外部包装：优质品包装上印字清晰，产品的型号、规格、长度、生产厂商、厂址等信息都十分齐全
• 看外观：优质品表面应光滑，不起泡，外皮有弹性，且剥开后铜芯明亮、有光泽，柔软适中，不易折断
• 感受柔韧度：优质品手感柔软、抗疲劳强度好
• 看截面面积：优质品的绝缘层厚度应均匀
• 看阻燃性：取样品点燃，优质品具有较好的阻燃性</td></tr>
<tr><td>护套线</td><td></td><td>• 表面绝缘套多为白色或黑色，施工方便
• 成卷包装，长度标准为 100m，应放置于干燥的环境中
• 用线标准与单股线一致</td></tr>
</table>

三、陶瓷砖

室内空间中常见的瓷砖材料为墙面砖和地面砖，其中墙面砖包括釉面砖、石材锦砖、陶瓷锦砖、玻璃锦砖等；地面砖包括抛光砖、玻化砖、微粉砖等（表 3-4）。

表 3-4 瓷砖选购

<table>
<tr><th colspan="2">品种</th><th>图示</th><th>特点</th><th>选购方法</th></tr>
<tr><td colspan="2">釉面砖</td><td></td><td>• 表面光泽有高光和亚光之分
• 陶土釉面砖吸水率较高，质地较轻，强度较低，价格较低；瓷土釉面砖则与之相反
• 规格通常为 300mm × 600mm × 8mm 等
• 主要可用于厨房、卫生间、阳台等室内外墙面铺装</td><td>• 看外部包装：包装上印字清晰，产品的规格、生产厂商、厂址、环保指数等信息都十分齐全
• 看外观：表面不会出现色差，且纹理清晰，无划痕、缺角、斑点或凹凸等缺陷
• 测量尺寸：可用卷尺测量，四边尺寸应符合标准尺寸
• 敲击后所发出的声音比较清脆</td></tr>
<tr><td>锦砖</td><td>石材锦砖</td><td></td><td>• 组合体块较小，强度高、耐磨损、不褪色
• 表面被加工成高光、亚光、粗磨等多种质地，色彩丰富
• 可用于客厅、餐厅等空间的墙、地面铺装，或用于厨卫空间的局部铺装，仅用作点缀装饰</td><td>• 多次卷曲后不会出现掉砖现象，且其背部的玻璃纤维网或牛皮纸不可轻易脱离</td></tr>
</table>

（续）

品种		图示	特点	选购方法
锦砖	陶瓷锦砖		• 有无釉和施釉之分，质地坚实，色泽美观，表面图案丰富 • 抗腐蚀、防滑、耐火、耐磨、耐冲击、耐污染、自重较轻、吸水率小、不褪色、价格低廉 • 可用于门厅、走道、卫生间、厨房、餐厅、阳台等各种空间的墙、地面及构造的表面铺装	• 多次卷曲后不会出现掉砖现象，且其背部的玻璃纤维网或牛皮纸不可轻易脱离
	玻璃锦砖		• 砖体小巧，耐酸碱、耐腐蚀、耐热、耐寒，不易褪色，且表面色泽亮丽，施工方便，易于粘贴，价格较低 • 适合厨卫空间和门厅墙面的局部铺装	
地面砖	抛光砖		• 安全性较高，正反面色泽一致，表面光洁，且强度较高，防滑性也较好 • 质地坚硬，适合在洗手间、厨房以外的室内空间中使用 • 规格通常为 600mm × 600mm × 8mm 等	• 表面污渍可轻易擦除，且割、划不易产生划痕
	玻化砖		• 强度和硬度较高，表面色泽、纹理等可人为控制，且吸水率低，耐磨性较好 • 规格通常为 600mm × 600mm × 8mm、800mm × 800mm × 10mm，主要可用于大面积客厅的地面铺装	• 轻敲时声音响亮，自重较大，且背面洒水后水迹不会扩散
	微粉砖		• 有普通微粉砖和超微粉砖之分，主要可用于面积较大的门厅、走道、客厅、餐厅、厨房等一体化空间 • 规格通常为 800mm × 800mm × 10mm、1000mm × 1000mm × 10mm	• 完全不吸水，且不会轻易产生划痕，表面污渍不会残留

四、家具板材

木材是制作家具的重要材料，在正式选购前一定要充分了解各类家具板材的特征。常见的家具板材主要有细木工板、生态板、胶合板、纤维板、刨花板等（表 3-5）。

表 3-5　家具板材选购

<table>
<tr><th>品种</th><th>图示</th><th>特点</th><th>选购方法</th></tr>
<tr><td>细木工板</td><td></td><td>• 又称木心板，质轻、易加工、握钉力好、不变形，截面纹理清晰
• 厚度有 15mm 与 18mm 两种，15mm 厚的可用于制作小型家具，18mm 厚的可用于制作大型家具</td><td rowspan="5">• 看外部包装：包装上印字清晰，产品的规格、生产厂商、厂址、环保指数等信息都十分齐全
• 看等级：选择级别较高的品牌产品，优质品多配有检测报告和质量检验合格证
• 看外观：表面无色差，且不会出现划痕、虫眼、斑点或凹凸等缺陷
• 测量尺寸：可用卷尺测量四边尺寸和厚度，家具板材常规规格为 2440mm × 1220mm
• 闻气味：不会有刺激性气味
• 看贴合度：表面装饰纸与板材之间贴合紧密，锯开时不会有崩边现象</td></tr>
<tr><td>生态板</td><td></td><td>• 环保指数较高，表面纹理、色泽等比较丰富，具有一定的防火性能
• 多用于制作衣柜、鞋柜等家具，所制作的家具造型比较简单</td></tr>
<tr><td>胶合板</td><td></td><td>• 厚薄尺度多样，质地柔韧、易弯曲
• 主要可用于木质家具、构造的辅助拼接部位，也可用于弧形饰面</td></tr>
<tr><td>纤维板</td><td></td><td>• 又称密度板，触感光滑，表面色泽比较光亮
• 可用于装修中的家具贴面、门窗饰面、墙顶面装饰等
• 中、硬质纤维板还可用于制作衣柜、储物柜等</td></tr>
<tr><td>刨花板</td><td></td><td>• 又称微粒板、欧松板，质地均匀，易加工，吸声性、隔声性等都较好
• 根据表面状况有饰面和未饰面之分，目前用于制作衣柜的刨花板都有饰面</td></tr>
</table>

★小贴士

构造板材

室内空间中所应用到的构造板材主要有石膏板和水泥板。石膏板表面应平整、光滑，且不会有气孔、污痕、裂纹、缺角、色彩不均和图案不完整等缺陷。水泥板表面质地应平整、坚实，用砂纸打磨水泥板表面时，优质水泥板不会产生过多的粉末。此外，构造板材安装时需要使用到轻钢龙骨、木龙骨、隔声棉、泡沫填充剂、白乳胶、钉子等辅助用品。

五、油漆涂料

室内空间所选用的油漆涂料品种繁多，在选购时除需考虑环保性能外，还需考虑其装饰效果。这里主要介绍家具漆和墙面漆的选购方法（表 3-6）。

表 3-6　油漆涂料选购

品种		图示	特点	选购方法
家具漆	聚酯漆		●漆膜丰满，层厚面硬，综合性能优良，坚硬耐磨，耐湿热、干热 ●颜色浅、透明度好、光泽度高，保光保色性能好，但干固时间慢，容易起皱	●看品牌：选择口碑较好的品牌 ●看产品标识：各项指标达标 ●看固含量：固含量较高，施工性能优越 ●闻气味：不会有刺激性气味
	硝基漆		●色彩丰富，漆膜坚硬、光亮 ●外用清漆只用于室外金属与木质表面涂装；内用清漆可用作室内金属与木质表面涂装；木器清漆只用于室内木质表面涂装；彩色磁漆适合室内外金属与木质表面涂装	
墙面漆	乳胶漆		●施工方便，干燥迅速，不易变形，且色彩丰富，漆膜坚硬，色彩附着力强 ●可分为亚光漆、丝光漆、有光漆、高光漆、罩面漆、固底漆等	●观察黏稠度：触感细腻、润滑，比较黏稠，色泽明度高 ●闻气味：有淡淡清香味
	真石漆		●防火、防水、耐酸碱、耐污染、无毒、无味、黏结力强、不褪色 ●施工简便，易干省时，且色泽自然，附着力和耐冻融性较好	●观察水润度：黏性较强，风干后有保护膜，很难清洗 ●看固色度：取适量真石漆于净水中浸泡，上层水液出现乳白色则为正常
	硅藻泥		●色彩丰富，绿色、环保，装饰效果较好，能有效降低噪声，且不易产生静电和灰尘 ●施工时建议加水调和使用	●看手感：用手捏粉末有特别干燥的感觉 ●看吸附性：可在矿泉水瓶中加入优质硅藻泥粉末，并吹入烟雾，不断摇晃，10 分钟后瓶内应没有烟味
	液体壁纸		●可自由创作，装饰效果较好，无毒、无害，天然、环保，抗污性也较好 ●具有良好的防潮、抗菌性能，不易生虫，不易老化	●看颜色：颜色均匀，不会有沉淀和漂浮物，质地细腻 ●看黏稠度：稠密度比较高，可拉出 200mm 的细丝 ●闻气味：有淡淡清香味

六、壁纸

壁纸即墙纸，常见壁纸有塑料壁纸、植绒壁纸、壁布等，壁纸既能很好地保护墙面，同时也能有效地装饰室内空间。

1. 塑料壁纸

塑料壁纸具有较好的平整性和耐光性，施工方便，粘贴性、伸缩性、耐磨性、耐酸碱性、耐潮湿等性能较好，且能很好地吸声、隔热。施工时用涂胶器涂胶，宜选购易清洁，且与室内整体设计风格相搭配的塑料壁纸（图 3-1）。

2. 植绒壁纸

植绒壁纸具有较好的消声性、杀菌性和耐磨性，且绿色、环保，不会轻易掉色，适合作点缀装饰。选购时应选择绒毛长度合适，且不密不疏的植绒壁纸，可用指甲适度扣划壁纸表面，以此检验植绒壁纸绒毛的附着牢度（图 3-2）。

3. 壁布

壁布包括单层壁布、复合型壁布、玻璃纤维壁布等，这种壁纸质地天然，绿色、环保、无毒、易清洁。在选购时，可通过观察壁布表面是否存在色差、皱褶、气泡，壁布花案是否清晰、色彩均匀，手感是否良好，气味是否刺鼻等来判断壁布的质量（图 3-3）。

图 3-1　塑料壁纸

↑塑料壁纸包括普通壁纸、发泡壁纸、特种壁纸等，其中，特种壁纸又分为耐水壁纸、阻燃壁纸等。

图 3-2　植绒壁纸

↑植绒壁纸手感较好，有纸类植绒和膜类植绒之分，这种壁纸表面花色、图案丰富，防火性能较好。

图 3-3　壁布

↑优质壁布不会轻易脱色，表面也不会存在色差、气泡、划痕等缺陷，且不会有刺鼻的气味。

第 11 课　施工工序与方法

室内设计的施工质量决定了该项工程是否能完整地展现设计意图，是否能长期使用。在施工过程中，一定要杜绝偷工减料的现象，要确保施工工艺的正确性。

一、基础施工

基础施工是室内设计中最基本的施工项目，主要包括基层清理、纟构基础处理、基础墙体拆砌等工程。

1. 基层清理

在基层清理之前应当掌握室内空间的各项情况，包括采光率、通风情况、层高、地平差距（图 3-4）、墙壁质量、防水质量、管道流畅度、门窗牢固度等。

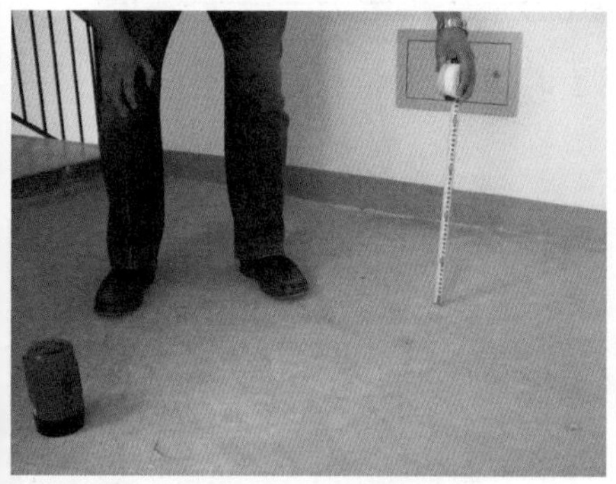

a）激光水平仪测量

↑将激光水平仪放置在房间中央的地面上，投射出激光线映射至卷尺上，将卷尺移至房间内各角落，即可看到不同部位之间存在高差。

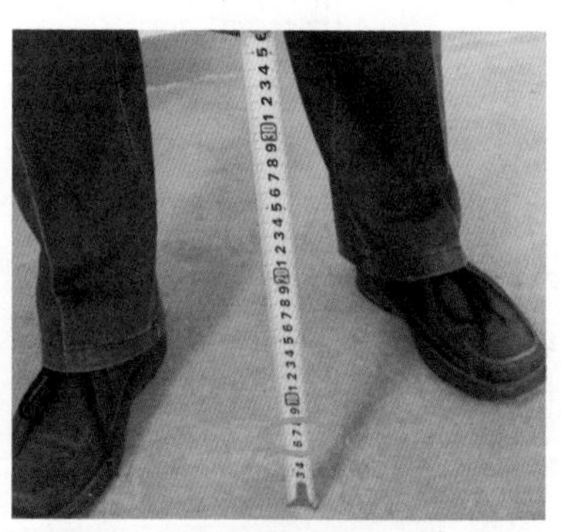

b）测量刻度

↑测量时卷尺要保持垂直状态，地面不同位置的高度是不同的，同一房间中高差超过 20mm，就要对地面进行平整度处理。

图 3-4 测量地平差距

2. 结构基础处理

结构基础处理主要包括室内加层、墙体加固、修补裂缝等施工项目。在处理之前，要确定好层高、梁柱结构、管道位置等。

室内加层主要选用型钢加层施工方法，这种方法能更好地提高施工效率，并稳定建筑结构（图 3-5）。

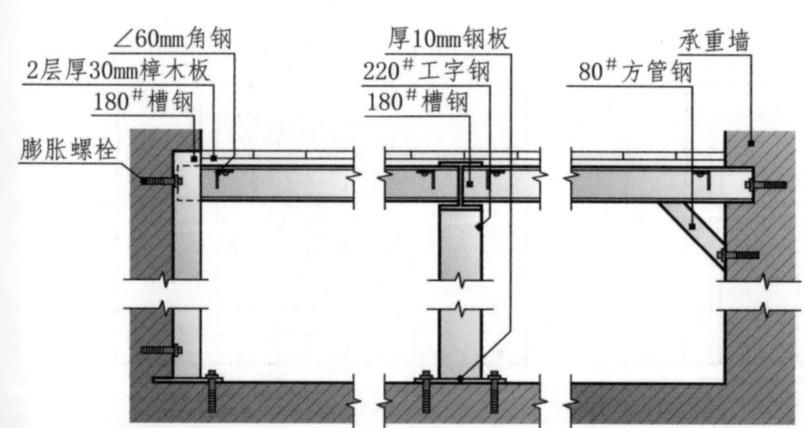

图 3-5 型钢加层示意图

←型钢加层施工方法

观察室内结构，标记加层部位→购置合适数量型钢→裁切、焊接型钢，并钻孔→膨胀螺栓固定→于型钢楼板骨架上焊接覆面承载型钢，并铺设实木板→全面检查，并涂刷防锈漆。

墙体加固可选用整体加固施工方法，这种方法适合大部分室内空间（图 3-6）；修补裂缝则是当基层界面出现裂缝时，需要利用抹浆法进行修补（图 3-7）。

→整体加固施工方法

查看墙体损坏情况，确定加固位置→凿除原墙体抹灰层，放线定位→钻孔，插入拉结钢筋→墙体两侧绑扎钢筋网架，并与拉结钢筋焊接→墙体分层喷射水泥砂浆→湿水养护七天。

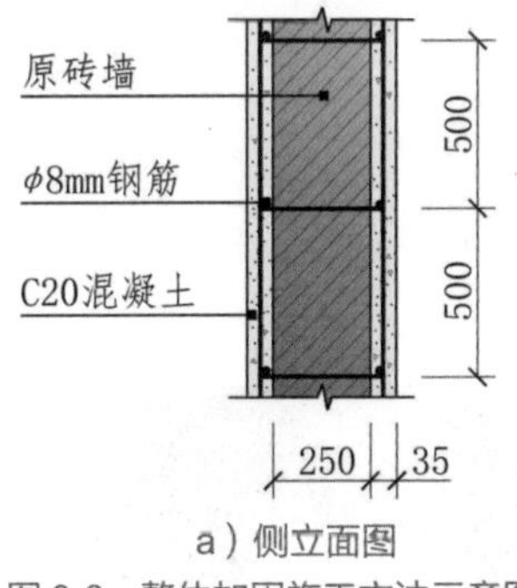

a）侧立面图

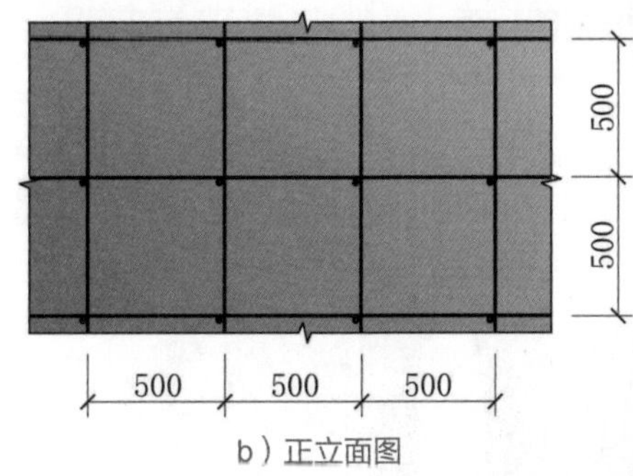

b）正立面图

图 3-6　整体加固施工方法示意图

a）裂缝基层处理

b）固定钢丝网架

c）涂抹水泥砂浆

图 3-7　抹浆法修补裂缝

↑抹浆法的施工方法：确定墙体裂缝数量和宽度→铲除原墙体装饰层→原抹灰层凿毛，清理基层→放线定位→编织钢丝网架，并用水泥钉固定钢丝网架，然后湿水→涂抹水泥砂浆→待干后养护七天。

3. 基础墙体拆砌

基础墙体拆砌主要包括墙体拆除、墙体补筑、雨水管包砌等施工项目。其中，墙体拆除和墙体补筑可以完善室内空间布局（图 3-8、图 3-9）；雨水管包砌后，墙面变得美观、洁净，也能很好地保护雨水管（图 3-10、图 3-11）。

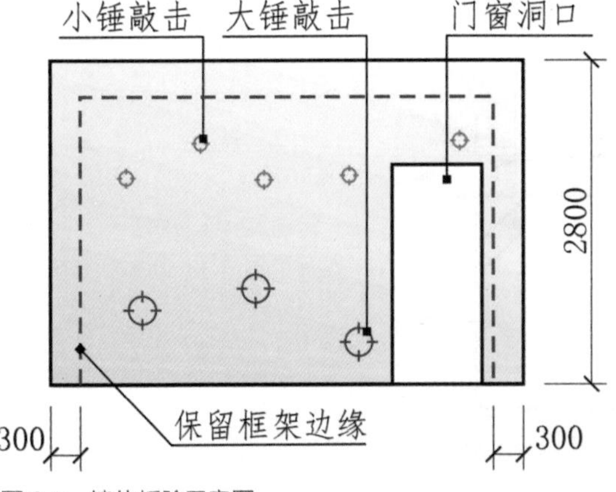

图 3-8　墙体拆除示意图

↑墙体拆除方法：分析墙体构造特征，标记可拆除墙体→使用电锤或钻孔机参照标记钻孔→大锤敲击墙体中央下部，小锤敲击墙洞边缘→清理拆除界面→用水泥砂浆修补墙洞→待干后养护七天。

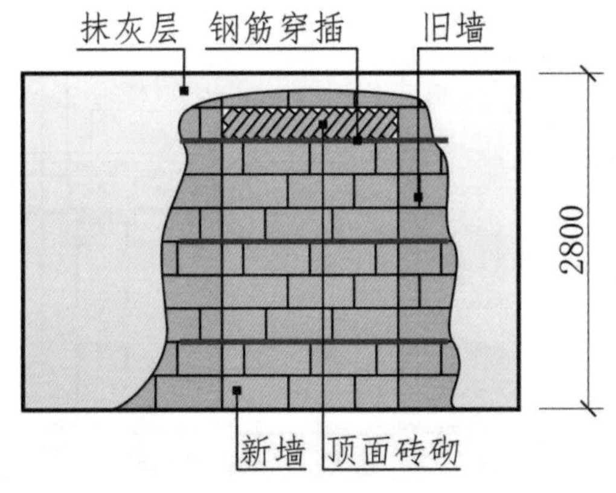

图 3-9　墙体补筑示意图

↑墙体补筑方法：分析砌筑部位构造特征，清理砌筑界面→放线定位→配置水泥砂浆，砌筑新墙体→转角部位预埋拉结钢筋，砌筑构造柱→新墙体抹灰→湿水养护七天

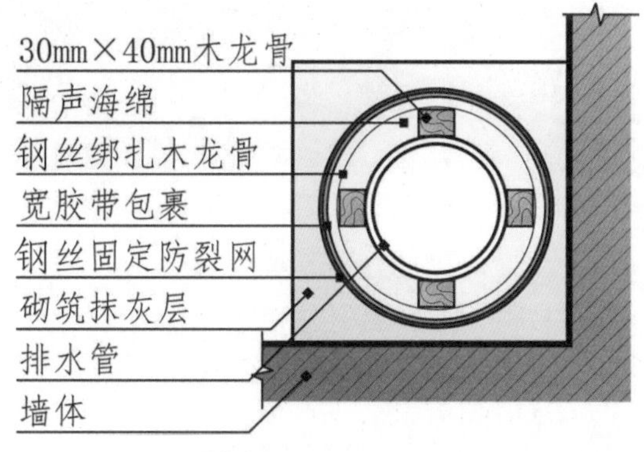

图 3-10　雨水管包砌示意图

↑雨水管包砌的施工方法：放线定位，限定包砌雨水管的空间→用 30mm × 40mm 木龙骨绑定雨水管，并用细钢丝固定→木龙骨周围覆盖隔声海绵，用宽胶带固定→使用防裂纤维网包裹隔声棉，并用细钢丝固定→涂抹 1 ∶ 2 水泥砂浆，并使用金属模板找平→湿水养护七天。

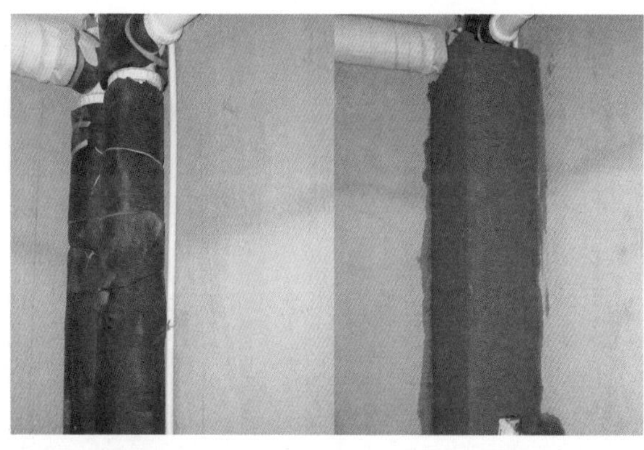

图 3-11　雨水管包砌施工

↑包砌完成后，在其表面用水泥砂浆抹灰以保持平整且粗糙，以便后期铺贴瓷砖。

4. 回填

回填是指对下沉式空间箱体的建筑结构进行材料填充。住宅空间中通常要对下沉式卫生间等进行回填施工。在回填前应在下沉空间中预设管道，注意不可破坏空间中原有的防水层。回填后的材料应将排水管道固定且包裹严实。

传统下沉式卫生间回填采用墙体拆除的砖渣，其自重大且质地不均衡，易压破排水管道。如今施工方法是采用发泡水泥回填，其物理性能优良（图 3-12）。

a）设备与材料

↑用发泡水泥回填是目前我国比较成熟的下沉空间回填技术，综合密度小于 500kg/m^3，适应普通住宅建筑楼板的承重能力。发泡水泥需要在施工现场制作，要用到搅拌机，采用常规水泥与发泡剂融合搅拌，具体配比与搅拌方式可参见不同发泡剂的产品说明书。

b）搅拌注入

↑预先在卫生间内制作防水层，并布置好排水管道，基层界面要清理干净，确保无石砂与建筑垃圾。将发泡剂与水充分搅拌发泡后，掺入水泥，在搅拌机中搅拌 20 分钟，将黏稠状发泡水泥注到下沉卫生间箱体中。

图 3-12　卫生间回填施工

c）搅拌均匀

↑用铁锹等工具在卫生间内搅拌发泡水泥，让材料均匀地分散到卫生间的角落，保证材料质地均衡。

d）静养待干

↑静养 24 ~ 48 小时后，发泡水泥会固化，可在表面行走或施工，继续进行瓷砖铺装。

图 3-12　卫生间回填施工（续）

二、水电施工

水电施工属于隐蔽工程，各种管线都要埋入墙体、地面中。因此，要特别注重施工质量，保证水电通畅和非常强的密闭性。识别水电施工质量的关键环节在于墙地面开槽的深度与宽度，应保持一致，且边缘整齐。

1. 水路布置设计

水路施工前一定要绘制比较完整的施工图，并在施工现场与施工员交代清楚。水路构造施工主要分为给水管施工与排水管施工两种，其中给水管施工是重点，需要详细图纸指导施工（图 3-13、图 3-14）。

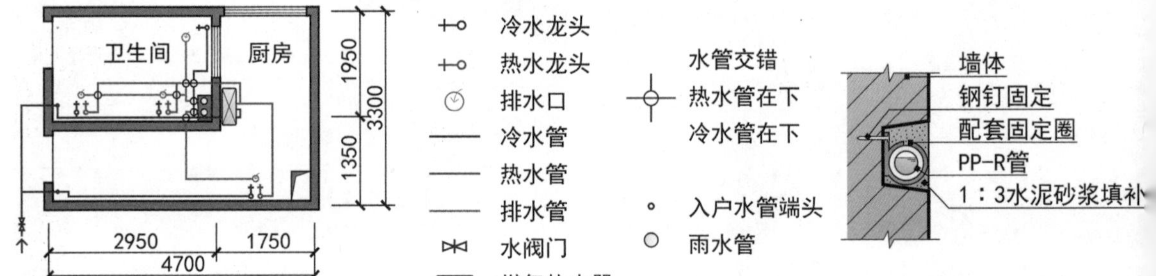

图 3-13　水路布置设计示意图

↑即使是最简单的厨房卫生间水路布置，也需要绘制图纸，图中应标明管道的走向，并列出图例说明，以便施工员理解。

图 3-14　给水管安装示意图

↑开槽的深度要比管道直径大，要能完全将管道埋入凹槽内，水泥砂浆回填时要能完全覆盖管道，并填塞紧密。

（1）给水管施工。查看施工环境，找到给水管入口，在施工中不应改动原有管道入户方式。根据设计要求放线定位，并在墙地面开凿穿管所需的孔洞与暗槽，部分给水管布置在顶部，管道会被厨房、卫生间的吊顶扣板遮住，注意不要破坏地面防水层。根据墙面开槽尺寸对给水管下料并预装，布置周全后仔细检查是否合理，其后进行热熔安装，并采用各种预埋件与管路支托架固定给水管。采用打压器为给水管试压，使用水泥砂浆修补孔洞与暗槽（图 3-15）。

a）放线定位

↑在墙地面上开设管槽之前，应当放线定位，一般采用墨线盒弹线。

b）切割机开槽

↑采用切割机开槽时应当选用瓷砖专用切割片，切割管槽深度略大于管道直径。

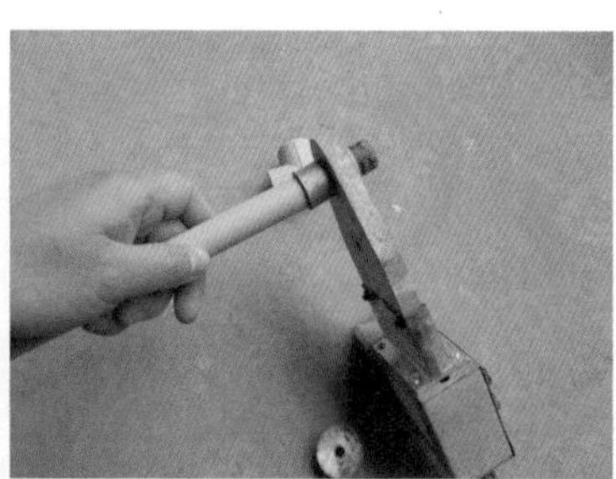

c）管材热熔

↑专用于 PPR 管的热熔机应当充分预热，热熔时间一般为 15 ~ 20s，时间必须要控制好。

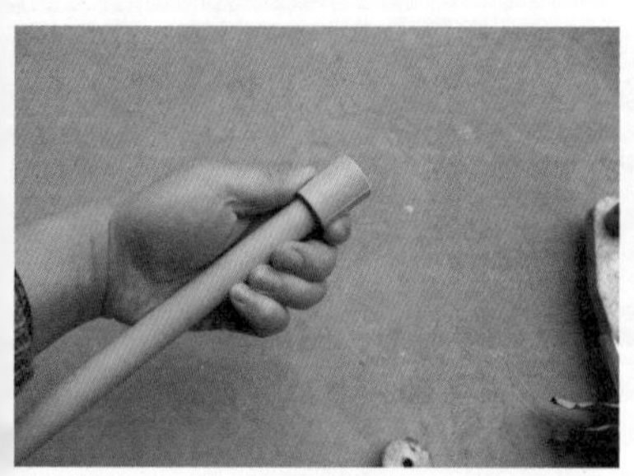

d）连接管件

↑管材热熔后应当及时对接管道配件，握紧固定 15 ~ 20s，固定后还需做牢固试验。

e）管道组装入槽

↑管道组装完毕后应平稳放置在管槽中，管槽底部的残渣应当清扫干净。

f）封闭管槽

↑封闭管槽时应将水泥砂浆涂抹密实，外表尽量平整，可以稍许内凹，但不应当明显外凸。

图 3-15　给水管施工

（2）排水管施工。排水管道的水压小，管道粗，安装起来相对简单。目前很少有建筑的厨房、卫生间都设置好了排水管，一般不必刻意修改，只需按照排水管的位置来安装洁具即可。更多建筑为下沉式卫生间，只预留一个排水孔，所有管道均需要现场设计、制作（图 3-16）。

a）下置排水管

楼板
固定支架
竖向主排水管
洗面盆排水管
三通接头
地漏排水管
防火圈
坐便器排水管
细砖渣填平

b）上置排水管

←下置排水管多用于公共卫生间，其使用频率高，方便整改维修。上置排水管多用于住宅空间的卫生间，设置时需不干扰下层空间的生活。

图 3-16　排水管安装示意图

查看厨房、卫生间的施工环境，找到排水管出口。根据设计要求在地面上测量管道尺寸，对给水管下料并预装。厨房地面一般与其他房间等高，如果要改变排水口位置只能紧贴墙角作明装，待施工后期用地砖铺贴转角作遮掩，或用厨柜作遮掩。下沉式卫生间不能破坏原有地面防水层，管道都应在防水层上布置安装，如果卫生间地面与其他房间等高，最好不要对排水管进行任何修改，作任何延伸或变更，否则都需要砌筑地台，给出入卫生间带来不便。布置周全后仔细检查是否合理，其后正式涂胶安装，并采用各种预埋件与管路支托架固定给水管（图 3-17）。

a）查看排水管位置

↑查找排水管的排水位置后，应当采用三通管件将其连接起来，方便不同方向管道连接，能加快排水速度。

b）管道涂胶

↑采用砂纸将管道端口打磨干净，并涂抹上管道专用胶粘剂，迅速粘贴配套管件。

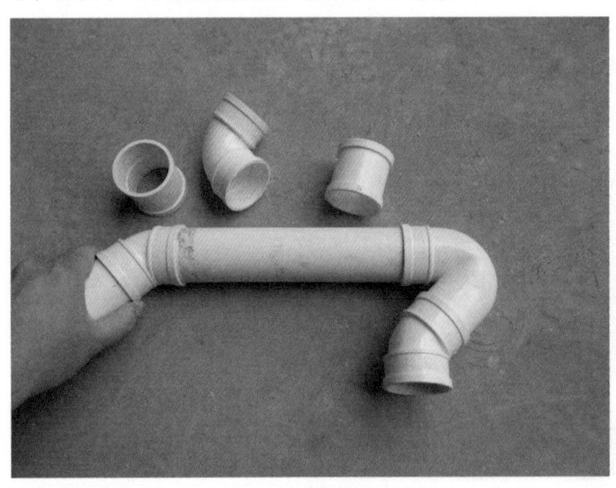

c）组装排水管

↑将管道分为多个单元独立组装，并摆放在地面校正水平度与垂直度。

d）排水管安装

↑排水管安装应从低向高安装固定，用砖垫起竖向管道，这样可形成坡度加速排水。

图 3-17　排水管施工

2. 电路改造与敷设

电路改造与布置十分复杂，涉及强电与弱电两种电路。强电可以分为照明、插座、空调电路；弱电可以分为电视、网络、电话、音响电路等，两者的改造与布置方式基本相同。

（1）强电施工。根据完整的电路施工图现场草拟布线图，并使用墨线盒弹线定位，在墙面上标出线路终端插座、开关面板位置。埋设暗盒及敷设 PVC 电线管时，要将单股线穿入 PVC 管，并在顶、墙、地面开线槽，线槽宽度及数量根据设计要求来定。安装空气开关、各种开关插座面板、灯具，并通电检测（图 3-18 ~图 3-20）。

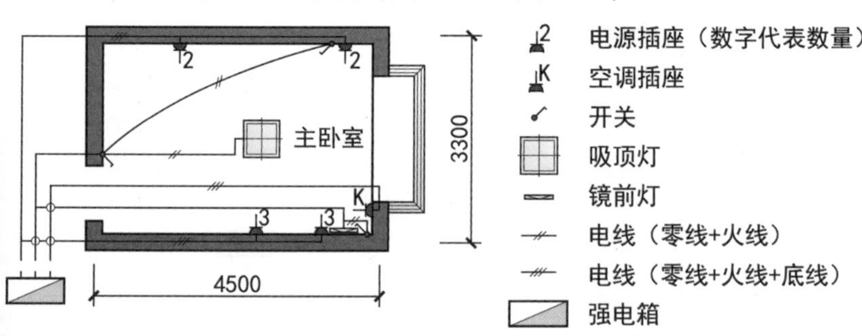

图 3-18 主卧室强电布置示意图

↑电路布置示意图中要清晰表明线路的数量与布置走向，将室内空间的用电设备所在位置标示清楚，并绘制图例说明。

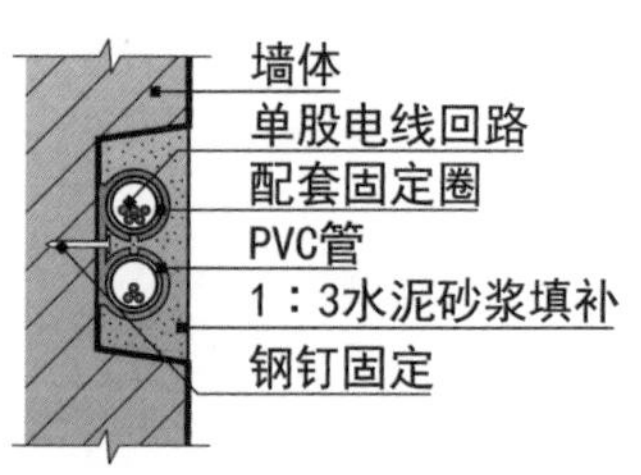

图 3-19 穿线管布设示意图

↑ PVC 穿线管布设和 PP-R 管布设有异曲同工之处，施工时注意调配好水泥砂浆的比例。

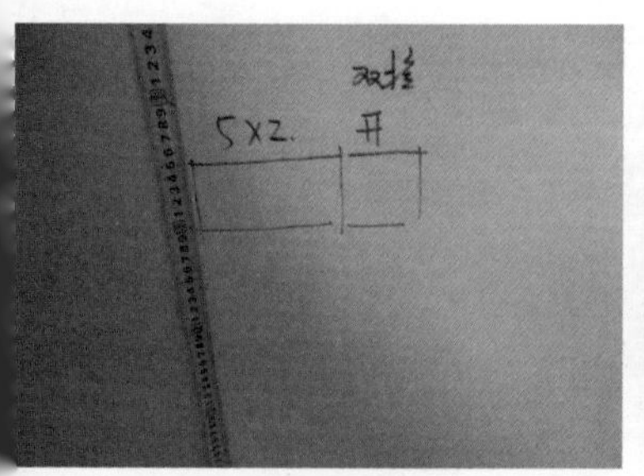

a）标出开关插座位置

↑电路敷设前需要在墙面标出开关插座位置，标记时应当随时采用卷尺校对高度，并用记号笔做以记录。

b）放线定位

↑墙面放线定位应当保持垂直度，以墨线盒自然垂挂为准。

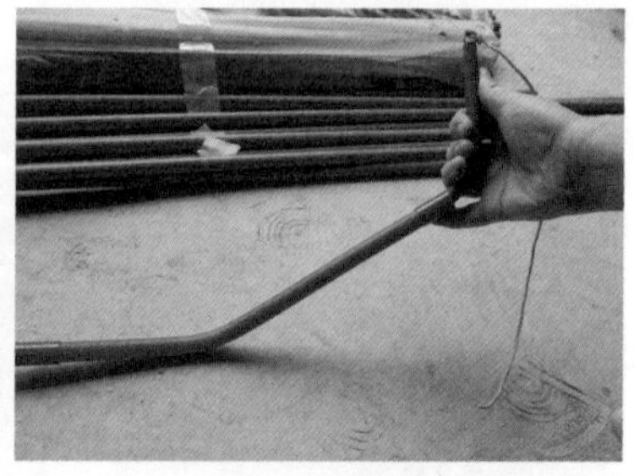

c）线管弯曲

↑将弹簧穿入线管中，然后用手直接将管道掰弯即可得到转角形态。

d）切割机开管槽

↑由于电线管较细，采用切割机开设管槽可以较浅，一般不破坏砖体结构。

e）电线穿管

↑电线穿管后应预留 150mm 端头，每根管内的电线应当为一个独立回路。

f）暗盒安装

↑暗盒安装时保持平整，电线在线盒内应当蜷缩整齐，预留长度一般为 150mm。

图 3-20 强电电路施工

（2）弱电施工。弱电是指电压低于 36V 的传输电能，主要用于信号传输，电线内导线较多，传输信号时容易形成电磁脉冲。弱电施工的方法与强电基本相同，同样也应当具备详细的设计图纸作指导。强电与弱电同时操作，要特别注意添加防屏蔽构造与措施，各种传输信号的电线除了高档产品自身具有防屏蔽功能外，还应当采用带防屏蔽功能的PVC 穿线管。弱电管线与强电管线之间的平行间距应大于 300mm，不同性质的信号线不能穿入同一 PVC 穿线管内。在施工时应尽量缩短电路的布设长度，减少外部电磁信号干扰（图 3-21、图 3-22）。

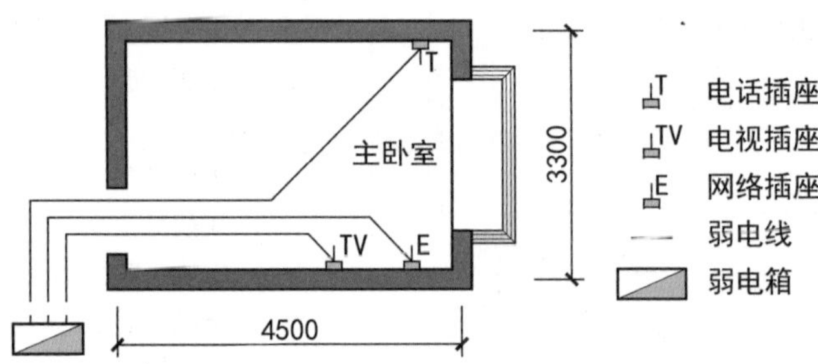

图 3-21　主卧室弱电布置示意图

↑弱电布置示意图中主要标示出弱电设备的插座位置，应当与强电布置示意图结合起来统筹设计，但是图纸多分开绘制，避免线路混淆。

a）强电弱电分开布置

↑强电与弱电管线之间的平行间距应保持 300mm 以上，这样可以有效防止电磁信号干扰。

b）弱电配电箱安装

↑弱电配电箱内应安装电源插座，供无线路由器等设备使用。

图 3-22　弱电电路施工

电线回路计算

★小贴士

现代电器的使用功率越来越高，要正确选用电线就得精确计算，但是计算方式却非常复杂，现在总结以下规律，可以在设计时随时参考（铜芯电线）：2.5mm²（16 ~ 25A）的功率约为 3300W；4mm²（25 ~ 32A）的功率约为 5280W；6mm²（32 ~ 40A）的功率约为 7920W。

不能用过细的电线连接功率过大的电气设备，否则电线容易发热老化。同时不能用过粗的电线连接功率过小的电气设备，以免造成不必要的浪费。当用电设备功率过大时，应当到物业管理部门申请入户电线改造，否则会影响用电安全。

三、铺装施工

铺装施工主要包括墙面砖铺装和地面砖铺装，施工的重点在于要控制好铺装的干湿度，砖块之间不可有过大的空隙，并需随时校对铺装构造的表面平整度。

1. 墙面砖铺装

墙面砖铺装有一定的施工难度，施工要求粘贴牢固，且铺装表面需平整，铺装前必须找准水平线和垂直控制线；铺装时要确保墙面砖不会出现空鼓、歪斜、裂缝等缺陷，并需做好基础清洁工作；同时，注意墙面砖要预留出开关面板的安装空间（图 3-23、图 3-24）。

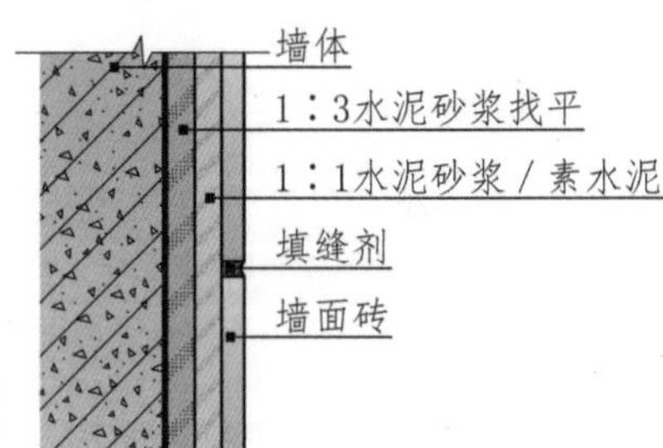

←墙面砖铺装方法：清理墙面基层，铲除墙面水泥疙瘩→墙面砖于水中浸泡 3 ~ 5 小时后，取出晾干→放线定位，墙面洒水→测量墙面转角、管线出入口尺寸并裁切墙面砖→墙面砖背部涂抹 1 ： 1 水泥砂浆或素水泥，从下至上铺装→使用橡皮锤敲击固定→使用填缝剂填补墙面砖缝隙→擦除墙面砖表面污渍，并养护待干。

图 3-23　墙面砖铺装构造示意图

a）墙面砖浸泡

↑普通中低密度瓷砖在铺装前应在水中浸泡，让砖体充分吸收水分，避免涂抹水泥砂浆后快速吸收水泥砂浆中的水分。

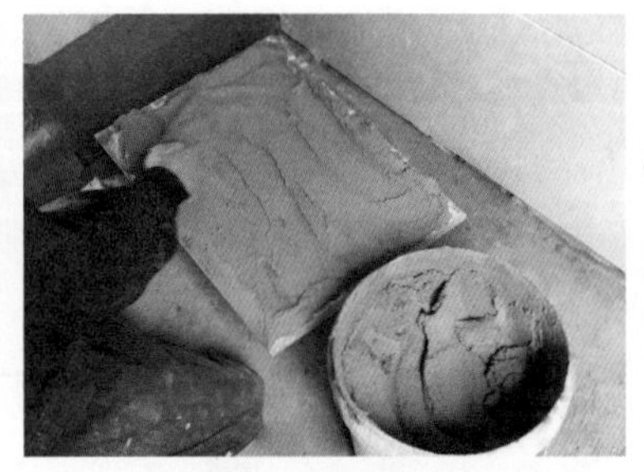

b）背部涂抹水泥砂浆

↑涂抹水泥砂浆时应保持涂抹层厚度均匀一致，涂抹厚度为 10mm 左右。

c）电路暗盒预留

↑如果铺装墙面有电路暗盒，应当预先测量，在墙面砖上裁切开口，露出电路暗盒，方便后期安装电路面板

图 3-24　墙面砖铺装施工

2. 地面砖铺装

地面砖铺贴的规格较大，施工时需注意铺贴厚度不可过高，要避免产生空鼓。可将无色差或色差小的砖块铺装在可见区域；将有色差的砖块铺装在沙发或家具底部，这种施工方式也能保证整体地面的美观性。地面砖铺装前要仔细测量空间尺寸，统计出地面砖具体所需的数量；铺装时砖块之间的横竖缝必须对齐，且应随铺随清理，并保证地面砖不会有空鼓、歪斜、裂缝等缺陷，同时注意做好养护（图 3-25、图 3-26）。

→地面砖铺装方法：清理地面基层，铲除地面水泥疙瘩→放线定位，地面洒水→普通地面砖于水中浸泡取出晾干，并依次标号→测量地面转角、开门出入口尺寸并裁切瓷砖→地面铺设黏稠度较干的水泥砂浆，使其处于平整状态→依次将地面砖铺贴到地面上敲击固定→使用填缝剂填补地面砖缝隙→擦除表面污渍，养护待干。

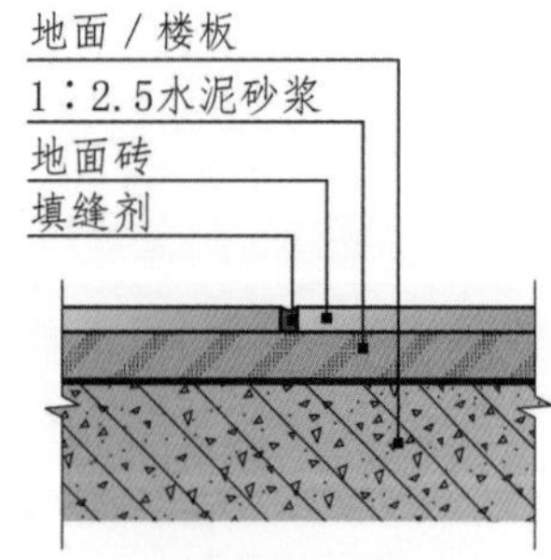

图 3-25　地面砖铺装构造示意图

a）裁切地面砖

↑地面砖规格较大，质地硬朗，采用推刀裁切能保证平直度。

b）地面砖铺装

↑铺贴时要对地面进行找平，保留至少1mm缝隙，防止地面砖后期产生缩胀导致起翘开裂。

c）敲击固定地面砖

↑敲击地面砖边角与中央部位，保证砖块铺贴得完全平整。

图 3-26　地面砖铺装施工

四、木质构造施工

木质构造所涵盖的内容较广，这里主要介绍石膏板隔墙、吊顶等的制作方法。

1. 石膏板隔墙施工

石膏板隔墙质地较轻，可用于分隔不同的功能区间。施工时要明确主、次龙骨的安装顺序和安装位置，要控制好龙骨之间的间距，并注意做好防火、防锈措施。轻钢龙骨搭建起来的框架中央为空白空间，可以根据需要填塞不同隔声材料。石膏板也可以根据需要更换为水泥板、复合板等材料。如果有弧形造型设计需要，轻钢龙骨可经过裁切后分段拼接，石膏板也可以经弯压，最终形成弧形隔墙（图 3-27、图 3-28）。

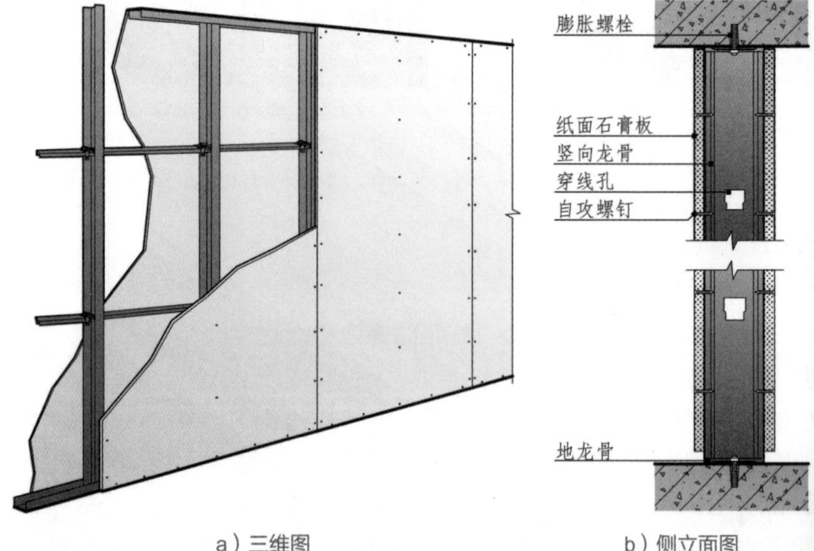

a）三维图　　b）侧立面图

图 3-27　石膏板隔墙构造示意图

↑石膏板隔墙施工方法：清理基层顶、地、墙界面，并放线定位→依据设计造型钻孔，放置预埋件→沿顶、地、墙界面制作边框墙筋→分别安装横、竖龙骨→将石膏板竖向钉接在龙骨上→对钉头做防锈处理→封闭板材接缝，并全面检查。

a）基础轻钢龙骨

↑轻钢龙骨树立后可直接铺装单面石膏板，方便固定整个墙体。

b）石膏板封闭

↑第二面石膏板封闭之前可以在轻钢龙骨之间填充隔声棉或发泡胶。

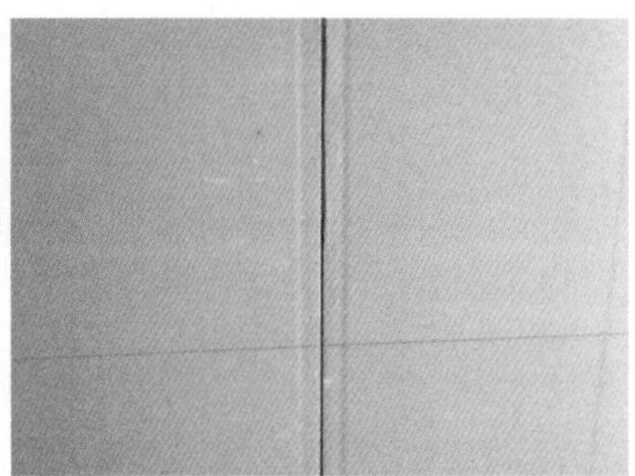

c）表面预留缝隙

↑石膏板封闭后，板材之间应保留 2mm 缝隙，防止日后石膏板缩胀起翘。

图 3-28 石膏板隔墙施工

2. 吊顶施工

室内空间中的吊顶样式较多，施工时要结合室内层高、梁柱结构特征等因素综合施工。石膏板吊顶构造与石膏板隔墙多用于平顶造型施工，这里主要介绍胶合板弧形吊顶的施工方法（图 3-29、图 3-30）。

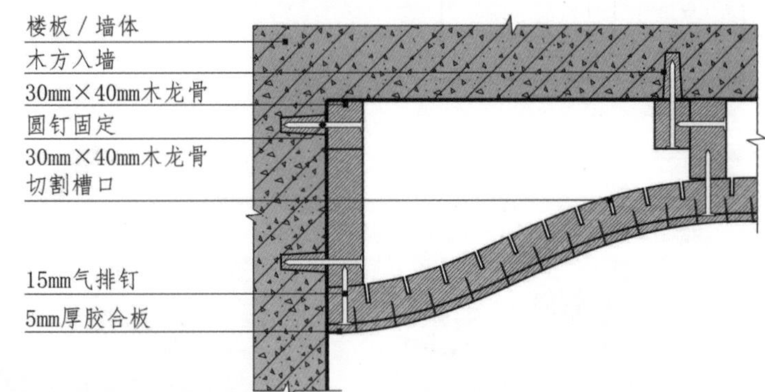

图 3-29 胶合板弧形吊顶构造示意图

a）基础木龙骨

↑木龙骨配合胶合板制作基础，胶合板能轻松裁切为多边形或弧形状态。

b）胶合板封闭

↑将胶合板钉接在基础木龙骨上就可以实现弧形效果。

图 3-30 胶合板弧形吊顶施工

五、涂饰施工

涂饰施工包括油漆施工、涂料施工、壁纸施工等。在施工前一定要保证基层的洁净度和平整度，并使用腻子填补凹陷处。为了保证能够获取更好的装饰效果，应根据材料特性选择不同的施工方法。这里主要介绍乳胶漆的施工方法。

乳胶漆在室内装饰中用量较大，在施工前应计算好其用量，并选用石膏粉修补墙面基层。调色时要搅拌均匀，可采用刷涂、辊涂和喷涂相结合的方法涂刷乳胶漆，注意不可漏刷；部分非常潮湿或干燥的界面还需涂刷封固底漆；对于墙面边角部位可使用板刷刷涂，但需控制好刷涂面积（图 3-31、图 3-32）。

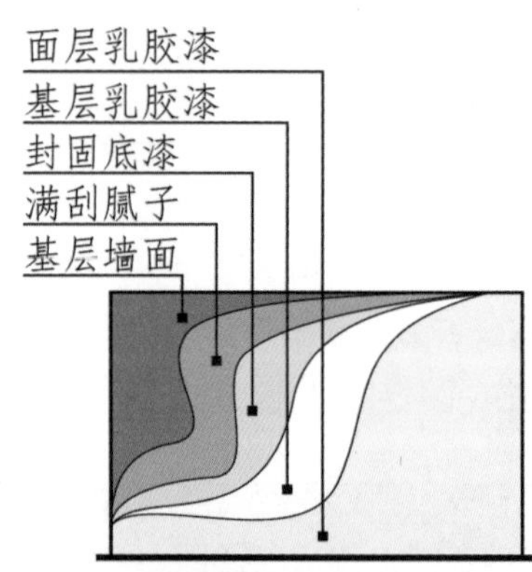

←乳胶漆涂饰方法：清理涂饰基层，用石膏粉、腻子填补墙面、顶面不平整处→封边条粘贴墙角与接缝处→ 240# 砂纸打磨界面→涂刷基层满刮第 1 遍腻子→待干，360# 砂纸打磨→涂刷基层满刮第 2 遍腻子→待干，360# 砂纸打磨→涂刷封固底漆，复补腻子并磨平→调和乳胶漆，并整体涂刷第 1 遍乳胶漆→待干，复补腻子，360# 砂纸打磨→整体涂刷第 2 遍乳胶漆→待干，360# 砂纸打磨→养护。

图 3-31　乳胶漆施工构造示意图

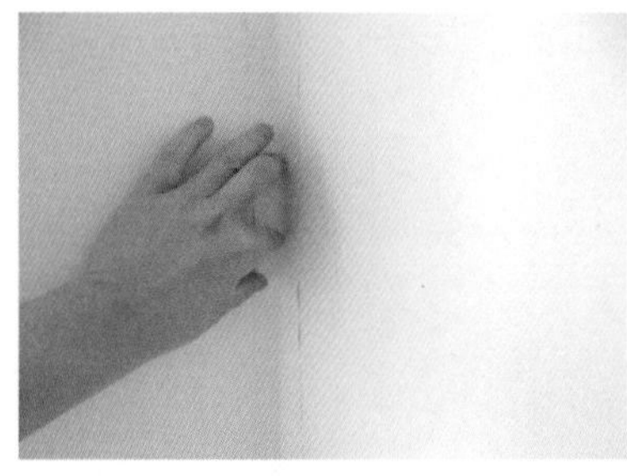

a）粘贴封边条

↑封边条适合石膏板与砖砌构造之间的缝隙填补，使用白乳胶或石膏胶粉粘贴即可。

b）乳胶漆颜料稀释

↑白色乳胶漆可以添加水性颜料，调配成彩色乳胶漆，为室内空间营造出多种氛围。

c）乳胶漆搅拌

↑将水性颜料加水调和稀释后，添加至白色乳胶漆中，搅拌均匀，获得彩色乳胶漆。

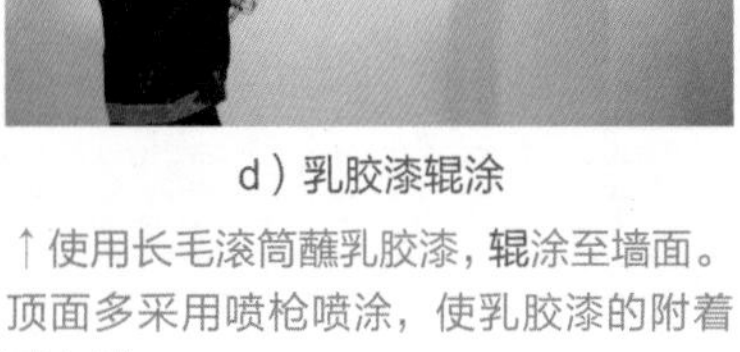

d）乳胶漆辊涂

↑使用长毛滚筒蘸乳胶漆，辊涂至墙面。顶面多采用喷枪喷涂，使乳胶漆的附着更牢固。

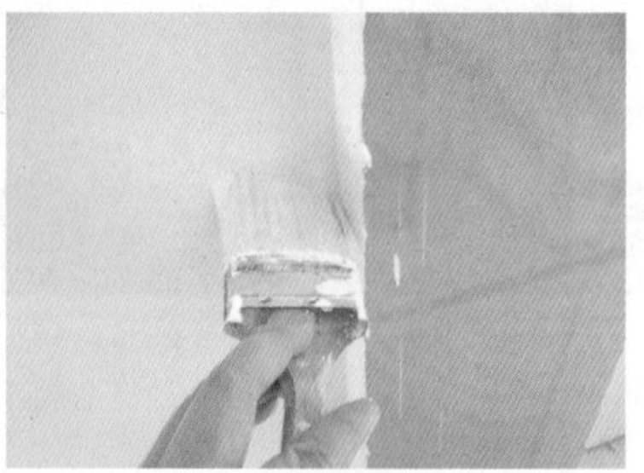

e）边角刷涂

↑使用平板羊毛刷涂刷边角部位，不同色彩乳胶漆之间要涂刷平直，不同颜色的乳胶漆不能相互混合。

f）揭开美纹纸

↑待乳胶漆完全干燥后，将预先粘贴在周边构造上的美纹纸揭开，能获得整洁平直的乳胶漆边缘。

图 3-32　塑胶漆施工

六、安装施工

安装施工也指收尾工程，所包含的项目较多，主要有电路安装、洁具安装、设备安装等，施工过程中要注意保护好已经完成的装饰构造。

1. 电路安装

电路安装包括灯具、开关、插座面板等的安装，施工重点在于确定好灯具、开关、插座面板等的安装位置和数量，并能根据说明书正确、稳固地安装（图 3-33）。

2. 洁具安装

洁具安装包括洗面盆、水槽、水箱、坐便器、浴缸、淋浴房、淋浴水阀等的安装，施工重点在于找准给水与排水的位置，并连接密实，不能有任何渗水现象（图 3-34）。

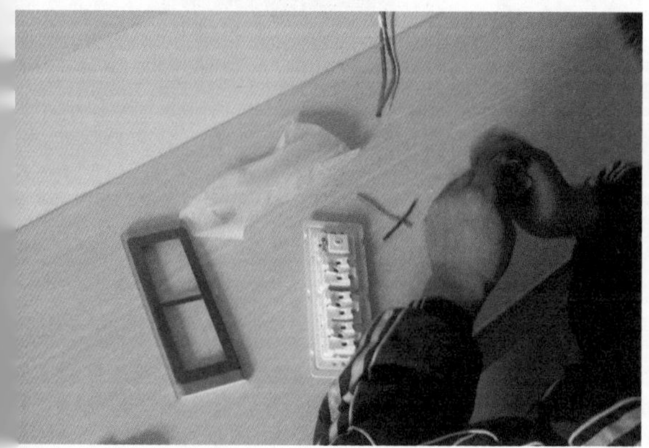

图 3-33　插座面板安装

↑将预留墙体中的电线根据需要剪短，剪出的线头用于连接插座面板背后的接口端子，再将整个面板安装至墙面上。

图 3-34　洁具安装

↑成品洁具多从上向下安装，预先测量安装高度，标记位置，用电钻钻孔，采用膨胀螺丝将洁具固定到墙面上。

3. 设备安装

设备安装包括热水器、中央空调、地暖等的安装，施工重点在于找准安装位置，确保设备质量，并依据说明有序地进行安装工作（图 3-35 ~图 3-37）。

图 3-35　热水器安装

↑水电施工与瓷砖铺贴施工完毕后，就可以进行热水器安装。在墙面用电锤钻孔，塞入膨胀螺栓，将热水器挂架固定后，再将热水器挂至挂架上，连通给水软管与三角阀。

图 3-36　中央空调安装

↑中央空调管道与室内主机安装应当与水电施工同步进行，必须在吊顶构造开始之前完成。制作吊顶时要根据空调机设备位置预留新风口与回风口，最后安装风口罩板与开关面板。

图 3-37　地暖安装

↑地暖基础管道安装应当在水电施工之前完成，并预留出入水管口。地面管道布设完毕后回填平整即可铺装地砖、地板等材料，待全部施工完毕后，安装集水器，并连通至锅炉。

4. 成品家具安装

成品家具安装施工的重点在于家具组装是否正确，家具尺寸是否符合空间设计需要，家具安装是否牢固等（图 3-38）。

5. 门窗安装

门窗安装包括封闭阳台窗、成品房门、柜体推拉门等的安装，施工重点在于精确、反复地测量各种尺寸，以确保安装后各门窗可以顺畅地使用（图 3-39）。

图 3-38　成品家具安装

↑成品家具由家具厂预先制作后打包发送至施工现场，将板材与配件按图纸组合安装，放置到指定部位，家具周边与墙、地、顶面之间采用聚氨酯发泡胶粘贴。

图 3-39　成品门安装

↑当墙面乳胶漆、壁纸等饰面完工后，就可以开始成品门安装。先安装门框套，再安装门扇，最后安装门锁、门吸等五金件。安装时要严格保持水平度与垂直度。

七、维修保养方法

室内设计中所涉及的维修保养工程主要有水电维修、瓷砖维修、墙面维修、日常保洁等，设计师需掌握这些技能，以便更好地维护客户。

1. 水电维修

水电维修包括给水软管和水阀门更换，开关插座面板更换，电线维修等，维修重点在于明确故障原因，选择质量更好的产品进行更换（图 3-40）。

2. 瓷砖维修

瓷砖维修包括瓷砖凹坑修补、瓷砖更换、饰面防水维修等，应根据破损情况选择合适的维修方法。在日常使用过程中也要避免尖锐物或硬物撞击瓷砖，并注意做好瓷砖使用的日常保洁工作（图 3-41）。

3. 墙面维修

墙面维修主要是乳胶漆的翻新，翻新乳胶漆前应将原有墙面乳胶漆受损部位铲除，深度直至见到水泥砂浆抹灰层为止→使用板刷清理破损墙面基层→成品腻子加水调和至黏稠状→调色，均匀搅拌后静置 10 分钟→成品腻子刮涂 1 ～ 2 遍，覆盖铲除厚度，并保证墙面平整→待干燥后采用 360# 砂纸打磨平整（图 3-42）。

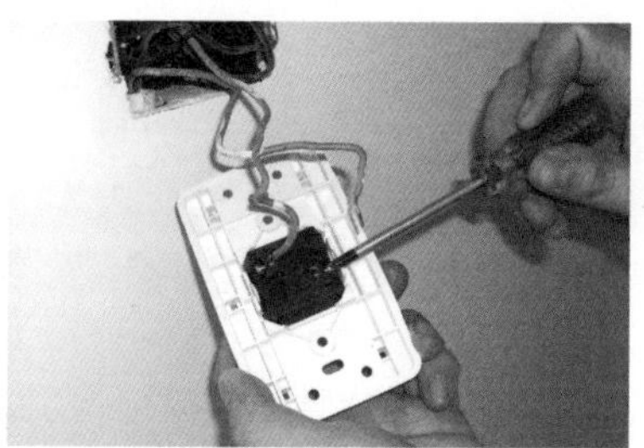

图 3-40　插座维修

↑使用频率较高的插座常发生老化损坏，最简单的维修方法就是更换。使用螺钉旋具拆除插座面板，松解插座背后端子上的电线，连接至全新插座面板后安装固定至墙面。

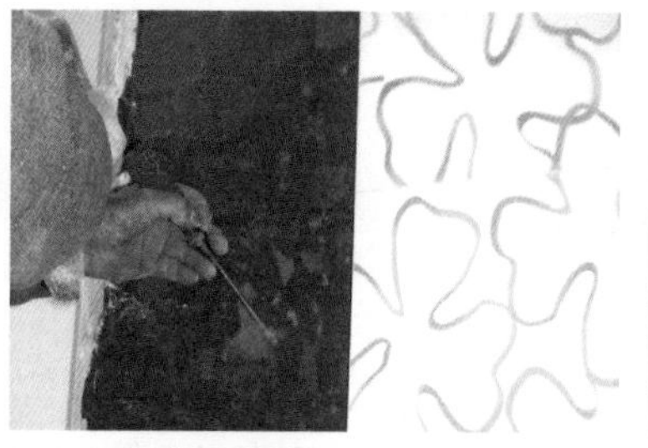

图 3-41　瓷砖维修

↑使用切割机沿着坏损的瓷砖边缘切割，再用锤子和錾子将坏损的瓷砖拆除，清理基层残留的水泥砂浆。使用干挂胶将新瓷砖铺贴至墙面，用填缝剂或美缝剂修补周边缝隙。

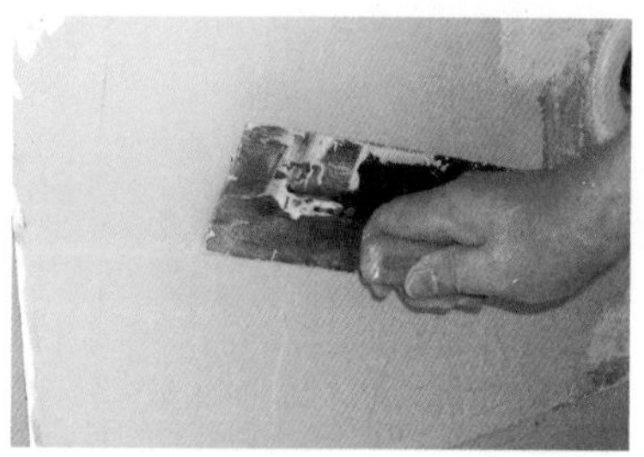

图 3-42　墙面维修

↑使用铲刀刮除墙面上破损、受潮的腻子层，涂刷防水涂料后，重新刮涂腻子。彩色乳胶漆墙面需要在腻子中掺入水性颜料，色彩调配尽量与原乳胶漆一致。刮涂腻子待干后，打磨平整，最后涂刷彩色乳胶漆。

第 12 课　材料施工预算方法

材料品种与施工工艺种类繁多，在计算价格时要根据各地市场行情来确定，但是计算方法基本相同。下面对室内设计施工中具有代表性的主材、辅材作简要介绍，并按施工步骤阐述材料和施工的用量与价格，同时，列出简单的计算公式。

一、水电材料与铺装预算

水管电线在装修中常常为竣工结算，即在预算中设定一个预估数值，这个预估值是根据企业多年的施工经验总结而来的，又称为估算。随着经验的积累与改进，快速估算越来越精准，下面分别介绍给水排水管和电线的快速估算方法。

1. 给水排水管耗材快速估算

给水管排水管的管道材质和施工工艺虽然不同，但是材料价格与安装难度相当，因此在快速估算时可以综合计算。下面以相邻的厨房、卫生间、阳台空间为例，介绍给水排水管的计算方法（图 3-43）。

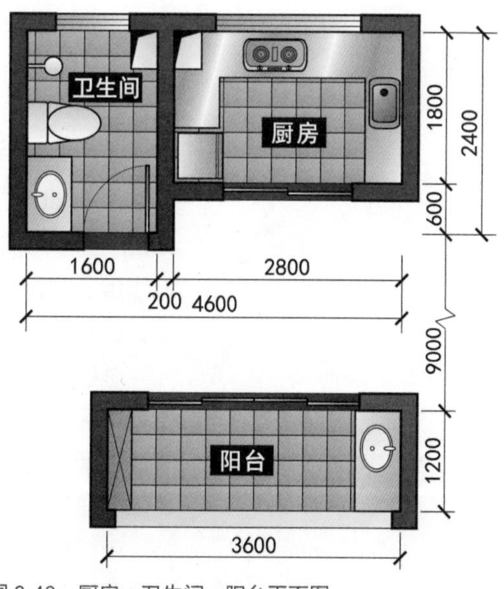

图 3-43　厨房、卫生间、阳台平面图

↑给水管计算要考虑厨房、卫生间与阳台之间的距离，可适当增加距离来满足管道曲折转角的布置需要。

市场价格：PP-R 管与 PVC 管按长度延米计算，市场价格均为 15 元 /m 左右。

材料用量：厨房、卫生间等主要用水空间周长 × 系数 2.5。

主材价格：给水排水管综合价格 = 用水空间周长 × 系数 2.5 × 15 元 /m。

（1）绘制出厨房、卫生间的平面图，厨房长 2.8m，宽 1.8m，卫生间长 2.4m，宽 1.6m。

（2）计算厨房、卫生间周长，厨房周长为 9.2m，卫生间周长为 8m，共计周长 9.2m + 8m = 17.2m。

（3）计算厨房、卫生间给水排水管的综合价格，实际为 17.2m × 2.5 × 15 元 /m = 645 元。

（4）计算其他空间给水排水管价格。阳台给水排水管根据实际情况，分别按周长的0.5倍、1倍、1.5倍计算，如按周长的1倍计算长度为9.6m，从厨房到阳台的给水管按两处空间的直线距离计算，以 9m 为例，阳台给水排水管耗材综合价格为（9.6m + 9m）× 15 元 /m = 279 元。

（5）给水排水管制作的主要材料价格为：厨房、卫生间给水排水管的综合价格 645 元 + 阳台给水排水管耗材综合价格 279 元 = 924 元。

2. 水路施工费计算

水路施工看似复杂，但在绘制准确的设计图基础上，施工起来会比较容易。家居住宅中的卫生间、厨房、阳台等用水空间的施工工程量相差很小，单个空间的工作面积多为 4 ～ $8m^2$。

1 名施工员每日能完成 1 处卫生间的给水排水施工，3 天能完成 2 处卫生间、1 处厨房、1 处阳台的全部给水排水施工，后期安装各种洁具、设备、配件约 1 天，总计为 4 天，日均工资 500 元，综合人工费为 2000 元，上述空间约 $20m^2$，则最终的水路施工费为 100 元 /m^2。

这其中包含墙、地面管道槽口开凿，给水排水管道安装布置，水压测试，封闭管槽，建筑垃圾装袋整理，后期安装等一系列工作，但不包括将建筑垃圾搬离现场的工作，同时注意水路施工费用的增减幅度不超过 10%。

3. 电线耗材快速估算

现代室内空间装饰装修多采用单股电线作为主要电源线，外部套接 ϕ18mmPVC 穿线管保护。电源线规格主要为 $1.5mm^2$、$2.5mm^2$、$4mm^2$ 三种，其中 $1.5mm^2$ 电线用于普通照明与普通电器插座；$2.5mm^2$ 电线用于常规电器插座与小功率空调；$4mm^2$ 用于中等功率热水器、空调；公共空间中的大型电器设备会采用 $8mm^2$ 电线。

这些规格电线的数量会根据室内空间结构来购置，一般来说，在中档装修环境下，室内空间面积与电线卷数（100m/ 卷）相对应，因此在快速估算时可以综合计算。下面以住宅为例（图 3-44），介绍电线的计算方法。

市场价格：以使用频率最高的 $2.5mm^2$ 电线为例，按长度延米计算配合穿线管，市场价格均为 4 元 /m 左右。

材料用量：住宅建筑面积 / 系数 8 = 电线卷数，$1.5mm^2$、$2.5mm^2$、$4mm^2$ 三种规格电线用量比例为 3 ： 6 ： 1。

主材价格：电线综合价格 = 电线卷数 × 4 元 /m。

图 3-44 住宅平面图

↑要满足每个房间的正常使用，电线的布置数量较大，电线用量与室内面积挂钩。

（1）绘制出住宅整体平面图，建筑面积为 130m^2。

（2）计算电源线数量。建筑面积 130m^2/ 系数 8 = 16.25 卷，按 1.5mm^2、2.5mm^2、4mm^2 三种规格电线用量比例为 3 ∶ 6 ∶ 1 计算，1.5mm^2 电线 16.25 卷 ×0.3 = 4.875 卷，2.5mm^2 电线 16.25 卷 ×0.6 = 9.75 卷，4mm^2 电线 16.25 卷 ×0.1 = 1.625 卷。

（3）计算电源线价格。根据上述计算，按整数采购原则，1.5mm^2 电线需要 5 卷（2 卷红线、2 卷蓝线、1 卷黄绿线），2.5mm^2 电线需要 10 卷（4 卷红线、4 卷蓝线、2 卷黄绿线），4mm^2 电线需要 2 卷（1 卷红线、1 卷蓝线），共需要 17 卷电线（100m/ 卷）。搭配穿线管后，按 2.5mm^2 电线综合计算，电源线综合价格为 17 卷 ×100m/ 卷 ×4 元 /m = 6800 元。

（4）计算其他弱电线价格。现代住宅多为无线 WIFI 网络，可根据需要配有线电视，网线长度与电视线长度分别和户型整体长边距离相当。该户型长边长度为 13m，网线与电视线综合价格为 13m×2×4 元 /m = 104 元。

（5）电线制作主要材料价格为：电源线综合价格 6800 元 + 弱电线综合价格 104 元 = 6904 元。

4. 电路施工费计算

电路施工比较复杂，但若设计图纸清晰准确，施工起来效率也高。以常规两室两厅一厨一卫建筑面积为 90m^2 的住宅为例。

1 名施工员每日能完成 15m^2 的建筑面积，90m^2 需要 6 天完成全房的穿管、布线工作；后期安装各种灯具、开关面板、电器设备、配件约 2 天，总计为 8 天；日均工资 500 元，综合人工费为 4000 元，则最终的电路施工费约为 45 元 /m^2。

这其中包含墙、地面管道槽口开凿，强、弱电线管道安装布置，封闭管槽，建筑垃圾装袋整理，后期安装等一系列工作，但不包括将建筑垃圾搬离现场的工作，同时注意电路施工费用的增减幅度不超过 10%。

二、瓷砖材料与铺装预算

瓷砖材料价格较高，但却是施工中不可缺少的材料，因此，在计算瓷砖材料的用量与施工费用时应当特别仔细。

1. 瓷质釉面砖材料计算

瓷质釉面砖主要用于厨房、卫生间等中小面积室内空间的墙和地面的铺装。下面以中档瓷质釉面砖为例，介绍釉面砖的计量与损耗计算方法。

图 3-45 为卫生间平立面图。

→瓷砖铺贴时要考虑铺贴界面边角的损耗，在设计时尽量减少不完整瓷砖的数量，这样能降低铺装施工损耗。

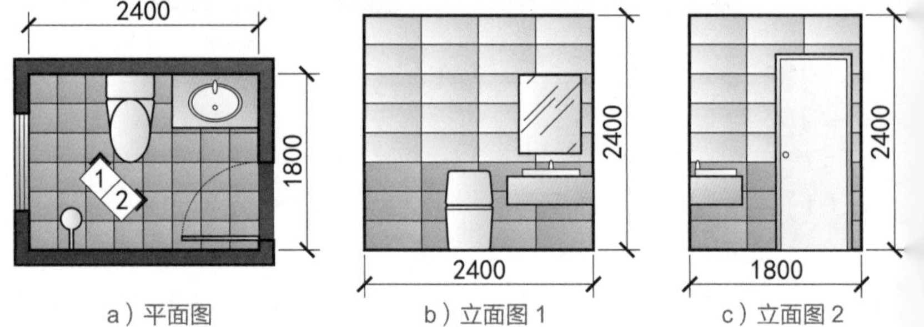

图 3-45　卫生间平立面图

市场价格：300mm × 600mm × 6mm 中档瓷质釉面砖的市场价格为 50 元 /m^2 左右。

材料用量：5.6 片 /m^2。

主材价格：铺装面积 × 50 元 /m^2 × 1.05 损耗。

（1）计算地面面积，卫生间地面长 2.4m，宽 1.8m，计算出地面面积为 4.32m^2。

（2）计算墙面面积。卫生间地面周长（长 2.4m + 宽 1.8m）× 2 = 8.4m，卫生间墙面铺装高度 2.4m，计算出墙面面积为周长 8.4m × 墙面铺装高度 2.4m = 20.16m^2。

（3）地面与墙面面积之和为 4.32m^2 + 20.16m^2 = 24.48m^2。

（4）考虑门窗洞口与损耗。常规开门与开窗不考虑损耗，因为门窗洞口边框需要对砖块裁切，消耗材料与人工，只有面积大于 2m^2 的门窗洞口才酌情减除 50%。

（5）釉面砖材料价格为：墙地面面积 24.48m^2 × 釉面砖单价 50 元 /m^2 × 1.05 损耗 = 1285.2 元。

2. 通体砖材料计算

通体砖规格较大，主要用于各类空间的地面铺装。下面以中档玻化砖为例，介绍通体砖的计量与损耗计算方法。图 3-46 为餐厅平面图。

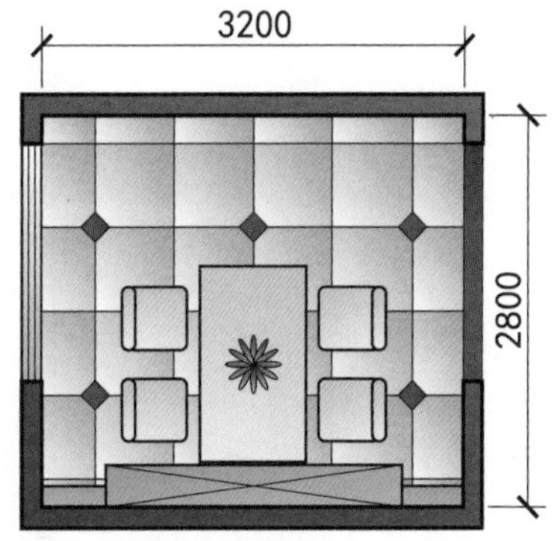

图 3-46　餐厅平面图

↑设计时要控制好拼花数量，避免过多而显得拥挤，也尽量不要被家具压住或遮挡。

市场价格：600mm × 600mm × 8mm 中档玻化砖的市场价格为 60 元 /m² 左右。

材料用量：2.8 片 /m²。

主材价格：铺装面积 ×60 元 /m² × 1.05 损耗。

（1）计算地面面积，餐厅地面长 3.2m，宽 2.8m，计算出地面面积 8.96m²。

（2）计算地面拼花小砖价格。小砖规格为 150mm × 150mm，根据图 3-46 所示可数出 6 片，拼花小砖价格为 8 元 / 片，综合价格为 8 元 ×6 元 / 片 = 48 元。

（3）玻化砖材料价格为：地面面积 8.96m² × 玻化砖单价 60 元 /m² × 1.05 损耗 + 拼花小砖综合价格 48 元 ≈612.5 元。

3. 墙、地砖施工费计算

墙、地砖施工属于装修中的高难度技术施工，需要丰富的施工经验与耐心，且需依据设计对砖块材料进行切割加工。在现代家居住宅中，墙、地面综合铺装面积一般为 60 ~ 120m²，其中墙砖铺装工艺难度较大，对铺贴厚度、表面平整度、垂落幅度都有要求；地砖的铺装难度相对较小，但是也有严格规范，要求绝对的平整度。

1 名施工员每日能完成约 8m² 墙砖铺贴，或约 10m² 地砖铺贴，日均工资 500 元，则最终的墙砖施工费约 63 元 /m²，地砖施工费约 50 元 /m²。

这其中包含墙、地砖挑选、浸泡，放线定位，黏结砂浆拌和，切割加工，铺贴，养护等一系列工作，注意墙、地砖施工费用的增减幅度不超过 10%。

三、家具材料与制作预算

人造木质板材是家具制作必不可少的材料，这种经过工业化集中生产的型材具有特定的规格，在设计、施工中要根据板材的特定规格精确下料，避免浪费。

1. 生态板衣柜材料计算

使用生态板制作的衣柜多在施工现场完成，需要计算板材与其他辅料的费用。下面以生态板衣柜为例，介绍木质人造板的下料分摊计算方法。

图 3-47 为生态板衣柜拆分图。

市场价格：规格为 2440mm × 1220mm × 18mm 的中档生态板的市场价格为 200 元 / 张左右；2440mm × 1220mm × 9mm 的中档生态板的

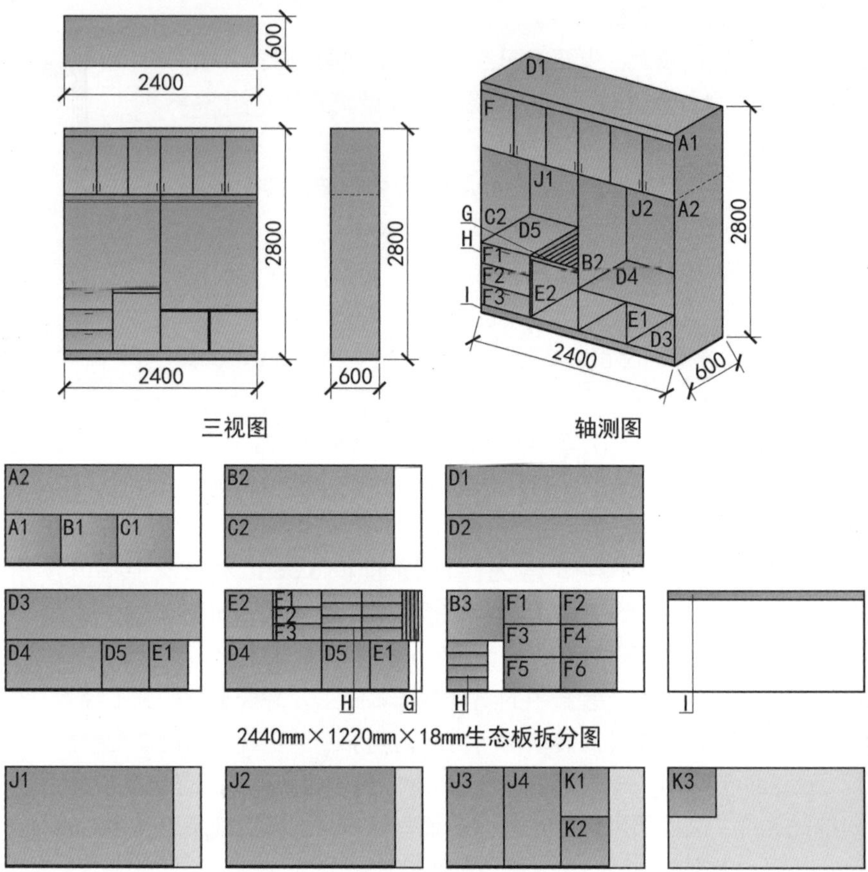

→拆分后的板材应拼合在尽量少的板材上，多余的板材尺寸应尽量规整，呈方形或矩形为佳，方便后期其他家具继续裁切使用。

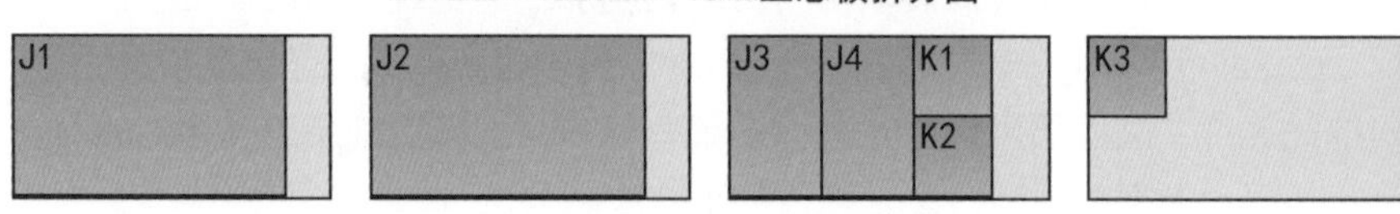

图 3-47　生态板衣柜拆分图

市场价格为 120 元 / 张左右。

材料用量：制作上有平开门、下无平开门（后期定制推拉门）的衣柜，按衣柜正立面面积计算，约 1.3 张 /m^2。

主材价格：生态板主材价格 = 衣柜正立面面积 ×200 元 / 张。

（1）绘制衣柜的三视图与轴测图，衣柜正立面宽 2.4m，高 2.8m，深 0.6m。

（2）计算主要板材价格。将衣柜中的板材全部拆解展开，衣柜所消耗的板材主要为厚 18mm 的生态板与厚 9mm 的饰面胶合板，并分配到 2440mm×1220mm 的板材上，进行编号。厚 18mm 生态板综合价格为 6 张 ×200 元 / 张 = 1200 元，厚 9mm 饰面胶合板综合价格为 3 张 ×120 元 / 张 = 360 元，计算出板材下料费用为 1560 元。

（3）计算装饰边条价格。柜体制作完成后，计算正立面中板材侧边的总长度与每扇柜门的周长，则可得这些长度的总和为 68m。再计算出消耗装饰边条的用量，装饰边条宽度 18mm，每根长度 2440mm，则用量约为 28 根，最终得到装饰边条综合价格为 28 根 ×3 元 / 根 = 84 元。

（4）计算五金件价格。平开门数量为 6 扇，每扇门需要铰链 2 个与拉手 1 个。具体价格计算为铰链 2 个 / 扇 × 柜门 6 扇 ×5 元 / 个 = 60 元，拉手 6 个 ×6 元 / 个 = 36 元，抽屉滑轨 3 套 ×20 元 / 套 = 60 元，铝合金挂衣杆 2.4m×25m/ 元 = 60 元，共计 216 元。

（5）计算辅助材料价格，包括免钉胶、发泡胶、各种钉子等粗略共计 100 元。

（6）衣柜制作主要材料价格为：主要板材下料费用 1560 元 + 装饰边条综合价格 84 元 + 五金件总计 216 元 + 辅助材料总计 100 元 = 1960 元。

2. 生态板衣柜施工费计算

现代装修多选用生态板制作柜体，这种板材切割简单方便，多采用收口条封闭边缘，板材挺括，安装完毕后耐用性较好。

卧室、书房中需要制作具有储藏功能的家具，如衣柜、储物柜等，按柜体正立面面积计算，每个房间需要制作柜体的面积约为 6 ~ 10m^2。如图 3-48 所示为衣柜立面图。

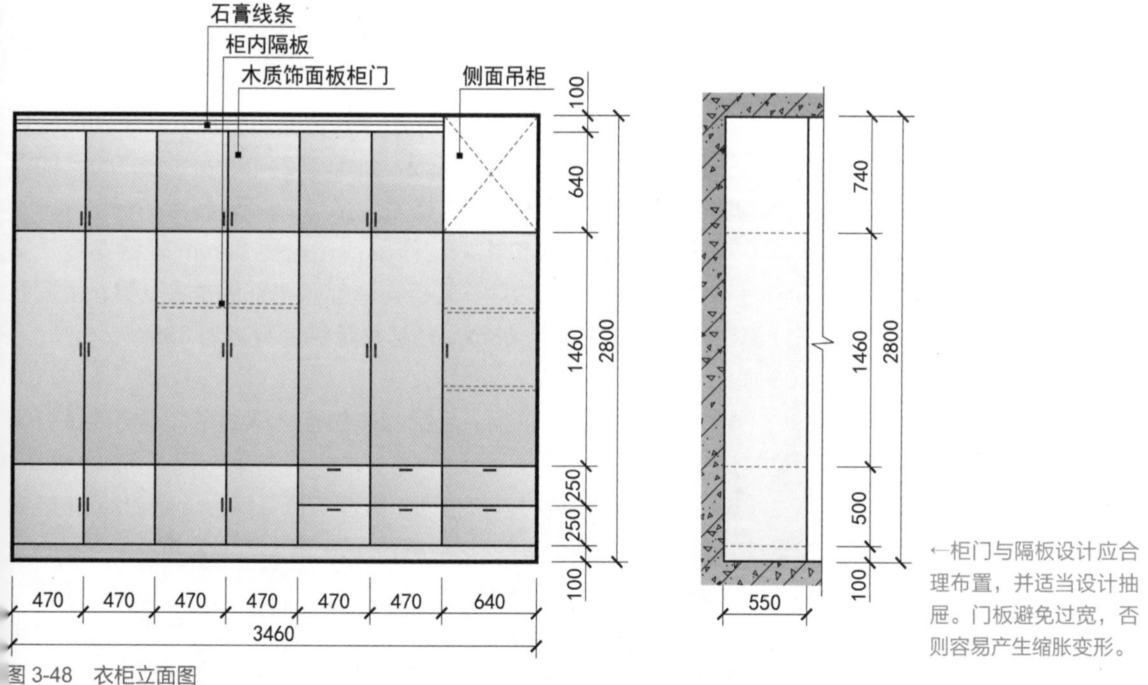

←柜门与隔板设计应合理布置，并适当设计抽屉。门板避免过宽，否则容易产生缩胀变形。

图 3-48 衣柜立面图

1 名施工员每日能完成约 3m^2 正立面面积的柜体，日均工资 600 元，则最终的柜体施工费为 200 元 /m^2。

四、石膏板吊顶材料与制作预算

采用石膏板制作吊顶的工艺成熟，是目前室内设计施工的主流。

1. 石膏板吊顶材料计算

石膏板吊顶主要材料为纸面石膏板与轻钢龙骨，下面以客厅吊顶为例，介绍纸面石膏板的下料分摊计算方法（图 3-49）。

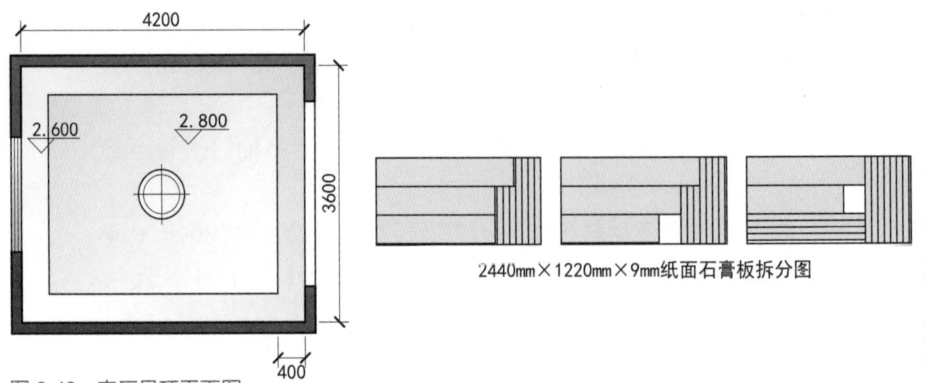

2440mm×1220mm×9mm纸面石膏板拆分图

→拆分后的石膏板均匀布置在每张板材上，尽量节省板材用量，降低损耗。

图 3-49　客厅吊顶平面图

市场价格：2440mm × 1220mm × 9mm，纸面石膏板的市场价格为 25 元 / 张左右。

材料用量：制作全封闭叠级吊顶，约 0.5 张 /m^2。

主材价格：纸面石膏板主材价格 = 约顶面面积 × 0.5 张 /m^2 × 25 元 / 张。

（1）绘制出吊顶的平面构造图，吊顶空间长 4.2m，宽 3.6m，周边吊顶宽度 0.4m，叠级造型高 0.1m，内空 0.1m。

（2）计算板材价格。将吊顶中的板材全部拆解展开，吊顶所消耗的板材主要为厚 9mm 的纸面石膏板，分配到 2440mm × 1220mm 的板材上。厚 9mm 纸面石膏板综合价格为 3 张 × 25 元 / 张 = 75 元。

（3）计算轻钢龙骨价格。制作吊顶还需要 63mm 轻钢龙骨，间距约为 400 ～ 600mm，边角、转折构造都需要采用龙骨支撑，根据图纸计算出龙骨的总长度为 68m，轻钢龙骨综合价格为 68m × 3 元 /m × 1.05 损耗 = 214.2 元。

（4）计算辅助材料价格，包括膨胀螺栓、螺纹吊杆、自攻螺钉等粗略共计 100 元。

（5）吊顶制作主要材料价格为：纸面石膏板综合价格 75 元 + 轻钢龙骨综合价格 214.2 元 + 辅助材料总计 100 元 = 389.2 元。

2. 石膏板吊顶施工费计算

吊顶施工需要运用形体较大的材料，并对材料进行加工。在现代室内装修中，需要对吊顶进行精确设计，并依据吊顶装饰造型的不同选用合适的板材。

需要吊顶的空间一般为客厅、餐厅、走道等区域，整个住宅需要制作吊顶的面积约为 20m^2。

1 名施工员每日能完成约 10m^2 轻钢龙骨石膏板吊顶，日均工资 500 元，则最终的吊顶施工费为 50 元 /m^2。

这其中包含轻钢龙骨、石膏板加工安装等一系列工作，如果是设计弧形线特殊造型的吊顶，或在吊顶侧边制作窗帘盒等构造，则难度较大此时吊顶施工费用的增加幅度为 20%。

五、乳胶漆材料与制作预算

乳胶漆在室内设计施工中使用频率高，用量大，除了乳胶漆主体材料外，还要使用石膏粉、腻子粉等基础界面找平材料。

1. 乳胶漆材料计算

下面以一套家居住宅空间为例（图 3-50），全房除厨房、卫生间、阳台等空间外，全部涂刷乳胶漆，则其乳胶漆用量的计算方法如下所示。

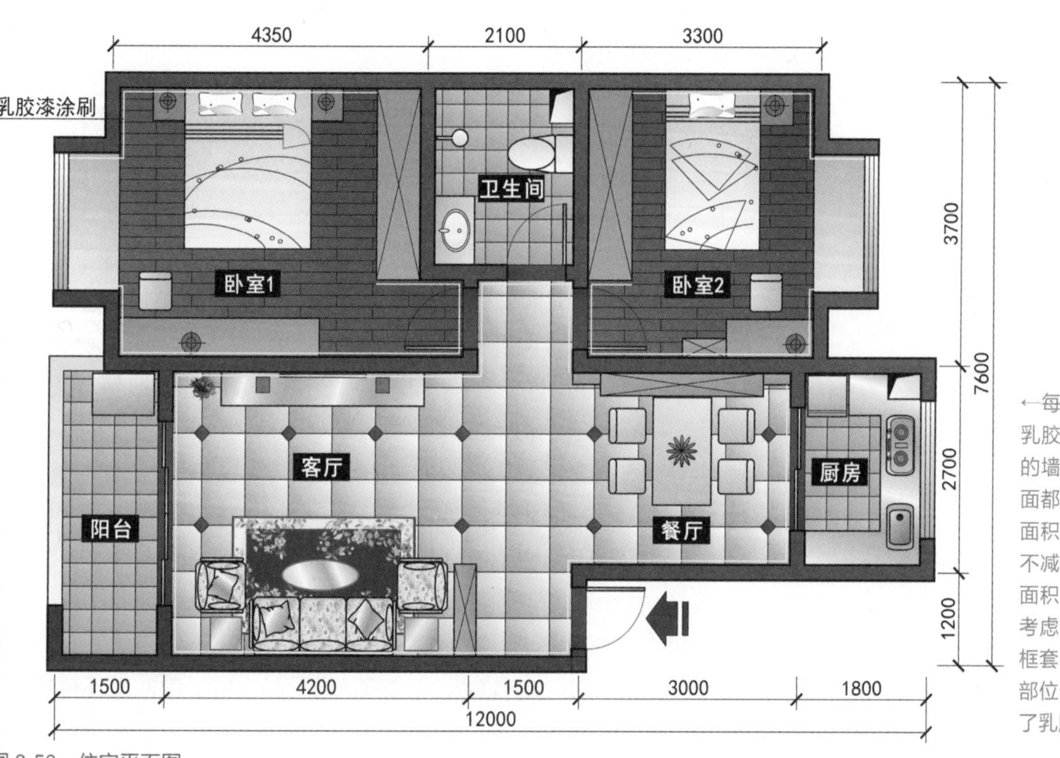

图 3-50 住宅平面图

←每个涂刷乳胶漆房间的墙面和顶面都要计算面积，一般不减除门窗面积，这是考虑到门窗框套的边角部位也涂刷了乳胶漆。

市场价格：18L 白色乳胶漆的市场价格为 380 元 / 桶左右。

材料用量：墙顶面涂刷面积 ÷12m²/L。

主材价格：墙顶面涂刷用量 ÷18L/ 桶 ×380 元 / 桶。

（1）绘制出家居室内平面图，该住宅需要涂刷乳胶漆的空间为客厅、餐厅、走道、卧室 1、卧室 2。

（2）计算顶面涂刷价格。测量需要涂刷乳胶漆的顶面面积，各房间顶面面积分别为：客厅、餐厅、走道为 38.2m²，卧室 1 为 16.1m²，卧室 2 为 12.2m²，则顶面涂刷面积总计为 66.5m²。顶面涂刷乳胶漆材料价格为 66.5m²÷12m²/L÷18L/ 桶 ×380 元 / 桶 ≈117.0 元。

（3）计算墙面涂刷价格。测量需要涂刷乳胶漆空间的周长，客厅、餐厅、走道为 25.2m，卧室 1 为 14.2m，卧室 2 为 11.3m，总计为 50.7m。周长 50.7m× 墙面高 2.75m− 门窗洞口适度面积 9.6m²≈ 墙面涂刷乳胶漆面积 129.8m²。墙面涂刷乳胶漆材料价格总计为

$129.8m^2 \div 12m^2/L \div 18L/$ 桶 ×380 元 / 桶 ≈228.4 元。

（4）计算石膏粉、腻子粉，石膏粉用量规格为 $0.5kg/m^2$，顶面与墙面综合消耗石膏粉材料总价为 $0.5kg/m^2 \times (66.5m^2 + 129.8m^2) \times$ 3 元 /kg≈294.5 元；腻子粉用量规格为 $1kg/m^2$，顶面与墙面综合消耗腻子粉材料总价为 $1kg/m^2 \times (66.5m^2 + 129.8m^2) \times$ 1 元 / kg≈196.3 元。总计消耗石膏粉、腻子粉材料价格为 294.5 元 + 196.3 元 =490.8 元。

（5）计算辅助材料价格，包括分色小桶、美纹纸、刮刀刮板、滚筒、刷子等粗略共计 100 元。

（6）乳胶漆主要材料价格为：顶面涂刷总计 117.0 元 + 墙面涂刷总计 228.4 元 + 石膏粉、腻子粉总计 490.8 元 + 辅助材料总计 100 元 = 936.2 元。

2. 乳胶漆施工费计算

乳胶漆多选用石膏粉和腻子粉对墙面、顶面进行找平，施工时也需要多次打磨，但表面乳胶漆辊涂施工相对比较轻松，施工效率也较高。

装修墙、顶面需要涂刷乳胶漆约 200 ~ $300m^2$。1 名施工员每日能完成约 $30m^2$ 乳胶漆涂刷，日均工资 600 元，则最终的乳胶漆施工费为 20 元 $/m^2$。

上述乳胶漆施工包含界面基层处理、找平、油漆涂料调配、涂刷、修补等一系列工作，如果转角或特殊造型较多，或需要调色，则难度较大，此时油漆涂料施工费用的增加幅度为 10% ~ 20%。

六、壁纸材料与制作预算

壁纸的功能性强，是墙面乳胶漆的升级产品，除了壁纸主体材料外，还要使用石膏粉、腻子粉等基础界面找平材料。

1. 壁纸材料计算

下面以一处卧室套间为例，包含卧室、书房空间，墙面全部铺贴壁纸，介绍壁纸用量的计算方法（图 3-51）。

市场价格：500mm 宽壁纸的市场价格为 40 元 / 卷左右。

材料用量：墙面铺贴面积 $\div 5m^2/$ 卷 ×1.2 损耗。

主材价格：墙面铺贴壁纸用量 ×40 元 / 卷。

（1）绘制出卧室书房套间平面图，该套间需要铺贴壁纸的空间为卧室、书房。

（2）计算墙面面积。空间面积为顶面涂刷乳胶漆面积，无须计算，测量需要铺贴壁纸墙面的面积，各房间墙面铺贴面积分别为：合计周长 25m × 房间高度 2.6m− 门窗面积 $4.2m^2 = 60.8m^2$。

（3）计算壁纸用量价格。得出上述墙面铺贴面积后，可计算出壁纸用量价格为：墙面铺贴面积 $60.8m^2 \div 5m^2/$ 卷 ×1.2 损耗 ×40 元 / 卷 ≈ 583.7 元。

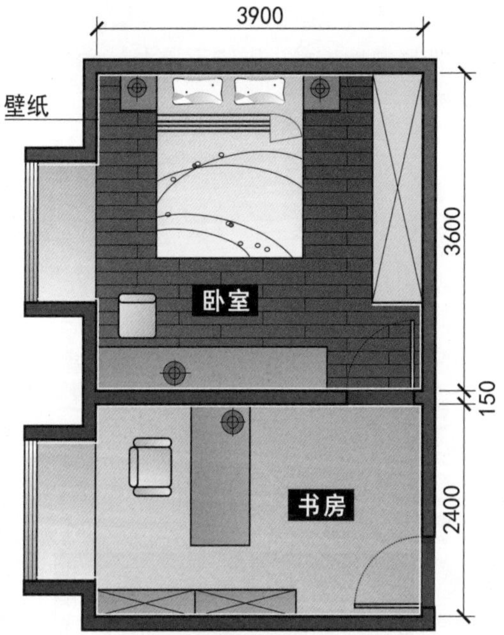

←壁纸价格较高，不能简单计算房间周长 × 高，要充分考虑门窗洞口与家具占据的表面面积。

图 3-51 卧室书房平面图

（4）计算石膏粉、腻子粉价格。石膏粉用量规格为 0.5kg/m^2，墙面综合消耗石膏粉总价为 0.5kg/m^2 × 60.8m^2 × 3 元 / kg = 91.2 元；腻子粉用量规格为 1kg/m^2，墙面综合消耗腻子粉总价为 1kg/m^2 × 60.8m^2 × 1 元 / kg = 60.8 元。石膏粉、腻子粉共计 91.2 元 + 60.8 元 = 152 元。

（5）计算辅助材料价格，包括壁纸胶、基膜、刮刀刮板、滚筒、刷子等。其中壁纸胶用量为平均铺贴 1 卷壁纸需要 0.25kg，均价为 28 元 /kg；基膜用量为平均铺贴 1 卷壁纸需要 0.25kg，均价为 48 元 /kg，综合计算壁纸胶与基膜用量规格为 19 元 / 卷，共计 60.8m^2 ÷ 5m^2/ 卷 × 1.2 损耗 × 19 元 / 卷 ≈277.2 元。

（6）乳胶漆主要材料价格为：壁纸用量总计 583.7 元 + 石膏粉、腻子粉总计 152 元 + 辅助材料总计 277.2 元 =1012.9 元。

2. 壁纸施工费计算

壁纸施工的关键在于基层处理与平整度的塑造，施工费用应当预先计入墙面找平的施工费中。根据上文中关于乳胶漆施工的费用计算，应当采用石膏粉与腻子粉对墙面、顶面进行找平，壁纸施工前也需要多次打磨，并需在表面辊涂基膜，整体施工与乳胶漆全套施工一致。

1 名施工员每日能完成约 30m^2 的基础处理，日均工资 600 元，则墙面基层处理施工费为 20 元 /m^2。壁纸施工时仍需要运用涂胶器、水平仪等设备，1 名施工员每日能完成约 60m^2 墙面壁纸（约 16 卷壁纸），日均工资 600 元，则壁纸铺贴施工费为 10 元 /m^2。因此，墙面基层处理与壁纸铺贴综合施工费用为 20 元 /m^2 + 10 元 /m^2 = 30 元 /m^2。

壁纸施工包含界面基层处理、找平、基膜涂刷、壁纸胶调配、壁纸铺贴、修补等工作，如果转角或特殊造型较多，则难度较大，此时壁纸施工费的增加幅度为 10% ~ 20%。

七、地板材料与制作预算

地板品种较多，档次较高，铺装工艺较复杂，计算材料与施工费用时要准确，避免造成浪费。

1. 地板材料计算

地板主要有复合地板与实木地板，两种地板的材料计算方法基本相同，下面以卧室地面铺装实木地板为例，介绍实木地板的计算方法（图 3-52）。

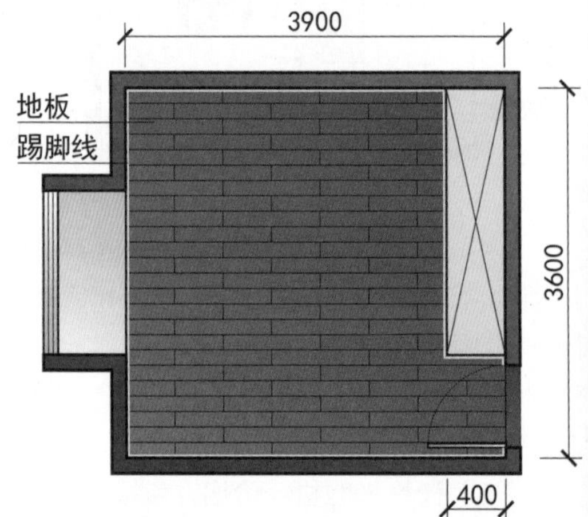

→预先制作的家具会占据部分室内面积，计算地板用量时要减除。后期安装的家具则不必预先减除家具的占地面积。

图 3-52　卧室地板铺装平面图

市场价格：900mm × 160mm × 22mm，柚木地板的市场价格为 280 元 / m^2 左右；50mm × 40mm 的杉木龙骨的市场价格为 4 元 /m。

材料用量：地面铺装面积 × 1.05 损耗。

主材价格：铺装界面面积 × 280 元 /m^2 × 1.05 损耗。

（1）绘制出卧室地面铺装构造图，卧室空间长 3.9mm，宽 3.6mm，预先摆放衣柜。

（2）计算地板价格。卧室地面长 3.9m，宽 3.6m，计算出地面面积为长 3.9m × 宽 3.6m = 14.04m^2，衣柜占地面积为 0.6m × 2.6m = 1.56m^2，地面铺装面积为 14.04m^2 − 1.56m^2 = 12.48m^2，地板总计 12.48m^2 × 280 元 / m^2 × 1.05 损耗 ≈3669.1 元。

（3）计算木龙骨价格。铺装实木地板还需要 50mm × 40mm 杉木龙骨，间距约为 400mm，根据图纸计算出龙骨的总长度为 36m，杉木龙骨综合价格为 36m × 4 元 /m × 1.05 损耗 = 151.2 元。

（4）计算细木工板价格。铺装完木龙骨后，在其上部全铺细木工板，细木工板的规格为 2440mm × 1220mm × 18mm，120 元 / 张，细木工板综合价格为 4.5 张 × 120 元 / 张 = 540 元。

（5）计算踢脚线价格。全房踢脚线周长为 14.2m，价格为 30 元 /m，踢脚线综合价格为 14.2m × 30 元 /m × 1.05 损耗 = 447.3 元。

（6）计算辅助材料价格，包括防潮毡、地板钉、膨胀螺钉等粗略共计 100 元。

（7）实木地板主要材料价格为：地板总计 3669.1 元 + 木龙骨总计 151.2 元 + 细木工板总计 540 元 + 踢脚线总计 447.3 元 + 辅助材料总计 100 元 =4907.6 元。

2. 地板施工费计算

地板安装施工技术并不复杂，但对地面的平整度有较高的要求。

复合木地板铺装快捷，如果地面平整度低，则需预先对地面进行找平处理。可选用水泥砂浆找平或自流坪水平找平，1 名施工员每日能完成约 30m^2 地面找平，日均工资 600 元，则最终复合木地板的施工费用为 20 元 /m^2。如果地面平整度高，可以直接铺装复合木地板，1 名施工员每日能完成约 60m^2 地面铺装，日均工资 600 元，则最终复合木地板的施工费用为 10 元 /m^2。

实木地板铺装需要制作木龙骨基层，如果地面平整度低，同样需预先对地面进行找平处理。可选用水泥砂浆找平或自流平水平找平，1 名施工员每日能完成约 30m^2 地面铺装，日均工资 600 元，则最终实木地板的施工费为 20 元 /m^2。

上述地板施工包含地面基层处理、地板安装、地板调整等一系列工作，如果地面基础特别不平整，或转角弧形空间较多，则地板施工费的增加幅度为 20% ～ 30%。

八、定制集成家具预算

定制集成家具是家居装修的重要组成部分，当传统装修工艺不便于实施时，就需要在工厂进行加工制作。将原材料加工完成后，运输至施工现场再进行快速组装，这种加工方式不仅能大幅度提高施工效率，还能降低生产成本和安装成本。

1. 定制集成衣柜

定制集成衣柜由家具工厂制作，在预算时要在板材用量与价格中加入运输费、安装费与厂家综合利润。下面以家居卧室空间为例，介绍定制集成衣柜的计算方法。图 3-53 为定制集成衣柜板材拆分图。

市场价格：中档刨花板（颗粒板）制作的定制集成衣柜，将板材展开后计算，市场价格为 180 元 /m^2 左右。

材料用量：制作平开门衣柜，按衣柜板材展开面积计算。

主材价格：衣柜主材价格 = 衣柜主体板材展开投影面积 × 180 元 /m^2 +

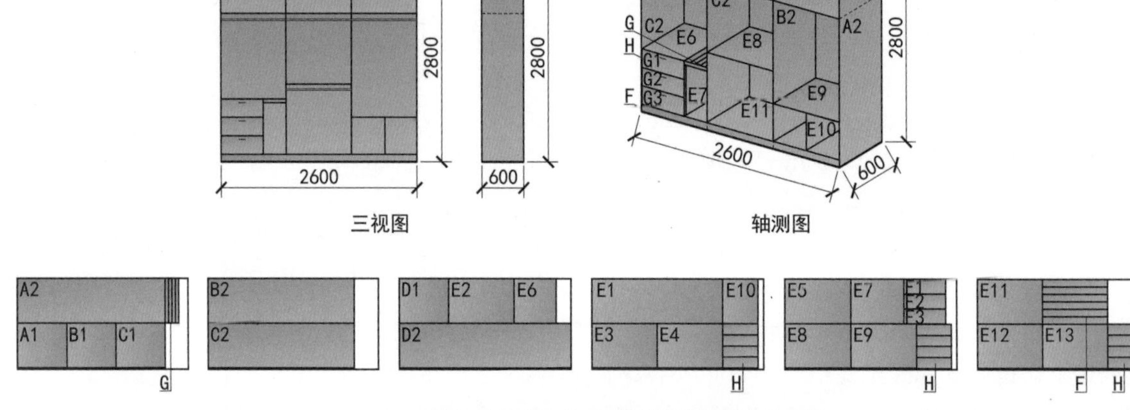

2440mm×1220mm×18mm刨花板(颗粒板)拆分图

2440mm×1220mm×9mm刨花板(颗粒板)背板拆分图

图 3-53　定制集成衣柜板材拆分图

↑定制集成衣柜的板材尺寸更规整,衣柜板料分布到板材上以后,多余板料也需计入成本中。

衣柜背后板材展开投影面积 ×150 元 /m^2。

（1）绘制出定制集成衣柜的三视图与轴测图，衣柜正立面宽 2.8m，高 2.6m，深 0.6m。

（2）计算主要板材价格。将衣柜中的板材全部拆解展开，衣柜所消耗的板材主要为厚 18mm 的刨花板，衣柜板材展开面积为 26.2m^2，分配到 2440mm×1220mm 的板材上，并进行编号。厚 18mm 刨花板消耗主材价格为 16.9m^2×180 元 /m^2 = 3042 元，厚 9mm 刨花板消耗主材价格为 9.3m^2×150 元 /m^2 = 1395 元，共计 4437 元。

（3）计算抽屉价格，柜体柜门制作完成后，每一个抽屉增加 100 元，共计抽屉 3 个 ×100 元 / 个 = 300 元。

（4）计算五金件价格。铝合金挂衣杆 2.8m×25 元 /m = 70 元，拉手 3 个 ×6 元 / 个 = 18 元，共计 88 元。

（5）衣柜制作主要材料价格为：主要板材总计 4437 元 + 抽屉总计 300 元 + 五金件总计 88 元 = 4825 元。

2. 定制集成厨柜

与定制集成衣柜相同，定制集成厨柜也要在厨柜整体构造与配件中加入运输费、安装费与厂家综合利润。下面以家居厨房空间为例，介绍定制集成厨柜的计算方法。图 3-54 为定制集成厨柜图。

市场价格：中档刨花板（颗粒板）制作的定制集成厨柜，按厨柜长度延米计算，市场价格为 2000 元 /m 左右，其中上柜价格占 30%（600 元

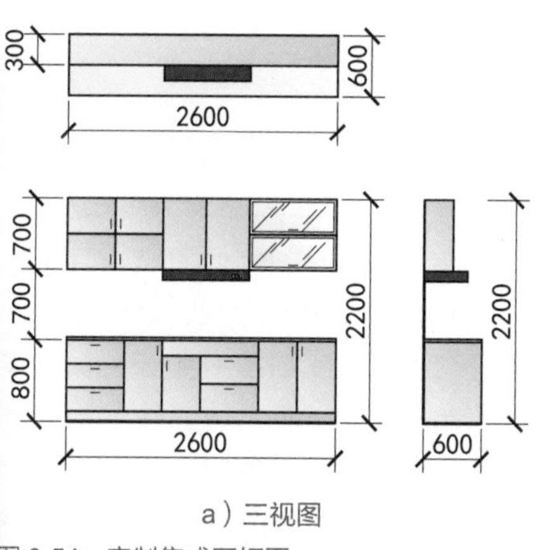

a）三视图

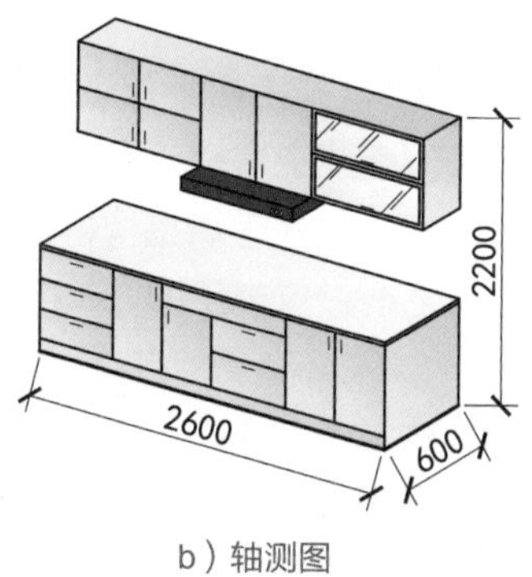

b）轴测图

图 3-54　定制集成厨柜图

←厨柜功能基本一致，因此按延米计算比较简单快捷，具体厨柜设计细节与增加的功能还需要另外计费。

/m），下柜价格占 70%（1400 元 /m）。

材料用量：制作平开门厨柜，按厨柜长度延米计算，即上柜长度和下柜长度。

主材价格：厨柜主材价格 = 上柜长度 ×600 元 /m ＋下柜长度 ×1400 元 /m。

（1）绘制出定制集成厨柜的三视图与轴测图，厨柜正立面宽 2.6m，高 2.2m，深 0.6m。

（2）计算主要柜体价格。分别计算上柜与下柜的长度，上柜价格为 2.6m×600 元 /m ＝ 1560 元，下柜价格为 2.6m×1400 元 /m ＝ 3640 元，共计 1560 元＋ 3640 元＝ 5200 元。

（3）计算抽屉价格。柜体柜门制作完成后，每一个抽屉增加 150 元，共计抽屉 5 个 ×150 元 / 个＝ 750 元。

（4）计算配件价格。上柜玻璃柜门 2 扇 ×100 元 / 扇＝ 200 元，下柜拉篮 2 件 ×150 元 / 件＝ 300 元，台面石材 2.6m×350 元 /m ＝ 910 元，共计 1410 元。

（5）厨柜制作主要材料价格为：主要柜体总计 5200 元＋抽屉总计 750 元＋配件总计 1410 元＝ 7360 元。

第 13 课　综合管理项目细则

室内设计施工中的管理方法多样，细节繁多，目的是为了督促材料采购与施工，这些管理项目细则能提升设计施工效率，保证工程质量。

一、施工工艺管理

目前，施工工艺正不断进步更新，安全、完整、环保、高效将是施工未来的发展方向。

1. 注重安全

（1）施工必须保证建筑结构安全。不能损坏现有的建筑构造，不能在混凝土空心楼板上钻孔或安装预埋件，不能随意拆除横梁、立柱、剪力墙、楼板等承重构件。如果要拆除隔墙，则必须征求物业管理部门同意才能进行施工图 3-55 所示为施工拆墙。图 3-56 为加固立柱结构。

（2）不能超负荷集中堆放材料与物品。施工时应避免在楼板的某处集中放置材料、物品，以免对楼板造成负重。通常普通住宅建筑楼板承重为 500kg/m^2，商用办公楼、图书馆、工业厂房建筑楼板承重为 800kg/m^2，施工应具体以建筑施工图或建筑使用说明书为准。图 3-57 为材料存储。

图 3-55　施工拆墙

↑采用钻孔机对墙体开凿门窗洞口，破坏力最小，比传统锤击开凿安全高效。

图 3-56　加固立柱结构

↑混凝土立柱周边加固型钢焊接，使混凝土外围更牢靠，是旧房改造的常用方法。

图 3-57　材料存储

↑材料应当放置在阴凉处，避免阳光直射，保持温、湿度稳定。

2. 保障设施完整

（1）施工构造的设计与实施应保持公共设施的完整，不能擅自拆改现有水、电、气、通信等配套设施。

（2）施工不能影响管道设备的使用与维修，不能损坏所在地的各种公共标示。

（3）施工不能堵塞、破坏上、下水管道与垃圾道等公共设施。

（4）施工堆料不能占用楼道内的公共空间与堵塞紧急出口，应避开公开通道、绿化地等市政公用设施。

（5）材料搬运中要避免损坏公共设施，造成损坏时，要及时报告有关部门进行修复。

3. 采用环保工艺

（1）所用材料的品种、规格、性能应符合设计要求及国家现行有关标准的规定。

（2）进场施工前要对主要材料的品种、规格、性能进行验收，要材料应有产品合格证书，有特殊要求的还需有相应的性能检测报告中文说明书。

（3）现场配制的材料应按设计要求或产品说明书制作，装修后的室内污染物如甲醛、氡、氨、苯与总挥发性有机物，应在国家相关标准规范内。

（4）尽量减少胶粘剂的用量，以免造成空气污染。对于膨胀螺栓、钉子的用量也应进行精确计算，避免重复固定而造成浪费。

图 3-58 为成品墙板安装，图 3-59 为美缝剂施工，图 3-60 为地坪涂料施工。

图 3-58 成品墙板安装

↑成品墙板安装采用金属固定件，不用胶粘剂，将墙板固定在墙面上并保持均匀的缝隙。

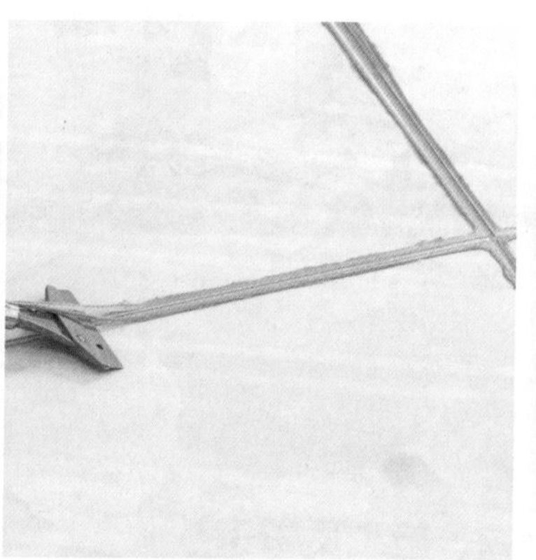

图 3-59 美缝剂施工

↑美缝剂注入瓷砖缝隙后，用金属圆球压实，待干后用刀片刮除表面残余材料。美缝剂具有防霉抗污染的作用。

图 3-60 地坪涂料施工

↑地坪涂料施工前要采用美纹纸粘贴在涂刷轮廓边缘界线上，涂料不能超过边缘，避免污染外部非施工区域。

★小贴士

饰面工艺要求

饰面构造是室内施工中的重点，施工质量直接影响最终效果，因此，施工时需达到以下要求：

1. 连接牢靠。饰面层附着于结构层，如果构造措施处理不当，面层材料与基层材料膨胀系数不一，黏结材料的选择不当或受风化，都会导致面层剥落。

2. 厚度与分层。饰面构造往往分为若干个层次，由于饰面层的厚度与材料的耐久性、坚固性成正比，因而在构造设计时必须保证它具有相应的厚度。

3. 均匀与平整。饰面的施工质量，除了要求附着牢固外，还应该均匀、平整，色泽一致，清晰、美观。要达到视觉审美效果，必须严格控制从选料到施工的全过程。

4. 提高施工效率

（1）计划好施工流程，应统一安排施工进度，避免出现长期待工、停工的现象。在室内空间允许的条件下，尽可能同时施工、同步施工，让多组施工员相互配合施工。尤其在公共室内空间施工时，可以采用多班倒的管理形式加快施工进度，但是要注意噪声扰民和施工安全问题。

（2）多采用集成化施工，即先将材料在工厂、作坊、仓库等场所加工完毕后，再运输至施工现场组装，这种施工方式既能有效降低现场施工、管理的成本，同时也能有效提高施工效率。

图 3-61 为吊顶装饰线条施工，图 3-62 为集成书柜安装，图 3-63 为地坪涂料施工。

图 3-61 吊顶装饰线条施工

↑吊顶粘贴不锈钢或铝合金装饰线条，能丰富顶面造型的层次，直接粘贴能提高施工效率。

图 3-62 集成书柜安装

↑集成书柜采用木质人造板，在工厂定制生产，再运输到施工现场组合安装，减少现场施工环节，提高了安装效率。

图 3-63 地坪涂料施工

↑成品展示柜采用不锈钢或铝合金骨架制作，搭配木质人造板，安装简单方便。

二、施工员管理

施工员来自五湖四海，数量多，规模大，可按不同的方向细化。

1. 按工作性质分类

施工员按工作性质可分为以下类型（表 3-7）。

表 3-7 施工员按工作性质分类

名称	概念	工作内容
装修施工员	装修企业或施工队的施工员	从事水电路改造、木工制作、贴砖、刷漆以及五金、灯具、洁具、开关插座的安装等基础施工
安装施工员	大件商品上门安装的施工员	从事厨柜、地板、木门、壁纸、铝扣板、塑钢窗、散热器、晾衣架、大型家具、部分家电（空调、热水器等）等安装
送货施工员	负责商品送货上门的施工员	从事运输或搬运瓷砖、洁具、小型家具、部分家电（电视、冰箱等）等物资

2. 按工种分类

施工员各司其职，往往各工艺之间会互相有要求，如油工对木工工艺和泥工工艺的平整度会提出要求，水电工的各器件安装位置会对泥工工艺提出要求等。各工艺互相构成了工艺整体，但各工种之间谁也无法相互代替。首先是水电工进场布线，然后是泥工进场铺贴墙、地砖，完成后待地砖和墙砖干透，接着就轮到木工进场制作各种构造，最后是油工进场，对家具进行油漆、墙壁进行粉刷（表 3-8）。

表 3-8　施工员按工种分类

名称	概念	工作内容
水工	水路管道施工员	从事给水排水管布置、修改工作，识读图纸后裁切管道并进行组装，测试水压，安装洁具与用水设备
电工	电路电气施工员	从事各种强、弱电线的接线布置工作。识读图纸后，确定电器设备、用电位置，以及墙地面开槽，穿管布线，安装开关、插座、灯具、电器设备等
泥工	墙地砖铺贴、墙体砌筑找平施工员	从事一切与水泥、瓷砖胶有关的工作，如砌墙、砌筑构造、墙地面找平、铺贴墙砖地砖等
木工	木质构造施工员	从事一切与家具、构造制作有关的工作。主要为细木工制作，如窗帘盒、暖气罩、木护墙、木隔断、包门窗套、踢脚线、花饰装饰线、家具柜体、木制造型吊顶、木地板铺设等
油工	涂料、壁纸施工员	从事涂料、壁纸类材料施工工作，主要为室内各界面基础处理、涂料饰面，包括各种涂料、壁纸施工
安装工	各种构造专业施工员	从事各专业技术施工，每种专业技术由独立的施工员负责，不可相互替代。主要为燃气管道安装、地暖安装、全屋定制家具安装、大型电器设备安装等

三、费用管理

室内设计企业收取的费用包括设计费、材料费、人工费、管理费、税金。

1. 设计费

设计费主要包括设计与绘图两种费用，小企业的设计师常兼任绘图员，而大企业有明确的分工，设计师将创意完成的方案交给绘图员去绘图。设计师的工作范围不再局限于办公室，还需要经常赴施工现场查看施工进度，给项目经理与施工员交代设计构造的施工要点。此外，设计师还是连接消费者与企业之间重要的桥梁。

设计费通常约为施工合同价格的 3%，重点施工项目能达到 5%。家居住宅设计费一般不会列在预算报价单中，或只是象征性地收取 1000 ~ 2000 元。任何企业收取的设计费基本能够支付设计师与绘图员的工资，如果还有剩余就能补贴日常办公开销。

部分消费者对设计有特殊要求，或要求的设计品质较高，企业会要求单独支付设计费，取费一般为 80 ~ 100 元 /m^2。以 100m^2 的家居住宅为例，设计费就会达到8000元以上，这部分收费属于企业的额外利润。对于主要公共室内设计，如店面、特色酒店、餐厅、KTV 等场所的设计取费会更高，这些消费者大多要求全彩图纸，每个角度都要求绘制效果图，但大多数设计师并不具备高品质效果图的制作水平，企业会将创意方案图拿到更专业的效果图表现企业去绘制，价格为 600 ~ 800 元 / 张，给消费者的设计价格会在此基础上继续上浮 50%。

2. 材料费

材料门类丰富，品种多样，要想从材料中获得利润，必须精确计算材料的用量。

大多数消费者购买材料，都会去当地规模最大的材料市场或超市，购置的数量并不多，价格不会低。施工企业的材料进货渠道与普通消费者相当，但是一次性采购数量大，经销商提供的价格会便宜一些。此外，消费者在购买材料时都会到门店购买，眼见为实，认定知名品牌，而施工公司往往购买的是质量相当的普通品牌产品。施工企业还会通过网络购买材料，经销商与厂家通过物流公司将材料货运至施工现场，利润就由此产生了。

表 3-9 为普通消费者与施工企业采购材料的区别。

表 3-9　普通消费者与施工企业采购材料的区别

采购主体	采购渠道	材料品牌	采购数量	付款方式
普通消费者	材料市场、超市	知名品牌	用量小，少量采购	现结
施工企业	固定材料经销商、厂家	普通品牌	大批量采购	约定付款方式

3. 人工费

人工费是指项目经理与施工员的劳务工资。近年来，随着我国城市化进程步伐加快，农村已经少有剩余劳动力了，施工员年纪逐渐增大，工作效率降低，加上生活成本增加，人工费自然也就“水涨船高”。一套家居住宅，消费者花费 100000 元半包给企业，其中用于支付施工员的工资会达到 40%，这迫使整体价格不断上涨，今后的人工费会越来越贵。

施工企业和施工员之间都是完全的转承关系，企业每接下一个工程都会以固定比例全包给施工队。例如，一项工程全包为期货总 200000 元，公司会以 200000 元的 70%的价格，约 140000 元，转承给施工队的项目经理，项目经理再给各施工员发工资。其中，200000 元中的 30%就是企业的利润。施工员一般跟着施工队项目经理干活，1 名施工员现在的收入标准在 300 ~ 400 元 / 天。干完后才能从施工队项目经理手里拿到工钱，而平时会领一些日常生活费，工作做完之后才可以拿到剩下的工钱。

表 3-10 为施工员工种、工作内容与参考工资一览表。

表 3-10 施工员工种、工作内容与参考工资一览表

工种	工作内容	按工程量确定工资	按工作日确定工资
搬运工	将材料从市场仓库搬运上车，从车上搬运到施工现场指定位置	300 ~ 400 元 / 吨（材料重量）	600 元 / 天
水工	布置、安装水路管道，水路设备、洁具安装	20 ~ 30 元 /m^2（实际施工占地面积）	400 元 / 天
电工	布置、安装电路线管，电路设备、灯具、开关插座安装	30 ~ 40 元 /m^2（实际施工占地面积）	500 元 / 天
泥瓦工	墙地砖、石材铺装，墙体砌筑，墙地面找平	40 ~ 50 元 /m^2（墙地砖、石材铺装表面面积） 120 ~ 150 元 /m^2（墙体砌筑立面面积） 20 ~ 30 元 /m^2（墙地面找平占地面积） 30 ~ 40 元 /m^2（防水涂料表面面积）	500 元 / 天
木工	吊顶、轻质隔墙构造制作，固定家具、门窗套、窗帘盒等构造制作	50 ~ 60 元 /m^2（吊顶、轻质隔墙表面面积） 200 ~ 250 元 /m^2（无门柜体立面面积） 250 ~ 300 元 /m^2（有门柜体立面面积） 40 ~ 50 元 /m（门窗套、窗帘盒长度）	500 元 / 天
油工	墙顶面涂料涂刷、壁纸铺贴等	12 ~ 15 元 /m^2（乳胶漆、基膜等常规涂料表面面积） 15 ~ 18 元 /m^2（真石漆、特殊涂料表面面积） 40 ~ 50 元 /m^2（硝基漆、聚酯漆表面面积） 10 ~ 12 元 /m^2（壁纸、墙布表面面积）	400 元 / 天
普通安装工	地板、墙板、窗帘、五金件、成品家具、成品门窗等常规设备、器具安装	8 ~ 10 元 /m^2（地板、墙板实际施工表面面积） 10 ~ 12 元 /m（窗帘安装宽度） 五金件、成品家具、成品门窗等常规设备、器具安装根据实际情况收费	400 元 / 天
技术安装工	燃气、网络、安防、门禁、空调、智能化等高端危险设备、器具安装	根据实际情况收费	600 元 / 天
辅工	施工现场清理、墙体拆除、卫生保洁等辅助工作		200 ~ 300 元 / 天

4. 管理费

管理费是指企业在整个设计、施工过程中的管理费用，主要包括财务管理、办公成本、通信交通、计划利润、施工监理、业务推广等日常开销。不同规模、不同级别的企业收费不同，一般仅有营业执照的小企业收取合同总额的 5%左右，具有设计、施工资质的公司会收取合同总额的 8%～ 10%。

5. 税金

税金是企业向税务部门缴纳的部分商业获利所得，只要发生了商业交易，营利方都要依法纳税。纳税的凭据就是发票。企业向消费者开具增值税发票，增值税分别为发票总额的 1%～ 13%，企业所得税为企业经营利润的 5%或 25%，不同纳税企业的缴税额度不同（表 3-11）。

表 3-11　2023 年我国室内设计施工企业缴税额度参考

企业税种	企业规模	增值税缴税额度	企业所得税缴税额度	综合缴税额度
小规模纳税人	小微企业，人员少，业务量小，年营业额 300 万元以下（不含）	0%（普通发票） 1%（专用发票）	企业年利润额的 5%	0%～ 5%
一般纳税人	中大型企业，人员多，业务量大，年营业额 300 万元以上（含）	6%（设计费、服务费） 13%（材料费、施工费）	企业年利润额的 25%	8%～ 18%

第 4 章　熟知相关法律法规

识别难度： ★★☆☆☆
核心概念： 设计规范、制图规范、招标投标文件、设计合同
章节导读： 室内设计师的创意设计必须符合设计标准和制图标准，设计师要熟知与设计相关的法律法规。在材料选用、室内结构、尺度设计、室内格局等方面均需符合设计法规中的相关规定。此外，为了能够更好地与客户沟通，设计师必须熟知设计合同所囊括的内容，对招标投标文件也要有一定的了解，并能以通俗的语言向客户解释相关的法律条文。

第 14 课　设计规范标准

目前，我国的设计规范已经比较建全，能覆盖室内设计的方方面面，在日常工作学习中应当加强阅读。

一、设计标准参考文件

室内设计需要了解的设计标准参考文件较多，这里仅就部分列表展示（表 4-1）。

表 4-1　设计标准参考文件

序号	参考文件	序号	参考文件
1	GB/ T 39600—2021《人造板及其制品甲醛释放量分级》	7	GB 50352—2019《民用建筑设计统一标准》
2	GB 18585—2001《室内装饰装修材料壁纸中有害物质限量》	8	JGJ 242—2011《住宅建筑电气设计规范》
3	GB 18584—-2001《室内装饰装修材料木家具中有害物质限量》	9	GB 50034—2013《建筑照明设计标准》
4	GB 18586—2001《室内装饰装修材料聚氯乙烯卷材料地板中有害物质限量》	10	GB 50303—2015《建筑电气工程施工质量验收规范》
5	GB 50096—2011《住宅设计规范》	11	GB 50300—2013《建筑工程施工质量验收统一标准》
6	GB 50054—2011《低压配电设计规范》	12	GB 50003—2011《砌体结构设计规范》

二、室内设计原则

室内设计需遵守一定的原则，这些原则能够使室内工程更专业化，同时也能使设计构想更具现实意义。

1. 科学性原则

室内设计内部环境布置应符合人的心理需求和生理需求。

2. 实用性原则

室内设计应当以人为本，所设计的内容应当能够满足人们的日常生活需求，并能为人们生活提供一定的便利。

3. 经济性原则

经济性原则的重点在于要了解材料、施工工艺等市场价，要做有前瞻性的设计。

4. 艺术性原则

艺术性原则要求室内设计空间能够具备一定的文化内涵和艺术美感。

第 15 课 制图规范标准

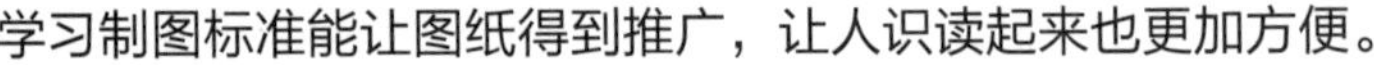

学习制图标准能让图纸得到推广，让人识读起来也更加方便。

一、制图标准文件

现将室内设计中主要的制图标准参考文件列表展示（表 4-2）。

表 4-2　制图标准参考文件

序号	参考文件	序号	参考文件
1	GB/ T 50001—2017《房屋建筑制图统一标准》	3	GB/ T 50103—2010《总图制图标准》
2	JGJ/ T 244—2011《房屋建筑室内装饰装修制图标准》	4	GB/ T 50104—2010《建筑制图标准》

二、线型

线条通过连接可以形成不同的几何图形，室内设计的设计图便是利用不同样式和不同宽度的图线组合而成的。这些图线能组成各种各样的图样，能更直观地阐述设计师的设计意图。

1. 线型制图标准

通常将线宽系列中的粗线宽度设为 b，中线设为 $0.5b$、细线设为 $0.25b$，b 的具体数值可从 0.35mm、0.5mm、0.7mm、1.0mm、1.4mm、2.0mm 的线宽系列中选取。线型的具体绘制需遵循以下标准（表 4-3 ~ 表 4-6）。

表 4-3　图线的线宽组（单位：mm）

线宽比	线宽组					
b	2.0	1.4	1.0	0.7	0.5	0.35

（续）

线宽比	线宽组					
0.5*b*	1.0	0.7	0.5	0.35	0.25	0.18
0.25*b*	0.5	0.35	0.25	0.18	—	—

注：微缩图纸不宜采用 0.18mm 及更细的线宽；同一张图纸内，相同比例的图样应选用相同的线宽粗。

表 4-4 图线的类型及用途（单位：mm）

名称		线型	线宽	用途
实线	粗		*b*	主要可见轮廓线
	中粗		0.7*b*	可见轮廓线
	中		0.5*b*	可见轮廓线、尺寸线、变更云线
	细		0.25*b*	图例填充线、家具线
虚线	粗		*b*	见各有关专业制图标准
	中粗		0.7*b*	不可见轮廓线
	中		0.5*b*	不可见轮廓线、图例线
	细		0.25*b*	图例填充线、家具线
单点长画线	粗		*b*	见各有关专业制图标准
	中		0.5*b*	见各有关专业制图标准
	细		0.25*b*	中心线、对称线、轴线等
双点长画线	粗		*b*	见各有关专业制图标准
	中		0.5*b*	见各有关专业制图标准
	细		0.25*b*	假想轮廓线、成型前原始轮廓线
折断线	细		0.25*b*	断开界线
波浪线	细		0.25*b*	断开界线

表 4-5 线型的实际用途和常用线宽组比（单位：mm）

线型名称	图纸实际用途	常用线宽比	常用线宽粗
粗实线	用于平、立、剖面图及详图中被剖切墙体的主要结构轮廓线，以及立面图的外轮廓线及地平线、剖切符号、详图符号、大样图索引符号、图面标志、图名等	*b*	0.7mm

（续）

线型名称	图纸实际用途	常用线宽比	常用线宽粗
中实线	平、立、剖面图及详图中物体的主要结构轮廓线	0.5*b*	0.35mm
细实线	平、立、剖面图中可见的次要结构轮廓线，电位图中开关与灯位的控制关系线，标注尺寸线、折断线、引出线、图例线、索引符号、标高符号等	0.25*b*	
细虚线	家具图中不可见的隔板，门窗的开启方式或示意线及图例线等		
点画线	中心线、对称线、定位轴线		
折断线	不需画全的断开界限		
引出线	用于对各种需要说明部位的详细说明		

表 4-6　图框线、标题栏和会签线的宽度（单位：mm）

幅面代号	图框线	标题栏外框线	标题栏分格线、会签栏线
A0、A1	1.4	0.7	0.35
A2、A3、A4	1.0	0.7	0.35

2. 线型绘制注意事项

（1）相互平行的图线之间的间隙应大于其中的粗线宽度，且不宜小于 0.7mm。

（2）虚线、长画线的线段长度和间隔，应各自相等。

（3）单点长画线或双点长画线的两端，不应是点；点画线与点画线交接或点画线与其他图线交接时，应是线段交接。

（4）虚线与虚线交接或虚线与其他图线交接时，应是线段交接，且虚线为实线的延长线时，不得与实线相连接。

图 4-1 为图线相交的正确画法。

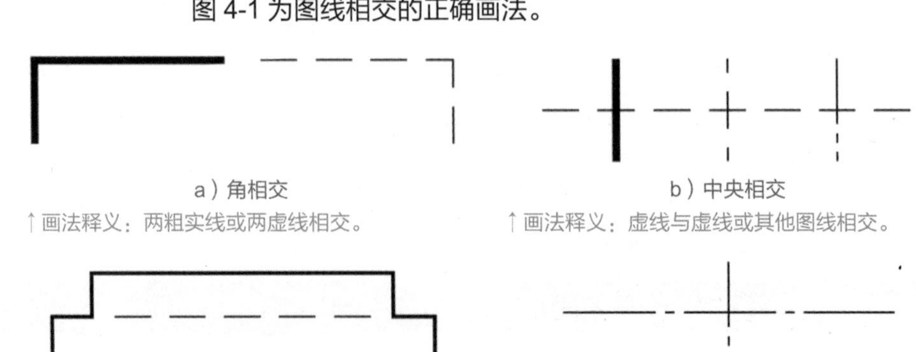

a）角相交
↑画法释义：两粗实线或两虚线相交。

b）中央相交
↑画法释义：虚线与虚线或其他图线相交。

c）延长
↑画法释义：虚线是实线的延长线。

d）点画线相交
↑画法释义：两单点长画线相交。

图 4-1　图线相交的正确画法

三、字体

设计图纸中会应用文字对设计意图和施工工艺进行必要的说明，这些文字宜采用长仿宋体，针对大标题、图册封面、地形图等所用汉字，也可选用其他字体，但应易于辨认，且需注意简化字书写必须符合国务院公布的《汉字简化方案》和有关规定。

（1）设计图纸中的说明文字、数字等，均应字体端正、笔画清晰、排列整齐，文字标注和数字标注应清楚正确（图 4-2）。

（2）设计图纸中说明文字的字高，应从以下系列中选用：2.5mm、3.5mm、5mm、7mm、10mm、14mm、20mm（图 4-3）。

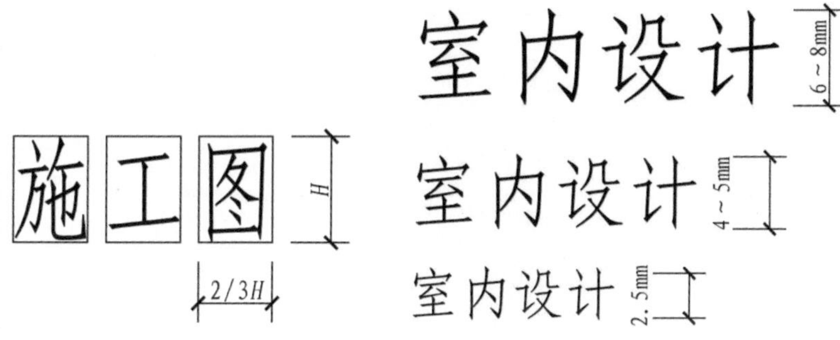

图 4-2　长仿宋体字

↑字宽应为字高的 2/3*H*。

图 4-3　图纸文字高度

↑如需书写更大文字，高度应按 2 的倍数递增。

（3）设计图纸中所有涉及与文字说明相同类别的文字，以及所有涉及标注相同类别的尺寸数字高度，均需采用长仿宋体，且宽度与高度的关系应符合相关规定（表 4-7、表 4-8）。

表 4-7　长仿宋体字的高宽关系（单位：mm）

字体	尺寸						
字高	20	14	10	7	5	3.5	2.5
字宽	14	10	7	5	3.5	2.5	1.8

表 4-8　常用说明文字及数字字高标准（单位：mm）

图纸文字 / 图纸数字	图纸文字					图纸数字	
	图纸中文字			标题栏文字			
	图纸名称	局部名称	数字	人名与比例	工程名与图纸编号	外轮廓尺寸数字	内部尺寸数字
常用字高	6 ～ 8	4 ～ 5	2.5	2.5	3.5	2.5 ～ 4	2.5
注意	如有其他文字标注，可自行控制文字高度，但图纸文字最小高度不得小于 2.5mm，且必须保证其可见性和美观性					数字高不小于2.5mm，采用正体阿拉伯数字	

（4）设计图纸中所涉及的各种计量单位，凡前面有量值的，均应选用国家颁布的单位符号注写。通常单位符号应采用正体字母书写；分数、百分数和比例数的注写，应采用阿拉伯数字和数学符号，且当注写的数字小于 1 时，必须写出个位的“0”，小数点则应采用圆点，并对齐基准线书写。

表 4-9 为拉丁字母、阿拉伯数字与罗马数字的书写规则。

表 4-9　拉丁字母、阿拉伯数字与罗马数字的书写规则

书写格式	一般字体	窄字体
大写字母高度	*H*	*H*
小写字母高度（上下均无延伸）	7/10 *H*	10/14 *H*
小写字母伸出的头部或尾部	3/10 *H*	4/14 *H*
笔画宽度	1/10 *H*	1/14 *H*
字母间距	2/10 *H*	2/14 *H*
上下行基准线最小间距	15/10 *H*	21/14 *H*
词间距	6/10 *H*	6/14 *H*

注：拉丁字母、阿拉伯数字与罗马数字如果需要写成斜体字，其斜度应是从字的底线逆时针向上倾斜 75°，且斜体字的高度和宽度应与相应的直体字相等。

四、尺寸标注

设计图纸中的尺寸标注主要由尺寸线、尺寸界线、尺寸起止符号和尺寸数字四部分组成，绘制时应遵循完整性、真实性、清晰性、正确性、合理性等原则（图 4-4、表 4-10）。

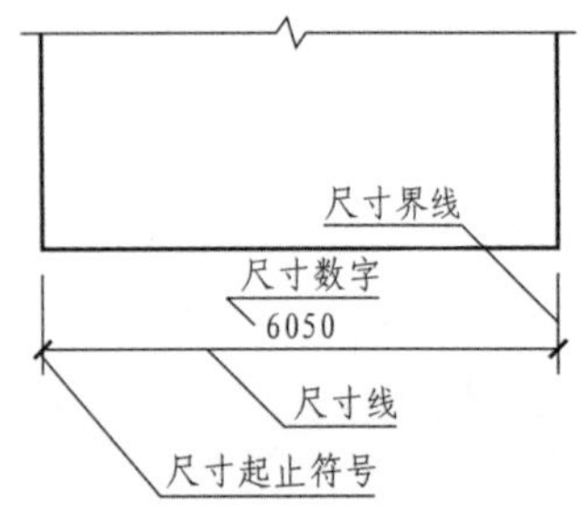

←尺寸标注不要与主体图形线条发生交错、重合，避免识读不明。

图 4-4　尺寸标注示意

表 4-10　尺寸标注的组成

组成元素	概念	注意事项
尺寸线	表示所注尺寸的长度线条	•细实线绘制，与被注线段平行，与尺寸界线垂直 •当图样采用断开画法时，尺寸线不间断，并应标注整体尺寸数值
尺寸界线	表示所注尺寸的方向线条	•细实线绘制，与被注长度垂直，同一尺寸标注的尺寸界线长度应相等 •尺寸界线超出尺寸线 2 ~ 3mm，图样轮廓线以外的尺寸界线距图样最外轮廓之间的距离不宜小于 10mm
尺寸起止符号	表示所注尺寸的范围	•普通尺寸应用实心箭头、斜短线或圆点表示；半径、直径角度与弧长的尺寸起止符号，宜用箭头表示 •同一张图中采用的尺寸起止符号应一致，斜短线的长度应为 2 ~ 3mm，宽度应为尺寸线宽度的 2 倍

（续）

组成元素	概念	注意事项
尺寸数字	主要用来表示所注尺寸的实际大小	• 应标注在水平尺寸线的上方中部和垂直尺寸线的左侧中部；弧形尺寸线上尺寸数字应水平标注；斜尺寸线上的数值应沿斜向标注 • 图面上尺寸数字间不可有逗号，可标注小数点后两位，尺寸数字的数值尾数需精确到整数

设计图纸中的外轮廓尺寸标注应标注在图样轮廓的外侧，且不可与图线、文字、符号等相交；平行布置的外轮廓尺寸标注线之间的间距应为 8 ~ 10mm，并应保持一致。具体平面类和立面类尺寸标注绘制应参考表 4-11 和表 4-12。

表 4-11　平面类尺寸标注标准

外轮廓标注	第一级尺寸线	第二级尺寸线	第三级尺寸线
内容	门窗洞口细部尺寸线	与外墙相连接的各空间内墙总尺寸线	建筑的内墙总尺寸线
范围	离轮廓线最近	离轮廓线最远	离轮廓线最远
内尺寸	图纸中所需的内部尺寸，如门窗洞口、地面造型、顶面造型的关系尺寸等		

表 4-12　立面类尺寸标注标准

外轮廓标注	横尺寸标注			竖尺寸标注		
	第一级尺寸线	第二级尺寸线	第三级尺寸线	第一级尺寸线	第二级尺寸线	第三级尺寸线
内容	家具、洁具及门窗洞口等宽度尺寸线	各空间内隔墙总尺寸线	内墙总尺寸线	家具、洁具、花砖、花线、石膏线等高度尺寸线	地面装饰、造型吊顶及室内空间等高度尺寸线	室内净高尺寸线
范围	离轮廓线近	离轮廓线适中	离轮廓线远	离轮廓线近	离轮廓线适中	离轮廓线远
内尺寸	图纸中所需的内部尺寸，如开关、插座的关系尺寸等					

五、符号

设计图纸中常见的符号包括标高符号、引出线符号、坡度符号、剖门符号、索引符号、详图符号、指北针、箭头指示符号等多种。

符号是介于图线与文字之间的图纸表现元素，其既包含图线的特征，又包含文字的表意功能。对符号的应用应当合理控制大小，符号中的文字要与图纸中常规文字大小保持一致。具体绘制规则见表 4-13。

表 4-13　符号应用规则

符号	图示	注意事项
标高符号	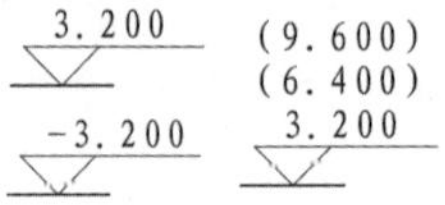 3.200　(9.600) (6.400) 3.200　-3.200	●包括装饰顶面净高标注符号和地面标高符号；应用细实线绘制，并以米为数值单位；标高尖端应指在被标注的高度或其引线上，尖端可向上或向下 ●标高为正值时，标高数值前不加注正号“+”；标高为负值时应在标高数值前加注负号“-”
引出线符号	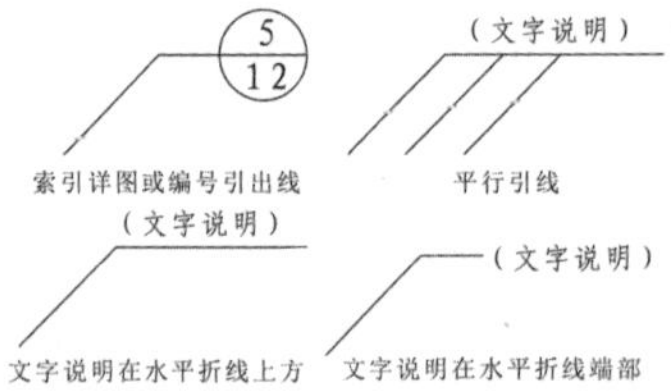 5/12 索引详图或编号引出线；(文字说明) 平行引线；(文字说明) 文字说明在水平折线上方；(文字说明) 文字说明在水平折线端部	●用细实线绘制，宜采用与水平方向成30°、45°、60°和90°的直线或再折为水平线表示，且文字说明应标注在水平折线的上方或端部 ●当引线终端指向物体轮廓内时，应用圆点表示；当指向物体轮廓线上时，应用箭头表示；当指在尺寸线上时，则不应绘制出圆点和箭头
坡度符号	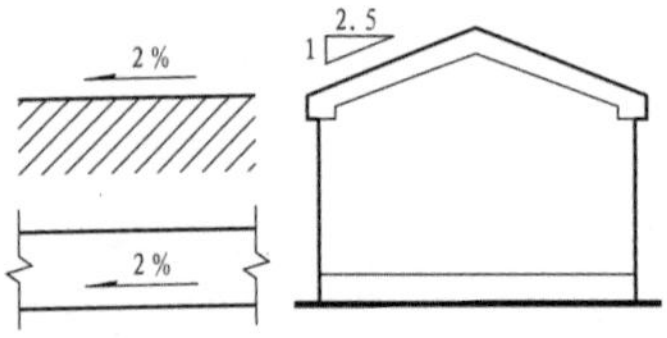 2%　2%　1　2.5	●坡度符号应为指向下坡方向的单边箭头，在坡度数字下应加注坡度符号 ●坡度可用直角三角形表示，即用直角三角形的两个直角边来表现坡度的实际大小
剖切符号	1　2　3　建施-5　3　3　3　1　2　1　2　2　1　结施-8	●用粗实线绘制，剖切位置线的长度宜为6～10mm；投射方向线应垂直于剖切位置线，长度应短于剖切位置线，宜为4～6mm ●剖视剖切符号的编号宜采用阿拉伯数字，按顺序由左至右、由下至上连续编排，并应注写在剖视方向线的端部 ●断面的剖切符号应只用剖切位置线表示，并以粗实线绘制，长度宜为6～10mm，应采用阿拉伯数字，按顺序连续编排
索引符号	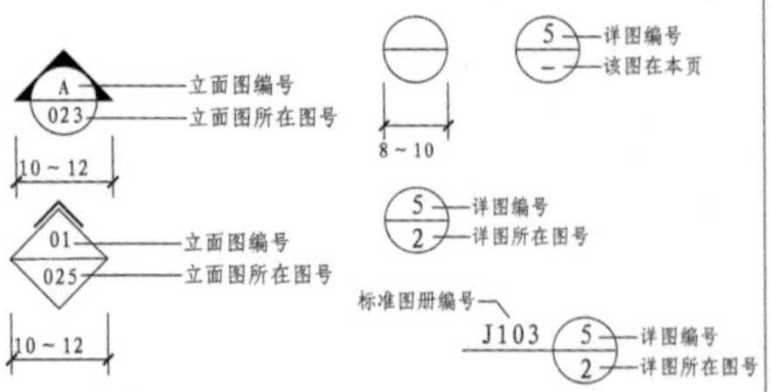 A/023 立面图编号 立面图所在图号 10～12；01/025 立面图编号 立面图所在图号 10～12；8～10；5/- 详图编号 该图在本页；5/2 详图编号 详图所在图号；标准图册编号 J103 5/2 详图编号 详图所在图号	●包括立面索引符号和详图索引符号，这类符号是用于引出需要清楚绘制细部图形的符号 ●索引符号根据图面的比例圆圈直径可选择8～12mm；上半圆中用英文大写注明该立面的编号，下半圆中用阿拉伯数字注明该立面所在图纸的编号

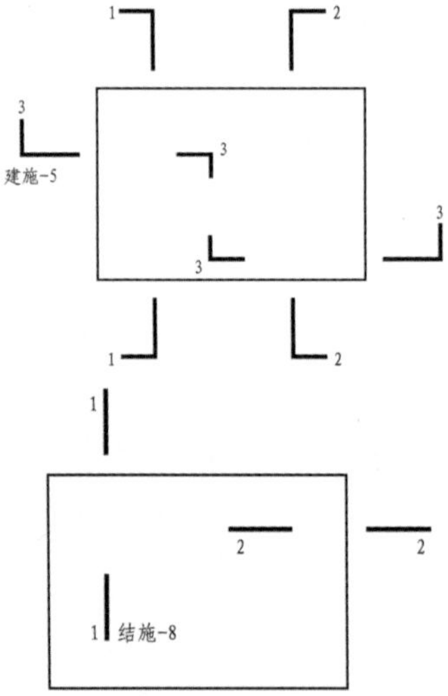

（续）

符号	图示	注意事项
详图符号	⑤ 零件、钢筋等的编号 5/3 与被索引图样不在同一张图纸内的详图符号 5 与被索引图样同在一张图纸内的详图符号	• 详图符号的圆应以直径为 14mm 的粗实线绘制 • 零件、钢筋、杆件、设备等的编号，以直径为 8 ～ 10mm 的细实线圆表示，其编号应用阿拉伯数字按顺序编写
指北针	北 20 ~ 24 2 ~ 3	• 用细实线绘制，其圆的直径为 24mm • 指针尾部的宽度为 3mm，指针头部应注“北”或“N”字，并注意当需要用较大直径绘制指北针时，指针尾部宽度应为直径的 1/8
箭头指示符号	12 ~ 14	• 应用细实线绘制，中间需用黑色实体填充，通常箭头所指方向为室内空间的入口

第 16 课 招标投标文件

20 世纪 80 年代中期，我国开始陆续成立招标管理机构，20 世纪 90 年代初期到中后期，招标投标的管理和规范工作也日益完善，设计公司所提供的招标投标文件必须符合《中华人民共和国招标投标法》。

一、施工招标方式

室内设计装饰工程施工的招标方式主要有公开招标和邀请招标两种方式。前者由招标人通过公众媒体、报刊、电视或信息网络等方式发布招标信息，投标单位依据招标信息，在规定的日期内向招标单位申请施工投标，经招标单位审查合格后，领取或购取招标文件参加投标；后者则是由招标单位向符合本工程资质要求、工程质量和企业信誉较好的建设施工企业发出招标邀请，被邀企业应邀参加工程施工投标。图 4-5 为公开招标的步骤，图 4-6 为招标单位应具备的条件，图 4-7 为招标工程应具备的条件。

二、工程投标

室内设计装饰工程应按照：报名参加投标→办理资格审查→取得招标文件→研究招标文件→调查投标环境→确定投标策略→制定施工方案→编制标书→投送标书→参加开标会议的步骤进行具体的投标工作。

资格审查通过后会收到招标单位发出的投标函（表 4-14），中标后招标单位也会给予投标单位对应的中标通知书（表 4-15）。

图 4-8 为投标需提供的资料，图 4-9 为资格审查需提供的资料。

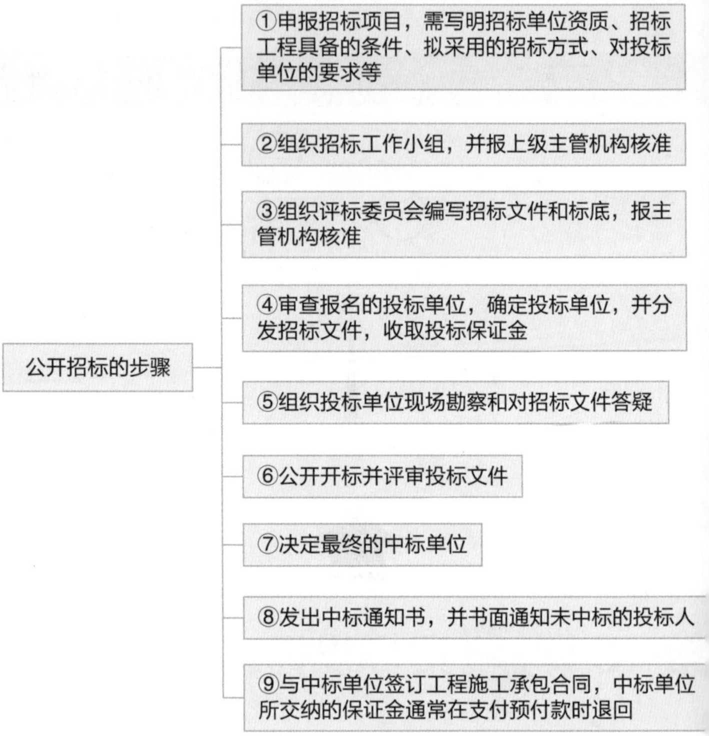

公开招标的步骤

①申报招标项目，需写明招标单位资质、招标工程具备的条件、拟采用的招标方式、对投标单位的要求等

②组织招标工作小组，并报上级主管机构核准

③组织评标委员会编写招标文件和标底，报主管机构核准

④审查报名的投标单位，确定投标单位，并分发招标文件，收取投标保证金

⑤组织投标单位现场勘察和对招标文件答疑

⑥公开开标并评审投标文件

⑦决定最终的中标单位

⑧发出中标通知书，并书面通知未中标的投标人

⑨与中标单位签订工程施工承包合同，中标单位所交纳的保证金通常在支付预付款时退回

→公开招标是保证招标活动公开、公正、公平的必要前提，每一项步骤都是承上启下的关键。

图 4-5　公开招标的步骤

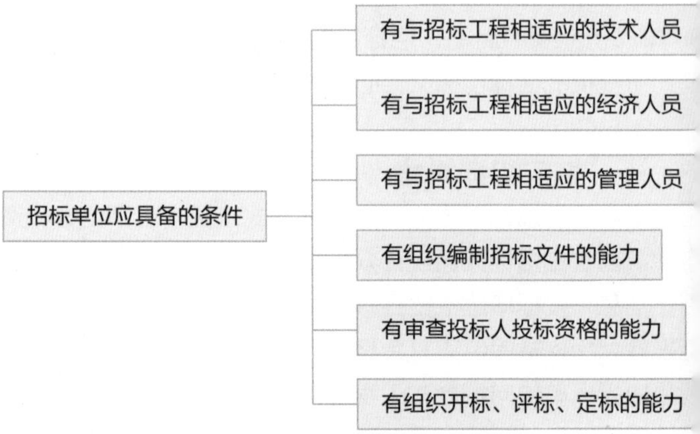

招标单位应具备的条件

有与招标工程相适应的技术人员

有与招标工程相适应的经济人员

有与招标工程相适应的管理人员

有组织编制招标文件的能力

有审查投标人投标资格的能力

有组织开标、评标、定标的能力

→招标单位应当具备操控招标活动的技术能力，配置相关人员从事招标组织与管理工作。

图 4-6　招标单位应具备的条件

招标工程应具备的条件

项目已经报上级主管部门备案

项目已经报招标投标管理机构办理备案

概算已获审计部门批准，招标所需资金已落实

招标文件已编制完成，并经过上级主管部门审批

招标所需的其他条件已经具备

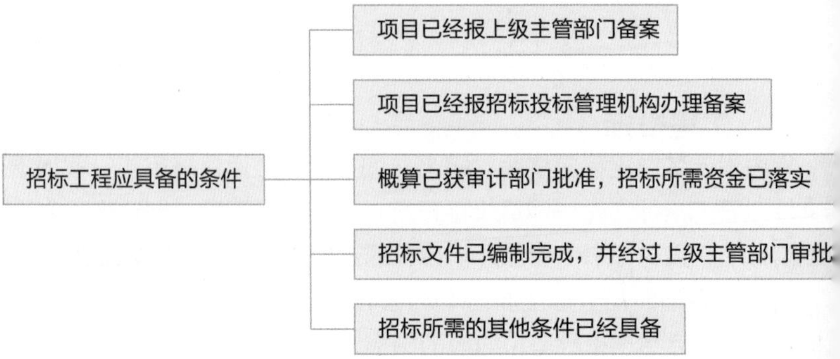

→招标工程的核心条件是资金落实，才能保证工程顺利实施。

图 4-7　招标工程应具备的条件

表 4-14 投标函

投标函			
一	投标函的综合说明		
二	技术经济指标	1. 工程名称 2. 工程范围 3. 建筑面积 4. 单位造价 5. 工程总价 6. 工程质量达到的等级 7. 计划开工日期 8. 计划完工日期 9. 分部工程的形象进度 （1）吊顶 （2）墙面 （3）地面	主要材料： 钢材 木材 白水泥 石膏板 墙纸
三	保证质量安全的主要措施		
四	施工方法选用		
投标单位：（盖章）×××		负责人：（签名）××× ××××年××月××日	

表 4-15 中标通知书

中标通知书
招标单位×××招标工程（招标文件×××号）通过定标（议标）已确定×××为中标单位，中标标价为人民币××××××元，工期××天，工程质量必须达到国家施工验收规范的要求。希望接到通知后，××天内起草承包合同，××××年××月××日携带合同稿到招标单位共同协商签订，以利工程顺利进行。 定标单位：××× 日期：××××年××月××日

注：本通知书一式四份，中标单位、市建委、经办银行、招标单位各一份。中标通知书对招标人、中标人均具有法律效力。招标人改变中标结果或中标人放弃中标项目的，应当依法承担法律责任。

★小贴士

杜绝招标投标违法违规行为

招标投标中的违法违规行为主要有：利用招标书工本费牟利，利用保证金设坎，利用关系设置中介收取费用，订立阴阳合同，项目未审批便发布招标公告，肢解项目标段，故意缩短购买标书或投标截止的日期，透露标底暗箱操纵，发布隐性公告，假借企业中标后转包工程，内定中标单位，随意更改评标方法等。

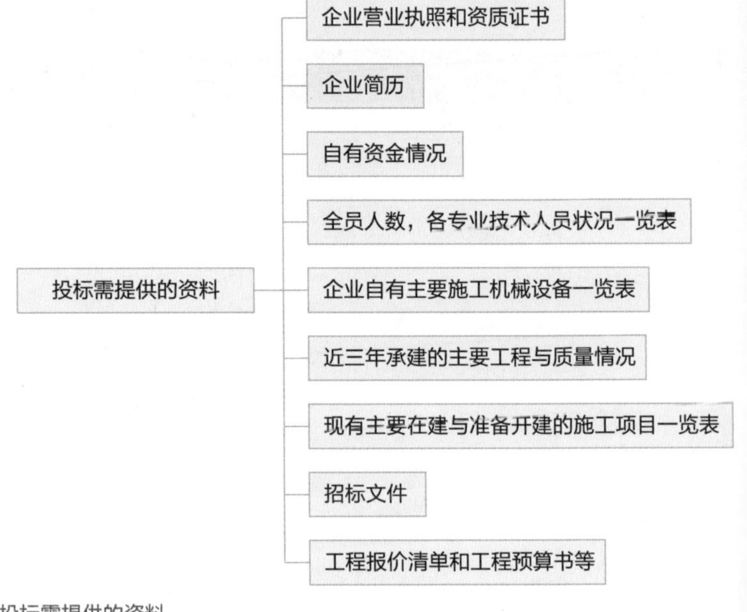

→投标资料主要包括商务与技术两个层面内容，商务资料主要表现诚信力，技术资料主要表现专业技术能力。

图 4-8　投标需提供的资料

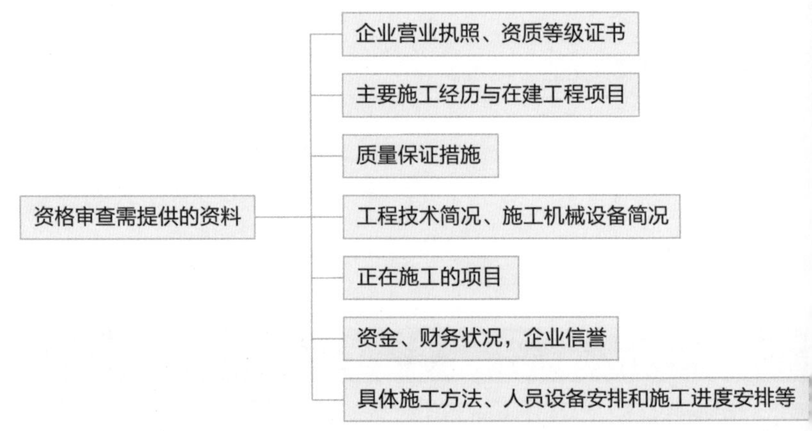

→资格审查的目的在于核实投标方的诚信，确保投标方有能力实施工程。

图 4-9　资格审查需提供的资料

三、招标文件

招标单位在进行招标之前，必须编制招标文件，这份文件是招标单位说明招标工程要求和标准的书面文件，也是决定投标报价的主要依据。在招标文件中应附上比较详细的设计文件、工程量清单和单价表等资料，投标须知的内容也应当依据实际情况进行调整，所编制的招标文件一定要符合相关标准、规范（图 4-10）。

四、投标文件

投标文件是招标投标工作中甲乙双方都要承认并遵守的具有法律效应的文件，是投标方依照招标书的条件和要求，向招标方提交的报价并填具标单的文件。

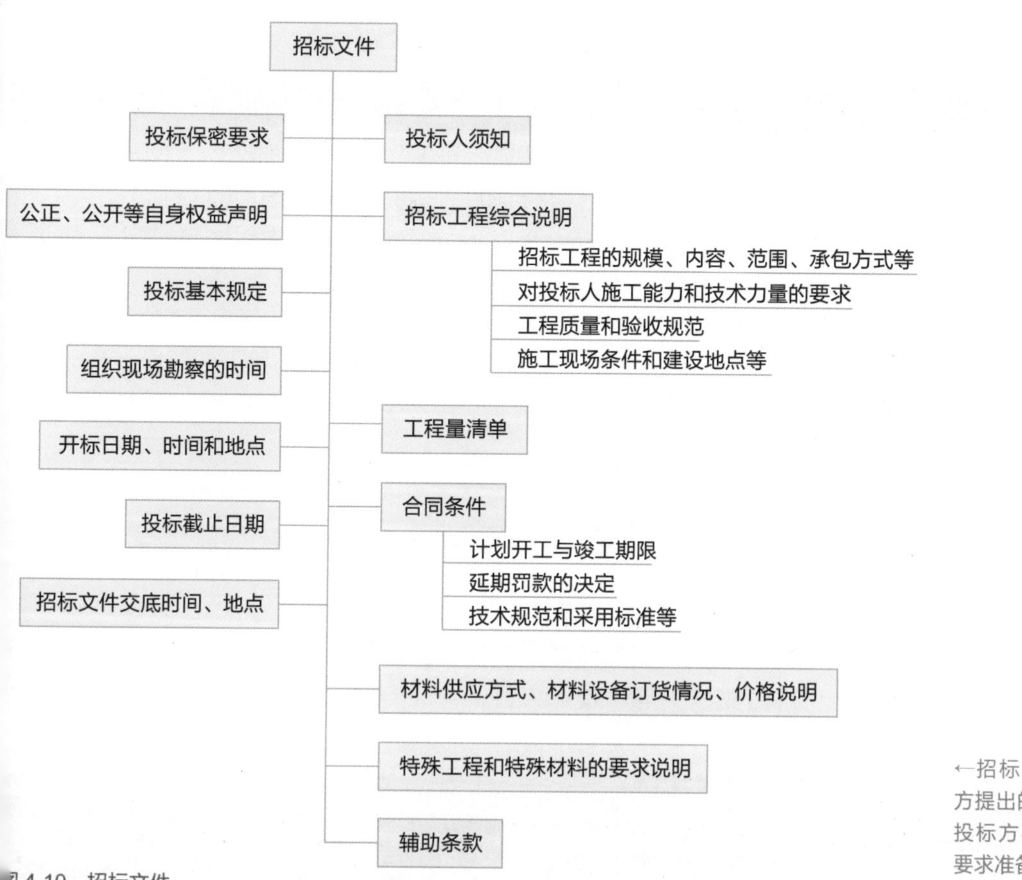

图 4-10 招标文件

←招标文件是招标方提出的投标要求，投标方要遵照文件要求准备投标资料。

投标文件具有较强的逻辑性，文件中所用的语言应当简练、有意义。该文件主要包括招标邀请函、投标人须知、招标项目的技术要求及附件、投标书格式、投标保证文件、合同条件、投标企业资格文件、合同格式等内容（表 4-16）。

表 4-16 投标文件的主要内容

内容名称	具体说明
招标邀请函	• 包括招标单位名称、招标项目名称和内容、招标形式、售标、投标、开标时间和地点、承办联系人姓名和地址及电话等信息
投标人须知	• 主要说明本次招标的基本程序，投标者应遵循的规定和承诺的义务，投标文件的基本内容、份数、形式、有效期和密封、投标的其他要求，评标方法与原则、招标结果的处理、合同的授予与签订方式、投标保证金等相关信息
招标项目的技术要求及附件	• 包含招标编号、招标项目名称、装修量、施工周期、装修内容和技术要求、附件及备件、技术文件、培训及技术服务、验收方式及标准、报价和保价方式等信息
投标书格式	• 规范投标文件的内容、投标时间、总报价，投标方所需遵守的责任、义务等

（续）

内容名称	具体说明
投标保证文件	● 文件形式有支票、投标保证金和银行保函等；若项目金额较少，则可采用支票和投标保证金的方式，一般规定为招标项目估算价的 2% ~ 5%
合同条件	● 主要是在双方一致同意的基础条件下，增加新的合同条款和备注条款，新增和现有的条款不应过于苛刻，更不允许将风险全部转嫁给中标方
投标企业资格文件	● 包括投标方购买装饰材料的产品合格证，施工资质证明，主要技术负责人的职称证明、从业证书和其他资格文件，如 ISO9001、ISO9002、ISO14001 证书等 ● 提供近 1 ~ 3 年的工程业绩，部分招标方会要求投标方提供近年来的员工社保缴纳证明
合同格式	● 需遵守当地行业主管部门颁布的标准格式，也可使用投标方自己制订的通用格式；双方需达成一致才能签约

五、投标文件案例

下面将以某陈列装饰装修与布展工程投标文件为例，简单阐述投标文件的相关内容（表 4-17）。

表 4-17　投标文件具体内容列项（案例）

封面	×× 陈列装饰装修与布展工程投标文件（正本 / 副本） ×× 装饰设计工程有限公司 ×××× 年 × 月	
目录	● 唱标一览表 ● 商务标 第一章　投标函 第二章　投标函附录 第一节　法人代表资格证明 第二节　法定代表人授权委托书 第三节　资格材料证明 第三章　工程总说明 第四章　工程预算报价 ● 技术标 第五章　技术标综合说明 第一节　公司概况 第二节　工程概况 第三节　承包范围 第四节　承包方式 第五节　竞标措施和优惠条件	第六章　施工组织设计 第一节　工程施工现场平面图与顶面图 第二节　施工总进度计划表 ● 综合标 第七章　项目班子配备 第一节　人员架构图 第二节　主要施工机械设备表 第三节　机械、人员数量及调配表 第四节　工程质保体系、措施及质量检测方法 第五节　工程管理体系 第六节　工程管理的任务及目标 第八章　各分项工程施工工艺及技术要求 第一节　石材地坪工程 第二节　地砖地坪工程 第三节　PVC 地坪工程 第四节　金属挂板平顶工程

（续）

封面	×× 陈列装饰装修与布展工程投标文件（正本 / 副本） ×× 装饰设计工程有限公司 ×××× 年 × 月	
目录	第五节　墙面、柱面饰面工程 第九章　安全施工和文明管理措施 第一节　安全施工的措施 第二节　文明管理措施 第十章　成品保护措施 第一节　装饰抹灰工程对成品保护控制措施 第二节　装饰门窗工程对成品保护控制措施 第三节　装饰玻璃工程成品保护措施 第四节　装饰吊顶工程成品保护措施 第五节　装饰饰面工程成品保护措施 第六节　装饰地面工程成品保护措施	第七节　装饰涂料工程成品保护措施 第八节　装饰花饰工程成品保护措施 第九节　装饰裱糊工程成品保护措施 第十一章　近期工程业绩 第一节　×× 商业城服装展柜设计施工 第二节　×× 文化园布展工程 第三节　×× 科技馆布展工程 第十二章　公司展柜厂房实景介绍 第一节　厂房介绍 第二节　包装运输方案 第三节　安装队伍情况
具体内容	依据目录分述章节内容	

注：受篇幅限制，本表格中内容请联系前言中的微信号，索取案例全套内容。

第 17 课　施工合同管理

装饰装修工程施工合同是建设单位或总承包单位和施工单位为更好地完成装饰装修工程，明确双方权利和义务关系而签订的协议。依据承发包关系的不同，有总包合同、分包合同、联合承包合同等类型；依据付款方式的不同又有总价合同、单价合同、成本加酬金合同等类型。

一、施工合同具体内容

1. 合同组成

施工合同中所包含的文件主要有建筑装饰工程施工协议条款、建筑装饰工程施工合同条例，洽谈、变更明确双方权利义务的纪要、协议，招标投标过程中的中标通知书、投标书和招标文件，工程量清单或确定工程造价的工程预算书和设计、施工图纸，以及标准、规范和其他有关资料、技术要求等。

2. 合同履行

经甲、乙双方一致同意，在施工合同协议条款签字盖章后，施工合同才具备法律效力，同时也表明合同任何一方均无权擅自变更或解除合同。合同双方依照合同应承担相应义务，并应积极履行该义务。合同任何一方违反合同规定，不履行合同义务的，应承担法律责任。合同双方享有合同规定的所有权利，法律保证该权利不受侵犯。

图 4-11 为甲方（发包方）义务，图 4-12 为乙方（承包方）义务，图 4-13 为乙方（承包方）的合法权益。

→甲方（发包方）的义务主要体现在管理、督促与资金落实上。

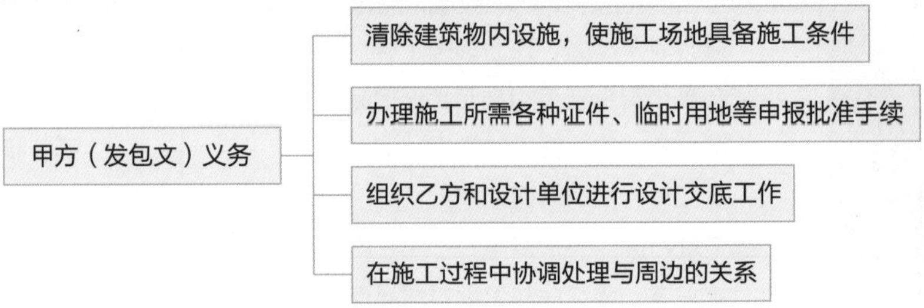

甲方（发包文）义务
- 清除建筑物内设施，使施工场地具备施工条件
- 办理施工所需各种证件、临时用地等申报批准手续
- 组织乙方和设计单位进行设计交底工作
- 在施工过程中协调处理与周边的关系

图 4-11 甲方（发包方）义务

↓乙方（承包方）的义务主要体现在工程实施、进度保障、技术与安全管理上。

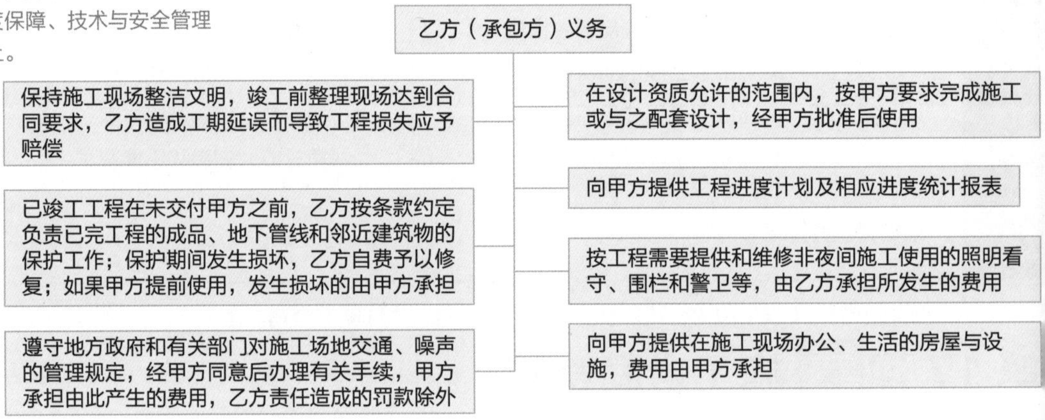

乙方（承包方）义务
- 保持施工现场整洁文明，竣工前整理现场达到合同要求，乙方造成工期延误而导致工程损失应予赔偿
- 已竣工工程在未交付甲方之前，乙方按条款约定负责已完工程的成品、地下管线和邻近建筑物的保护工作；保护期间发生损坏，乙方自费予以修复；如果甲方提前使用，发生损坏的由甲方承担
- 遵守地方政府和有关部门对施工场地交通、噪声的管理规定，经甲方同意后办理有关手续，甲方承担由此产生的费用，乙方责任造成的罚款除外
- 在设计资质允许的范围内，按甲方要求完成施工或与之配套设计，经甲方批准后使用
- 向甲方提供工程进度计划及相应进度统计报表
- 按工程需要提供和维修非夜间施工使用的照明看守、围栏和警卫等，由乙方承担所发生的费用
- 向甲方提供在施工现场办公、生活的房屋与设施，费用由甲方承担

图 4-12 乙方（承包方）义务

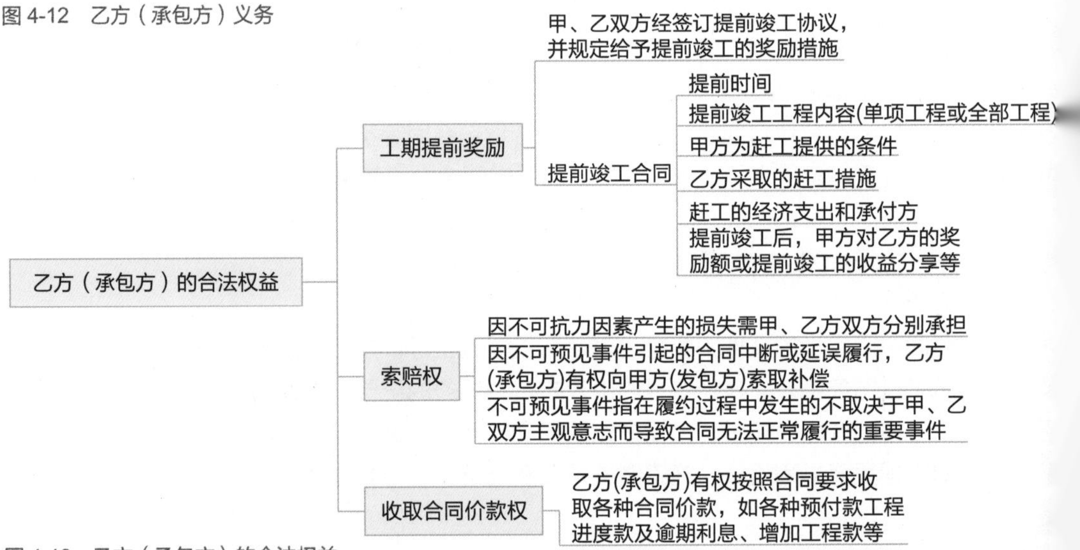

乙方（承包方）的合法权益
- 工期提前奖励
  - 甲、乙双方经签订提前竣工协议，并规定给予提前竣工的奖励措施
  - 提前竣工合同
    - 提前时间
    - 提前竣工工程内容(单项工程或全部工程)
    - 甲方为赶工提供的条件
    - 乙方采取的赶工措施
    - 赶工的经济支出和承付方
    - 提前竣工后，甲方对乙方的奖励额或提前竣工的收益分享等
- 索赔权
  - 因不可抗力因素产生的损失需甲、乙方双方分别承担
  - 因不可预见事件引起的合同中断或延误履行，乙方(承包方)有权向甲方(发包方)索取补偿
  - 不可预见事件指在履约过程中发生的不取决于甲、乙双方主观意志而导致合同无法正常履行的重要事件
- 收取合同价款权
  - 乙方(承包方)有权按照合同要求收取各种合同价款，如各种预付款工程进度款及逾期利息、增加工程款等

图 4-13 乙方（承包方）的合法权益

↑乙方（承包方）的合法权益主要体现在工程款收取，以确保资金回流到位。

二、施工合同管理内容

施工合同管理主要是通过相关的国家机关及金融机构，依照法律、行政法规政策等有关规定，对施工合同的全过程进行监督、检查、指导、控制和协调。施工合同要向多方管理部门提交备案，确保工程项目的进度被多方知晓，合理控制工程款流向，避免出现因资金流向不明而造成损失（表 4-18）。

表 4-18 不同机构对施工合同的管理内容

不同机构		管理内容
国家机关及金融机构	各级政府建设行政主管部门	• 宣传、贯彻国家有关经济合同方面的法律、法规和方针政策，国家制定的施工合同示范文本，并组织推行和指导使用 • 组织培训合同管理人员，指导合同管理工作，总结交流经验，对施工合同签订进行审查、监督，检查合同履行，依法处理存在的问题，查处违法行为 • 制订签订和履行合同的考核指标，并组织考核；表彰先进的合同管理单位；确定损失赔偿范围，调解施工合同纠纷
	工商行政管理机关	• 宣传经济合同法规，指导和督促业务主管部门及企业、事业单位的经济合同管理工作，建立经济合同管理系统网络 • 监督经济合同订立和履行，督促当事人按照合同约定履行自己的义务，经济合同鉴证、备案，确认、处理无效经济合同，查处违法经济合同，调解仲裁经济合同纠纷等
	银行	• 通过信贷管理，监督经济合同的订立和履行；通过结算管理，监督经济合同的履行；通过当事人账户管理，监督经济合同的履行，协助执行已生效的法律文书，保护当事人的合法权益
发包单位		• 合同谈判与签订管理，要明确合同责任，确定合同内容，并使用文字记录谈判过程 • 合同履行管理，包括工期管理、工程进度款管理、结算管理等 • 合同档案管理，即系统化地管理工程项目的全部竣工资料、图纸、验收证明、工程决算、工程结算等
承包单位		• 合同谈判与签订管理，依据合同条件，结合协议条款，逐条与发包方谈判，谈判结束，双方就施工合同中的各项条款，达成一致意见后，即可正式签订合同文件 • 合同履行管理，施工合同产生法律效力后，相应的权利和义务便应得到履行 • 合同档案管理，履行施工合同后，应将施工合同和有关资料移交专门的档案室保管，以便查看

★小贴士

装饰工程索赔

索赔主要包括工期索赔和价款索赔，它是落实和调整施工合同双方权利义务的有效手段，是施工合同与法律赋予施工合同当事人的权利，同时也是保证合同正确实施的措施。合同双方所提供的索赔证据需具备一定的真实性、全面性，且必须是索赔事件发生时的书面文件，一切口头承诺、口头协议均无效。

第 5 章　与客户有效沟通

识别难度： ★★☆☆☆

核心概念： 获取客户信息，选择沟通地点、沟通语言，展示设计方案，获取客户反馈

章节导读： 有效沟通是实现项目签单的前提条件，室内设计师要能明确客户的需求，要能在设计方案中展现出能够吸引客户的设计亮点，所设计的室内空间在能满足客户基本需求的基础之上，还能给予客户美的享受。注意选择好沟通地点、时间，给客户带来良好的印象。

第 18 课　获取设计参考信息

在绘制设计方案之前，需要了解客户的相关信息和室内空间的结构，这些也是后期汇报设计方案的基础。

一、初次获取客户信息

在初次沟通时，要通过不断地抛出问题，来获取客户的信息，主要需了解的问题列于表 5-1 中。

表 5-1　客户信息表

客户姓名		电话	
地址		面积	
室内空间类型及原格局	家居空间：□一室一厅　□两室两厅　□三室三厅　□其他：　层高：　m 其他空间：□是否有卫生间　□是否有楼梯　□其他：　层高：　m		
空间用途	□自用　□出租　□出售　□出借 □其他________	何时有空	□今日　□明日　□本周 □下周　□其他________
使用人数	□ 1 人　□ 2 人　□ 3 人　□ 4 人 □其他________	承包模式	□全包　□半包　□清包 □其他________
设计风格		倾向色彩	
装修预算		材料选择	
设计需求			

二、掌握建筑周边情况

设计师可利用互联网，获取建筑周边的商业情况和交通情况；可利用地图工具确认建筑所处的方位、建筑高度、建筑密度、道路宽度等；设计师还需查询周边建材市场的分布情况和停车场的配置状况。了解这些信息，有助于充分掌握室内空间所处的外部环境，设计师也能从中总结出客户的需求。

三、熟悉室内空间结构

设计师需要通过现场实地调查，测量出室内空间的大致尺寸，了解建筑结构和客户的设计喜好。如对空间性能有何要求，对布局朝向是否有讲究等同时，注意对室内空间结构特征应拍照做以记录，并绘制相对应的结构草图，草图中应标明梁、柱、水表、煤气表、水管、地漏等的具体位置。设计师还需咨询物业或相关部门，确认哪些结构可修改，哪些结构样式需统一，材料运输有何要求，设计施工有何要求，施工时间有何要求等。

图 5-1~ 图 5-3 为设计师在现场实地调查时所拍摄的照片。

图 5-1　梁柱拍摄

↑横梁会影响吊顶造型与灯光布置，记录下横梁的位置与形态，在后期设计中要进行改动。

图 5-2　厨房拍摄

↑厨房给水排水管道位置会影响厨柜布置；厨房功能较多，是与客户沟通的重点空间。

图 5-3　卫生间水管拍摄

↑卫生间要记录下沉尺寸，关注排水管道的位置、数量，特别注意现有防水层材料，这些都是与客户沟通的重点。

四、捕捉沟通重点

掌握客户心理的前提是设计师以诚待人，并能够捕捉谈话的关键点，现将与客户沟通时需注意的关键问题列表说明（表 5-2、图 5-4）。

表 5-2　沟通需注意的重点

序号	重点	具体内容
1	客户不是专家	设计师在洽谈时要有十足的底气和自信的姿态，客户并不全是专业的设计师，在沟通过程中设计师要掌握主动权，要不断增强客户对自己的信任
2	客户需要什么服务	设计师应当从客户的角度思考问题，明确客户需求的侧重点，弄清楚客户犹豫不决的原因，并制订相应的营销策略
3	怎样去给予客户	设计师应当依据客户类型的不同，给予客户不同的设计，要让客户明白设计的价值所在
4	客户喜欢跟什么样的设计师打交道	设计师的形象、技能、口才等都是客户考察的因素，得体的形象，丰富的学识，舒适的沟通方式等都会为设计师加分
5	客户签约的条件	服务、沟通、设计能力、施工等方面，均符合客户的期望值

（续）

序号	重点	具体内容
6	向客户迅速提供方案	接待客户后应当用最快的速度拿出方案
7	客户迟到意味着什么	有多种原因，堵车或签单意愿不强烈都会导致该现象的发生。设计师需要做的便是在沟通中调动客户的积极性，通过专业的设计获取客户的信任感
8	客户是否真的满意	可通过客户表情、语言等推测客户是否满意，只有成功签单，客户才是真的满意
9	当客户深究时	当客户深究设计问题或开始讨价还价时，说明客户有成功签单的可能，此时客户所考虑的是设计是否能再完善一点，预算是否能再优惠一点
10	客户的语言	客户屡次推脱见面，电话约见说没空、有事时，可能是设计不符合客户需要或初始预算过高
11	客户需要反驳	客户有很多想法，有来自自身生活的，也有其他装饰公司或朋友的建议。设计师一定要引导客户思考，切忌对客户盲从，要善于听取客户的提问，但时间和方式要掌握好
12	面对客户的无理要求	设计师要拿出专业的态度，要用专业的知识处理客户的无理要求，但必须控制好语气，要坚定，但又不强势
13	依赖的惯性	设计师不应给客户一种做任何超出工作范围的事情都是应该的错觉，这会影响设计师的专业形象
14	增强客户成就感	计师要给客户一种成就感，要增强客户与设计的互动性，要让客户觉得能够拥有如此好的设计效果有自己的功劳
15	如何处理客户提出的设计变更	在施工中，经常会有设计的更改，对于不必要修改的地方，设计师要用肯定的语气来说明设计是可行和美观的，不可模棱两可
16	报价的表意性	设计师要为客户讲解清楚预算单上的每项内容，语言要简单、明了
17	如何处理承诺	设计师所提出的承诺应当切实有效，不可为了签单而提出不可能完成的承诺

→获取有效沟通技巧的原则是与客户之间达成一定共识，不能完全按设计师自己的思想来判断设计的合理性，尊重客户的意见，并提出多种修改、完善方案。

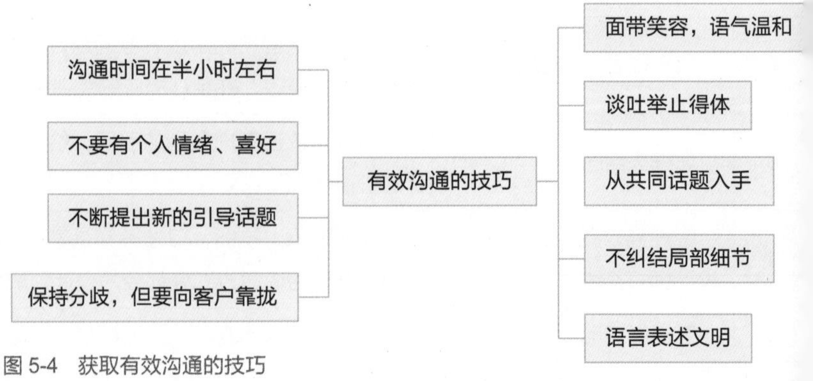

图 5-4　获取有效沟通的技巧

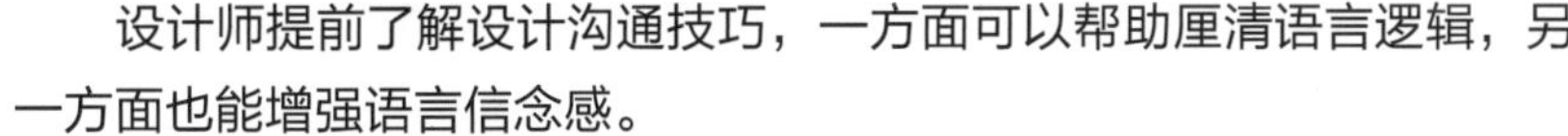

第 19 课 灵活应用沟通技巧

设计师提前了解设计沟通技巧，一方面可以帮助厘清语言逻辑，另一方面也能增强语言信念感。

一、了解基本沟通技巧

设计沟通过程中所出现的问题都有一定的相似性，此处将沟通对话的技巧列于表 5-3，设计师需结合自身情况，灵活地应用。

表 5-3 设计沟通基本技巧

序号	问题	回答
1	公司刚成立，没有信服度	刚成立的公司并不意味着没有实力，相反，可能会更专注于设计和施工，追求的是靠实力留下客户，也会更爱惜客户的羽毛，对客户也会更用心；除此之外，刚成立的公司全体员工信心十足，一鼓作气全身心投入工作，对客户与业务不会松懈
2	公司会不会跑路	公司在工商网上是可以查到的，天眼上也能查到公司的资产和具体信息，而且通常为分项收款，是不会存在跑路这个问题的
3	公司资质	这个问题很有深度，说明公司资质（工装中的施工资质可分为一、二、三级，设计可分为甲、乙、丙级），资质仅作为参考，施工质量才是最重要的
4	实际装修效果能和样板间一样吗	我们的设计工程是标准化和精细化的，会用相机记录下原工地的细节，在正式施工后，也会拍照记录每一个工种的施工细节，我们做的是口碑，质量绝对是有保障的
5	为什么你们公司的优惠力度没有其他公司大	通常大的优惠力度是依靠低工程质量标准来实现的。您要知道，就像干毛巾拧不出来水，同样，我们要保证工程质量，因而不能随意打折。而且不同的公司有着不同的经营方式，我们是靠实价取胜。当然，我们也可以将最终的价格抬高，然后再降价，给您一种有优惠的错觉，但合作的基础是要以诚待人，我们给出的价格都是实打实的，而且材料都是选购自我们长期合作的建材产商，不仅质量有保证，实际上价格也是优惠了很多的。虽然在您看来总价没有优惠，实际上从不同分项上，我们已经给您优惠很多了
6	项目差不多，但报价太高	报价是依据公司综合经营成本和市场定价综合制订的。项目内容差不多，并不意味着施工质量也差不多，我们是在保证质量的前提条件下，给予您物有所值的装修体验
7	主材价格不高，基础报价却很高	您看到的只是主材价格，但却忽略了装修项目中所包含的辅料、运费、工费、二次搬运费、机器工具磨损费、管理费、公司合理利润等费用，加上这些费用才组成了最终的报价。而且，我们公司与许多建材产商均有着长期的合作关系，所购买的主材比单独购买要优惠许多

（续）

序号	问题	回答
8	还是觉得报价太贵	我们要做的项目很多，因为大家都是诚心想合作，所以我们也是给出了比较大的优惠 主材全包，既能保证主材的质量，又能帮您节约 3000 ~ 8000 元的花费，而且也能帮您节省时间和精力 我们是要为您连续跟踪服务 × 年的，我们花费在后期的维修及维护工作上的人力和财力也是很多的。而且我们的装修质量是有保障的，以年为单位计算，您相当于每天仅支付 × 元，便能在 × 年内享受到优质的装修体验
9	为什么不包清工	不包清工是为了保证材料没有问题，保证最终的施工质量能符合标准要求。而且您自己购买材料，一来优惠不一定会比我们多，二来也会浪费您大量的时间，得不偿失
10	为什么要收管理费	报价里收取的直接费是材料费和工费，但施工工地是需要有工程监理的，其能保证施工工地更标准化，管理费便是支付给工程监理的工资
11	为什么报价不能带回去	报价是依据设计图纸制订的，里面所包含的项目我们能清楚地讲解给您听，您带回去，反而会影响您的判断
12	公司的售后服务	公司做的是口碑，售后服务是检验口碑的重要因素。售后服务的时间和标准都是符合国家标准的，我们追求的是长久的共赢，对售后服务的质量也必将格外看重
13	是买成品家具好还是现场制作家具好	各有各的优点，现场制作的家具造型更为丰富，且能有效利用空间，质量会更好，但相应的人工费也会更高；购买的成品家具则是由机器加工的板材组装而成，外观精度比较高，价格有高有低
14	不着急装修	装修前期的策划和沟通是很重要的，早一点确定装修公司，便能有更多的时间来沟通设计的细节，室内空间中的家具、灯具、配饰等也能更早地决定下来，装修的整体效果也会更好。而且现在正好有优惠活动，过段时间，优惠就不一定会有现在这么大了

二、积累沟通经验

设计师应依据过往沟通案例，总结出一套专属于自己的沟通策略。这套策略可以以工作日记的形式总结下来，日记中应当包含有前期沟通产生的问题与解决方法。定期对日记进行整理，从中提炼出具有指导意义的要点，汇集到一处，最终可以表格的形式记录下来。

最终记录的细节内容主要包括：设计问题与解决方法；客户询问到的施工问题及其解决方法；关于如何商议报价的解决方法；如何增强客户信任的解决方法等。注意对各项细节做好分类。

沟通技巧包含许多专业知识和人际关系经验，工作日记的存在既可用于设计师自省，也便于设计师查阅相关的设计知识（表 5-4）。

表 5-4　设计沟通日记归纳

日记项目	主要内容
时间	×××× 年 ×× 月 ×× 日
天气	多云转中雨
地点	×× 省 ×× 市 ×× 区 ×× 路 ×× 号
项目	×× 快捷酒店室内装修施工
人员	设计师 ×××，项目经理 ×××，客户代表 ×××，施工员 ××× 等
日记内容	今天对快捷酒店的木质构造项目进行验收，整体质量合格，但是发现部分房间的背景墙造型处有裂缝。经现场讨论，裂缝的原因是背景墙造型运用了含水率较低的原木材料，不适合南方多雨气候。原木材料由客户指定购置，但是客户代表认为是施工技术存在缺陷，沟通环节出现矛盾。项目经理提出重新对开裂构造进行表面打磨，使用木器修补膏填补裂缝，待干后再涂装聚酯清漆即可完善 客户希望提前完工，赶在旅游旺季到来之前正式营业，后期涂饰施工要加快进度。这显然是不可能的，目前我国南方气候潮湿多雨，墙顶面基础腻子层干燥周期长，从开始施工到彻底干燥需要至少 15 天，无法达到开业要求，客户表示不满，产生纠纷。
核心问题	客户对装饰材料的性能不了解，无法正确辨识实木材料的含水率，同时又不愿将该材料交给我司代购，担心我司从中获取过高利润，导致材料构造开裂 南方梅雨季节，墙顶面涂饰施工周期较长，耽误客户营业
解决方案	在客户自行购置材料前就要指出材料的特性，对客户讲述必要的材料科普知识。如购买木材时应携带木材含水率检测仪随时检测 在木质构造施工的同时就让涂饰施工员进场，对墙顶面基层进行处理，提前刮腻子。对墙面部分构造设计为成品墙板，减少涂饰施工时间

★小贴士

了解客户反馈

及时了解客户反馈有利于设计师更改设计方案，从而使设计能够更符合客户所想，这对于后期签单也有很大的帮助。客户反馈包括在初期沟通和方案展示过程中客户所表现出来的表情语言和肢体语言，通过对这些反馈记录的分析，设计师能够明确客户犹豫的矛盾点，并进行解决。

三、有针对性的沟通技巧

通常设计公司所接触到的客户类型很多，主要分为：经电话沟通后有意向的客户；楼盘处接触的客户；主动上门咨询的客户；与设计公司有一定合作关系的客户；由老客户介绍的新客户；与设计人员有关系的客户；在网络上咨询的客户等。设计师应依据客户类型的不同选择不同的应对策略，并注意语气，要全程把握好谈话的节奏（表 5-5）。

表 5-5　有针对性的沟通技巧

客户类型	客户诉求	对话技巧
经电话沟通后有意向的客户	被广告宣传吸引，慕名而来，主要为咨询，对价格、服务质量较敏感	提出优惠的价格与优质的服务是重点，对话语速应慢，记下电话、微信等联系方式，方便回访
楼盘处接触的客户	对企业有不信任感，担心上当受骗	展现企业的诚信度，介绍既往案例，承诺带客户参观工地现场
主动上门咨询的客户	慕名而来，没有或很少有其他渠道咨询	耐心讲解设计、施工中的细节问题，赠送小礼品便于回访
与设计公司有一定合作关系的客户	对以往合作的项目比较满意，期待继续合作	承诺继续保证质量，提出一些新风格、新工艺，赠送一些附加项目或名优品牌材料
由老客户介绍的新客户	有从众心理，对口碑比较敏感，希望全程委托，客户没有太多精力顾及	简化业务流程，指出全程委托的优势，价格与老客户一致，甚至有附送和优惠
与设计人员有关系的客户	对社会关系比较敏感，具有连带担保的心理诉求	指出该设计人员的优势，交由该设计人员接待设计，介绍项目流程，语速较快
在网络上咨询的客户	对设计、施工细节与疑难问题比较敏感，后期是否签约举棋不定	耐心解答，获取联系方式后，通过电话、微信细致沟通，不要急于求成

第 20 课　选择合适的沟通时间和地点

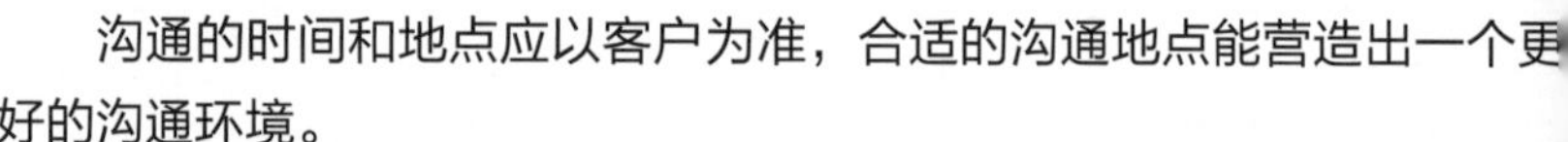

沟通的时间和地点应以客户为准，合适的沟通地点能营造出一个更好的沟通环境。

一、避开客户工作时间

由于职业的不同，客户的工作时间安排和休息时间安排也会有所不同，设计师应当提前做好调查工作，在合适的时间内约见客户。在正式与客户会面之前，还需提前约定好时间，当有特殊情况，客户无法前往会面时，要及时约好下次会面的时间（表 5-6）。

二、选择沟通地点

在选择沟通地点时，需考虑以下五点：

（1）所选地点是否便于客户到达，交通花费的时间是否合适。

表 5-6 不同职业客户的邀约时间

职业性质	建议约定见面的时间
公务员	中午约见
教师	下午放学后约见
餐饮业人员	上午十点左右或下午三、四点后约见
医务工作者	上午十点前或下午四点后约见
财务人员	月中旬约见
银行工作人员	上午十点前或下午四点后约见
其他工作人员	中午十二点左右或下午五点半后约见

（2）所选地点是否便于展示设计方案。例如，在需要使用计算机联网展示设计方案的情况下，一定要保证沟通地点的热点信号可以正常使用，且网速不可过慢。

（3）所选地点是否会令客户产生束缚感和局促感等。

（4）所选地点是否能够缓解客户的焦虑感，不宜选择过于嘈杂的地点，这不利于设计师获取客户真实的需求。

（5）所选地点是否能营造良好的沟通氛围，是否能够给予客户舒适感等。

第 21 课 展示设计构想

展示设计构想的目的在于让客户更深层次地了解设计师的设计意图，从而促成签单。设计师必须能够完整且生动地将设计方案阐述出来。

一、目的不同的汇报

室内设计所涉及的汇报形式有两种，即定期汇报和开拓新业务的汇报。前者的主要目的在于向客户传递设计主题，并在多次沟通的过程中不断完善设计，以确保最终的设计成果能符合客户需要；后者则是设计师在充分了解潜在客户需求的前提条件下，以生动、形象的方式来讲述设计主题，并能突出自身优势，获取客户信任，从而争取更多的新项目（图 5-5）。

二、阐述设计概念

设计师可分别从宏观和微观的角度来阐述设计概念，可利用简单但形象的矩阵图来向客户阐明该设计方案的设计主题。

→在汇报设计方案的过程中，要尝试挖掘客户内心真实的想法，要随时关注客户的表情、姿态等。

图 5-5　汇报沟通形式

从宏观的角度看，设计方案应当能够表现出建筑与建筑之间，建筑与周边自然环境之间的关系，并能彰显设计追求，突显设计目的；从微观的角度看，设计方案应当能够直观地表现出室内空间中所应用的材料材质、色彩、设计造型等元素，且这些元素能自成一体（图 5-6）。

→从宏观与微观两个层面来沟通，不断丰富沟通语言。

图 5-6　分别从宏观、微观的角度展示设计构想

三、讲解设计图纸

生动、形象的语言能够帮助客户将平面设计图纸立体化。设计师在汇报过程中，建议从入口处逐渐深入讲解，使用频率较高的功能区需重点讲解，并能够在与客户的沟通过程中，引导客户发散思维，展开思考获取客户内心真实的需求。除此之外，在汇报过程中，可利用手绘效果图、PPT 展示文稿等来丰富和呈现设计图纸的内容。

四、利用模型说明内容

汇报中所应用的模型主要有 3D 模型和实体微缩模型，模型可以直观地表现出室内空间的设计特点。在向客户汇报设计方案时，模型能够起到很好的辅助作用。客户通过观察模型，能够更好地理解设计师所阐述的设计内容，对室内空间的设计元素也会有更深刻的认识（图 5-7）。

a）家居空间模型

↑这是比较简单的客餐厅设计，从该模型中可以了解到客餐厅之间是利用沙发作隐形隔断；客餐厅整体色调比较素雅；整体氛围比较融洽。

b）餐馆模型

↑这是餐馆的模型，从该模型中可以了解到餐厅多运用木质家具，并且桌与桌之间的间隔以及走道所预留的空间都比较合理，整体空间没有局促感。

←这是比较典型的日料店，入口处的红色灯笼和门口的桃树，均能营造一种日式风。桌与桌之间设有质地轻薄的半隔断，能很好地起到分隔和装饰空间的作用。

c）日料店模型

图 5-7 室内设计模型

五、调动客户积极性

在汇报过程中，可通过展示以往设计案例的实景照片来吸引客户的注意力。实景照片应当能够突显出设计水平，客户可通过观看这些实景照片，明确设计风格、设计布局、设计氛围等（图 5-8、图 5-9）。

多收集一些不同设计类型且成套的设计案例。可以按设计风格分类，或按使用功能分类，整理成多个文件夹。经过 1 ~ 2 年的积累，收录的图片最好能达到 10000 张以上，以便在与客户沟通时能随时调用这些案例，阐述自己的创意构思。此外，还要将自己设计过的案例单独归纳，与收集到的案例进行对比，给客户展示自己的设计水平，提升客户的信心。

图 5-8 咖啡店

↑收集的商业空间案例尽量绚丽多彩，照片中多彩的灯光与多样的家具，形成了强烈的视觉效果。

图 5-9 家居卧室

↑收集的住宅空间案例中，主体装饰造型的色彩要显得平和淡雅，但是软装陈设要丰富，能激发客户的兴趣。

第 22 课 展示并说明合同

展示并说明合同也是设计师谈单过程中比较重要的一步。当确定客户有比较强烈的装修意愿时，可拿出相关的设计合同，在阐述合同内容的过程中，也能更深层次地挖掘出客户内心所潜藏的疑虑，这也有利于获得较好的沟通结果。

一、展示合同

以下是室内装饰装修的合同范本，设计师需熟知合同的全部内容，并能以简单、明了的方式向客户说明。

室内装饰装修的合同

发包方（客户）：________地址：________________电话：________

承包方（企业）：________地址：________________电话：________

依照《中华人民共和国民法典》及相关法律、法规规定，结合室内装饰装修工程施工的特点，双方在协商一致的基础上，就发包方的室内装饰装修工程（以下简称为工程）的有关事宜，达成如下协议：

第一条：工程概况

1. 工程地点：________________________

2. 工程内容及做法。

3. 工程承包方式：双方协商一致后决定采取下列第____种承包方式。

（1）承包方包工、包料。

（2）承包方包工，部分包料（承包方提供装饰装修材料表），发包方提供部分材料（发包方提供装饰装修材料表）。

（3）承包方包工，发包方包料（发包方提供装饰装修材料明细表）。

4. 工程期限为____个工作日，开工日期为____年____月____日，竣工日期为____年____月____日。

5. 合同价款：本合同工程造价（大写）：________元，小写：________元。

第二条：工程监理

若本工程实行工程监理，发包方与监理公司另行签订工程监理合同，并将监理工程师的姓名、单位、联系方式及监理工程师的职责等逐一与承包方说明。

第三条：施工图纸

双方协商一致后，决定施工图纸采取下列第____种方式提供。

1. 发包方自行设计并提供施工图纸，图纸一式两份，发包方、承包方各执一份。

2. 发包方委托承包方设计施工图纸，图纸一式两份，发包方、承包方各执一份，承包方收取设计费（大写）________元，该费用由发包方支付。

第四条：双方义务

1. 发包方义务

（1）开工前____天，发包方应为承包方施工入场提供条件，包括清理室内垃圾，搬空室内家具、陈设等，室内环境不可影响施工的正常进行。

（2）发包方应为承包方提供施工期间的水源和电源。

（3）发包方应负责协调施工团队和周边邻居之间的关系。

（4）施工过程中如需改动原建筑的非承重结构或设备管线，则由发包方负责到有关部门办理相应的审批手续。

（5）发包方应参与工程质量和施工进度的监督，并负责材料进场和竣工验收。

2. 承包方义务

（1）承包方在施工中应严格执行安全施工操作规范，且应符合防火规定、施工规范和质量标准，并按期保质完成施工工程。

（2）承包方应严格执行有关施工现场管理的规定，施工不得扰民或污染周边环境。

（3）承包方在施工过程中应当保证室内上、下水管道的畅通。

（4）承包方应保证施工现场处于一个干净、整洁的状态，在工程结束后还需负责清扫施工现场。

第五条：工程变更

工程项目及施工方式如需变更，则双方应协商一致，签订书面变更协议，并提供相对应的变更项目预算表，同时调整相关的工程费用及工期。

第六条：材料的提供

1. 由发包方提供材料、设备，则发包方应在材料运输到施工现场前通知承包方，双方共同验收并办理交接手续。

2. 由承包方提供材料、设备，则承包方应在材料运输到施工现场前通知发包方，并接受发包方检验。

第七条：工期延误

1. 因以下原因导致竣工日期延误的，经发包方确认，工期可相应顺延：

（1）工程量发生变化，设计发生变更。

（2）不可抗力，例如发生暴雨，材料无法顺利运送至施工现场。

（3）发包方同意工期顺延的其他情况。

2. 发包方未按期支付工程款，工期相应顺延；因发包方未按照约定完成其应负责的工作而影响工期的，工期顺延；因发包方提供的材料、设备质量不合格而影响工程质量的，返工费用由发包方承担，工期顺延。

3. 因承包方责任不能按期开工或无故中途停工，导致工期延误的，工期不顺延；因承包方原因造成工程质量存在问题，且在三日内由承包方或承包方代表提出具体整改方案的，返工费用由承包方承担，工期协商顺延。

4. 同一质量问题第二次整改，工期不顺延。

第八条：质量标准

双方约定本工程施工质量应符合现行《建筑装饰装修工程质量验收规范》的相关规定，施工过程中双方对工程质量产生争议，则经认证工程质量不符合合同约定的标准的，认证过程中产生的相关费用由承包方承担；经认证工程质量符合合同约定的标准的，认证过程中产生的相关费用由发包方承担。

第九条：工程验收和保修

1. 双方约定在施工过程中分下列阶段对工程质量进行验收：

（1）水电施工改造完工，开关插座定位验收；防水层经 48 小时试水不漏。

（2）泥工施工完成，墙、地砖铺贴完工。

（3）木工吊顶、木质品完工。

（4）油漆工程完工。

（5）全部工程完工，承包方应提前两天通知发包方进行验收，阶段验收合格后还应填写工程验收单。

2. 工程竣工后，承包方应通知发包方验收，发包方应自接到验收通知后两天内组织验收，验收合格后填写工程验收单，并在工程款结清后办理移交手续。

3. 本工程自验收合格，双方签字之日起保修期为____月，____个月后保修工作需另外收费。保修内容为本公司施工过的项目，因外力引的损坏和其他单位提供的设备，应另外收费维修。

第十条：付款方式

1. 双方协商一致，签字确认后，可选择下列第__种方式付款。

（1）合同签订后，发包方按照约定直接向承包方支付工程款的 60%预付款，即________元；水电改造完工后，逢单项工程完工验收后，发包方按照约定直接向承包方支付增加项目后的追加款；油漆工程完工后，发包方按照约定直接向承包方支付工程款的 35%余额款，即________元；全部工程完工后三天内支付余款 5%，即________元。

（2）签订合同后，支付工程首付款 30%，即________元；以后按照每期工程完工后三天内付款，按照阶段工程项目分多次付款，水电改造完工验收后支付第二次款 20%，即________元；泥工完工验收后支付第三次款 15%，即________元；木工完工验收后支付第四次款 15%，即________元；油漆工程完工验收后支付第五次款 15%，即________元；全部完工后三天内支付余款 5%，即________元；变更追加款随验收签名时同期付清，即每次支付 5% ~ 20%工程款＋变更项目差额。

（3）其他方式：____________________。

2. 工程验收合格后，承包方应向发包方提出工程结算，并将有关资料送交给发包方，发包方接收到资料后三日内如没有异议，即视为同意，双方应填写工程验收单并签字，发包方应在签字后三天内向承包方结清每期工程进度款。

3. 工程款全部结清后，承包方应向发包方开具正式的统一发票，但注意税金另外计算。

第十一条：违约责任

1. 合同双方中的任何一方因未履行合同约定或违反国家法律、法规及有关政策规定，受到罚款或给对方造成损失的均由责任方承担责任，并需赔偿给对方造成的经济损失。

2. 未办理验收手续，发包方提前使用或未经批准，擅自动用工程成品而造成损失的，则由发包方负责。

3. 因合同中的一方原因，造成合同无法继续履行时，该方应及时通知另一方，并办理终止合同手续，所造成的经济损失由责任方赔偿。

4. 发包方在验收签字三日内，未按期支付每次工程进度款的，每延误一天，则应向承包方支付违约金发包价的 2‰元，即________元，七天后承包方可中止合约。

5. 由于承包方原因导致工期延误，每延误一天，则向对方支付违约金发包价的 2‰元，即________元。

第十二条：争议解决

本合同在履行过程中发生的争议，可由双方协商解决，或由有关部门调解；协商或调解不成的，则可按照下列第________种方式解决。

1. 提交省装饰协会或________仲裁。

2. 依法向人民法院提起诉讼。

第十三条：几项具体规定

1. 工程施工中产生的垃圾，应由承包方负责运出施工现场，并运输至指定地点，有关单位向发包方收取的各项收费和押金由发包方支付（此费用不包含在工程价款内）。

2. 在施工期间，承包方每天的工作时间为：上午________，下午________。

第十四条：其他约定事项

1. ________________________。

2. ________________________。

3. ________________________。

第十五条：合同生效

1. 本合同和合同附件由双方盖章，签字后生效。

2. 补充合同与本合同具有同等的法律效力。

3. 本合同（包括合同附件、补充合同）一式____份，合同双方各执____份，副本____份。

第十六条：附则

附件一：室内装饰装修工程施工项目预算表

附件二：工程项目变更单

附件三：工程质量验收单

附件四：工程项目结算单

附件五：工程项目保修单

发 包 方：________（签章）	承 包 方：________（签章）
住所地址：________	企业地址：________
邮政编码：________	邮政编码：________
工作单位：________	法人代表：________
委托代理人：________	委托代理人：________
电　　话：________	电　　话：________
签约日期：____年____月____日	签约日期：____年____月____日

二、重点说明合同注意事项

在签订室内装饰装修合同前，设计师一定要与客户商定好工期、付款方式等一些重要的内容，并重点阐明合同中应注意的事项，以防在后期的沟通过程中出现分歧。室内装饰装修合同中也不应出现含义不明的词汇，否则在后期施工中，难免会出现许多难以预料的问题（图 5-10）。

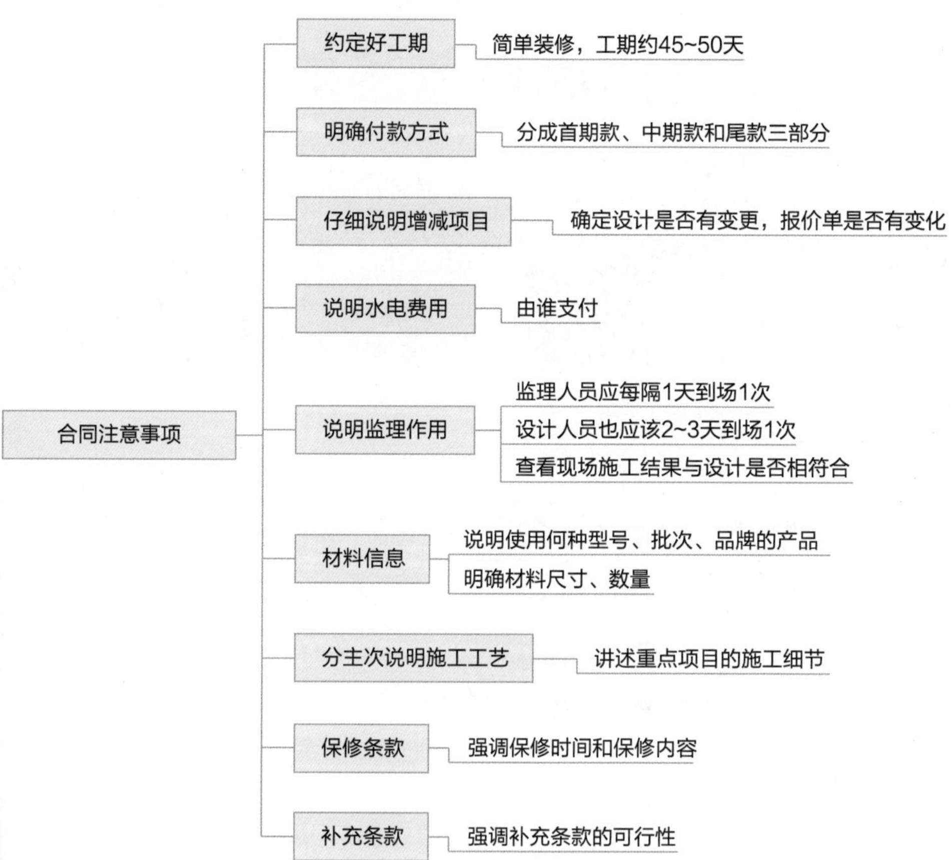

图 5-10　合同注意事项

↑合同中的条款细节由双方约定，常规住宅装修合同为统一模板，这类合同主要由工商管理部门统一制定，以保护客户权益。中大型公共空间装修合同为特定合同，每项工程的合同均不相同，需要在细节上反复推敲。

第 6 章　提高有效签单率

识别难度：★★★★☆
核心概念：分析客户、签单准备、谈话方式、促成签单方法、必要技能
章节导读：室内设计师要能获取有效签单，这也是市场对设计师的一项考核。设计师必须充分了解客户，要能从客户的言谈举止间推测出与客户沟通的最佳方式，并能用专业的设计打动客户，令客户折服，成功实现签单。设计师必须掌握一定的签单技巧，这样即便面对特别难沟通的客户也能游刃有余。

第 23 课　充分了解客户

充分了解客户才能更好地进行设计，所设计的内容也能更符合客户需求。

一、用心观察客户

设计师可通过观察客户的着装、待人态度、行为和与人交流时的语言等来推断出客户的性格特征，进而推断出客户的经济水平和设计喜好。这不仅有利于设计师设置价格，同时也有利于设计出更有针对性的方案，同时，展示设计方案的方式也更容易被客户接受，最后成功签单的概率也会更大。

二、多角度分析客户

分析客户的目的便是为了更深入地了解客户。

1. 充分了解客户的需求

（1）设计需求。客户的需求包括客户表达出的真实需求和未表达出的潜在需求（图 6-1），沟通和设计要能满足客户最渴望的需求点。例如，设计风格、材料搭配通常是客户表达的真实需求，而价格往往不会被客户直接表述，但价格却又影响着风格定位与材料品质。

（2）价格期望值。价格期望值是指客户签单的理想价格，这种期望值往往很难分辨，设计师要能通过分析客户的语言和神态变化，来获取客户真实的期望值。

2. 要学会换位思考

设计师需学会换位思考，假设自己是客户，设想想要一个怎样的室内环境，最有可能青睐哪种设计方案，最不排斥的是何种沟通方式等。

3. 了解一定的心理学知识

可以通过分析客户的"最佳选择心理"和"最差淘汰心理"来捕捉客户的心理界线，从而调整沟通方式。

- 客户需求
  - 真实需求
    - 自然通风：自然风通过流畅，门窗朝向方位正常
    - 照明采光：加大窗户面积，获得最大采光，灯具分布合理且节能
    - 储物收纳：有充足的收纳空间用于屯放物品
    - 色彩搭配：满足客户对色彩的审美倾向
    - 空间划分：空间形态趋于方正，根据使用频率设计空间大小，流线自然
    - 材料品质：选用环保优质材料，经久耐用
    - 施工质量：工序完整，配料齐全，施工严谨细致
  - 潜在需求
    - 拓展功能：能在较大的空间中拓展一些其他空间，满足多种使用功能
    - 价格降低：成本降低，增加或提高用料品质
    - 娱乐休闲：在空间中增加视听影音功能，适合生活、工作之余的休闲

图 6-1 分析客户需求

↑当客户满足真实需求后，会有更多潜在需求，设计师在沟通时要有预期心理准备，将部分潜在需求预先记录下来，或融合到设计图纸中，随时应对客户的提问。

第 24 课 做好充足的准备

沟通能够完美进行的前提便是已经做好了充足的准备，不论是衣着、情绪，还是沟通工具等都能使客户感到舒适。

一、专业舒适的着装

服装能彰显出室内设计师的个人品位，专业、舒适的着装更能获取客户的信任，只有客户对设计师产生信任，签单的可能性才会更高（图 6-2）。

图 6-2 得体的服装

←印象通常会在 15 秒内形成，而良好的个人整体形象能给予客户被尊重的感觉。设计师多选择西装或稍显正式的休闲装，会给客户专业的印象。

客户对设计师的第一印象便是服装，设计师应当通过干净、得体的着装来给客户一种十分专业的印象。这种能够体现专业性的服装不仅是对客户的尊重，同时也能使设计师本身具备较强的职业自豪感和责任感，同时这也是敬业、乐业精神在服饰上的具体表现。

人和人之间第一次见面，往往能够留下较深印象的便是人的面容，而化妆便是对别人的基本尊重，无论男、女，都应该注重化妆问题，但

切忌不可浓妆艳抹，面部应保持基本的整洁和干净。

设计师如果是去客户家拜访，不建议随意落座，客户会自行安排设计师落座。注意坐姿要端正，坐下后不要左摇右晃，不要频繁地转换姿势，也不要东张西望，上身应自然挺立，不东倒西歪，两腿也不要分得太开，两脚应平落在地上，切忌不可高高地跷起，或摇晃或抖动。

此外，彼此落座后，设计师与客户交谈时也不建议以双臂交叉放于胸前且身体后仰，这会给人一种散漫或不在乎的感觉，观感也不佳。

二、准备好饱满的情绪

设计谈单属于销售的一部分，而饱满的情绪更能够加大销售成功的概率。谈单就是"上战场"，一旦情绪不振或萎靡，即使专业技能再强，也无法顺利地将设计内容和设计思想传达给客户。当设计师无法再占据主导地位，而由客户全程主导谈话内容时，设计师所提出的设计将有很大可能会被质疑，客户对设计师的信任感也会越来越低（图 6-3）。

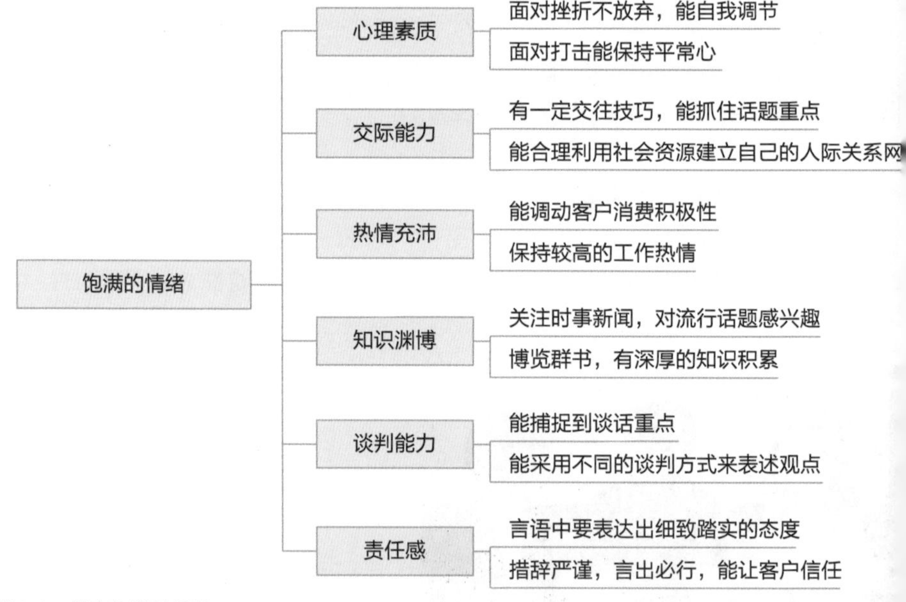

图 6-3　拥有饱满的情绪

→设计师要积极向上，具有乐观精神，时刻保持着积极向上的态度。饱满的情绪是由内向外散发的，会直接影响到客户的情绪与内心感知。

三、备齐沟通工具

作为一名专业的室内设计师，要保证有效的签单率，则必须能够随时将信息与资料正确地传递给客户。在与客户进行交流之前，设计师必须准备好交流和沟通的工具（表 6-1），并确保在沟通的过程中能够将客户的诉求完整地记录下来。

设计师依据客户提出的问题和要求，能够及时做出正面的回应，并能通过让客户观看以往优秀设计案例和正在施工的设计案例，从而增强客户对设计师的信任感。

表 6-1 沟通工具

类别	图示	说明
笔记本电脑		• 笔记本电脑可以随身携带，能随时进行现场设计或提供资料 • 笔记本电脑还能用于将整理好的图片或 PPT 展示给客户看
名片		• 名片能帮助设计师结识新的客户，并能维持联系；名片也是设计师自我增值和提升形象的重要工具 • 交换名片是商业交往的第一个标准动作，名片的印刷与设计一定要与众不同
书写用具		• 室内设计师通常会使用钢笔、签字笔、彩色铅笔或马克笔等书写工具来记录设计的所思所想 • 沟通之前要保证书写用具能够正常使用，并注意保持书写用具的整洁
文件夹或相册		• 文件夹或相册可用于收集和记录成功的设计案例及装修现场照片 • 设计师还可将自己设计的成功案例图片，单独整理成册，向客户展示设计成果

第 25 课 选择正确的谈话方式

正确的谈话方式即是所说的内容和说话时的态度都能够给人一种如沐春风的感觉，且双方都能从谈话内容中获取有价值的信息。

一、合适的开场白

开场白是给予客户的第一语言印象，设计师的表达方式及语言态度是否诚恳等都会影响整个沟通的气氛。

开场白也是签单销售的第一步，是设计师与客户见面刚开始的 1 ~ 2 分钟要说的话。客户会通过设计师在短短几十秒中的表现，来决定是否继续听设计师讲下去。设计师的开场白应该独特、真诚、与众不同，要能够勾起客户与设计师的交流欲望和互动积极性。设计师可以花时间准备多个开场白，并反复练习，以此提高与客户的谈话质量。

二、避开谈话误区

以下是在室内设计谈单过程中可能会发生的 6 种谈话误区，设计师应尽量避免这些情况的发生。

1. 避免和客户争辩

与客户产生争辩，会让客户有一种被责怪、被批评的感觉，即使设计师认为客户的所想没有科学性，也应使用比较柔和、委婉的语言沟通（图 6-4）。设计师的首要责任是要赢得客户的信任，在谈话过程中应当将客户的焦点吸引至设计方案上。

←日式榻榻米受到很多客户的喜爱，但是这种功能紧凑的家具会给生活带来不便，设计师可从家具的复杂程度来引出该家具价格较高、使用频率低等问题，从而能从侧面降低客户选择榻榻米的可能性。

图 6-4　从侧面改变客户的想法

2. 不要掺杂个人喜好意见

设计师应当尊重客户喜好，在沟通与设计过程中不可将个人喜好强加给客户，如果设计师强烈表达与客户相反的意见或立场，很可能会导致谈话失败，后期也很难再联系（图 6-5）。

a）客户的喜好

↑客户喜好简约的地中海风格，主要是看中地中海风格的清新脱俗。在现代简约风的影响下，地中海风格色彩明亮，具有小清新的视觉效果。

b）掺杂了设计师的喜好

↑设计师坚持经典蓝白线条设计，运用较深的色彩，强化了装饰造型与色彩的层次关系，虽然更能表现设计内容，但是打破了客户原本的设想，矛盾便由此产生。

图 6-5　尊重客户的喜好

3. 避免自卖自夸

不要在客户面前频繁地夸奖自己的设计，这会给客户带来不踏实的吹嘘感。如果后期施工达不到签单时所承诺的细节，将会严重影响客户对设计师的信任，后期矛盾也会更多。

4. 不要攻击和诋毁竞争对手

如果客户提到竞争对手，则设计师应当正面、公正地评价，可适当地褒扬竞争对手的优秀设计，同时点明自己的设计好在哪里。

5. 不要超越装修权限

设计师在沟通过程中所提到的折扣或提前完工的时间等均不可超越装修权限，这是保证设计师信用的前提条件，一旦实际情况与设计师所说的不同，客户毁约的可能性将会增大，设计师的损失也会更大。

6. 交谈语速不要过快

设计师在与客户交谈的过程中应控制好语速，在讲述设计比较重要的内容时可适当放慢语速，并留出时间让客户慢慢理解设计。在沟通后期，可逐渐加快语速，这样可控制好洽谈时间，减少客户的不良情绪。

第 26 课 掌握签单的方法

签订施工合同是设计结束，确定业务流向的关键点，掌握促成签单的方法可给设计工作画上圆满的句号，从而步入施工阶段。

一、适当提问

在装修谈单过程中，需要使用一些营销技巧，来推进谈单的进度，以达到签单目的。设计师可利用反问的方式来增强客户签单的决心，反问是将问题以另一种形式还给客户，但必须注意反问语气不能咄咄逼人，不能全程都使用这种谈话方式，要能有正面的、有价值的信息传递给客户。

下面模拟一段谈话，谈话背景为：设计师已经成功展示了设计方案的全部内容，客户已经有了较强烈的签单意向，正等待设计师询问是否签单。

客户：“什么时候可以开工？”

设计师：“您今天能否签合同，签单成功后，明天即可开工。”

客户：“价格还能优惠些吗？”

设计师：“您确定今天能签合同吗？今天和您交谈很愉快，给您的优惠力度也是特别大的，如果今天能签，还能赶上我们公司活动的最后一天，就能在最终价的基础上打 9.5 折。”（强调优惠时间与折扣力度）

客户：“好，那就现在签合同！”（预先比较过多家公司，对价格满意）

二、主动升级

主动促销是让犹豫不决的客户付诸行动的最有效方法，但时机和方式一定要把握好。设计师应当在客户对签单难以决断时，适当地活跃谈话氛围，不要给客户过多的压迫感。

当设计师从客户的表情、语言、姿态等“信号”中感受到客户的满意度后，便可再次主动说明该设计的优异点，并适当地给予客户优惠，彻底消除客户的敏感心理，促使客户签单。下面模拟一段谈话，谈话背景为：设计师在确定了合同价格后，客户觉得价格还有下降的空间，正在犹豫不决，希望设计师能再降一些价。

客户：“还有优惠活动吗？”

设计师：“您今天能否签合同，我可以先向上级申请一个特别促销活动。”

客户：“具体有什么内容？”

设计师：“目前合同预算项目中的地板总价是 8600 元，如果今天能签合同，可在 8600 元的基础增加 1000 元，也就是一共 9600 元，就能升级到知名品牌地板，地板厚度由原来 9mm 升级到 11mm。这个优惠力度是特别大的，等同于您节省了 5000 元。”（强调材料升级的品牌与规格，并进行价格对比）

客户：“1000 元对你们公司来说不算什么，你就直接升级，不加钱了。”

设计师：“那您稍等一下，我去找领导沟通，因为这个活动今天下午 2 点就要结束。今天升级的客户较多，我看领导那还有没有名额。”（强调时间的紧凑）

……（10 分钟左右）

设计师：“不好意思让您久等了，刚才领导有事去总公司开会，临走时说这个活动的名额已经满了，真是对不起。后台正在查找其他活动名额。”（提出遗憾，表示歉意）

……（10 秒左右）

设计师：“有了有了，刚才领导向总公司发出申请，为您增补了一个名额。您的运气真好。”（手机屏幕突然亮起）

客户：“那就准备合同，现在就签。”（享受到突如其来的优惠，感到很值）

三、提出极限低价

在谈单的过程中避免不了客户与设计师讨价还价。对于注重价格的客户，可利用极限低价来使客户明白当前价格已是最低价，且已经给予很大的优惠。这种方法能帮助设计师解决价格上的棘手问题，但必须循序渐进，要让客户感受到降价的来之不易。

下面模拟一段谈话，谈话背景为：设计师已将预算价格交给客户多日，客户四处比较，仍然觉得预算表上的价格还有下降空间，希望设计师能拿出最低价。

客户：“这个价格我看了，其他公司还有更低价格，还能降低吗?

设计师：“您今天能否签合同，我可以先向上级申请一个拼价格活动。”

客户：“具体有什么内容？”

设计师：“您拿出其他公司的预算表，我和项目经理看看，如果没有太大争议的话，我们这个活动可以按您出具的这份预算单，直接打 9.8 折来签约。”（强调其他公司能做的价格，我们不仅也能做，而且还能更低）

客户：“这个好，那你们看看这个。”（拿出其他公司预算表）

设计师：“那您稍等一下，我去找项目经理核实一下价格。”（强调认真对待）

……（10 分钟左右）

设计师：“不好意思让您久等了，刚才我们复核过这份预算单，上面这些项目所选用的材料没有指明品牌和型号，后期进场施工可能品质不佳，影响您的正常使用和健康环保。如果您对价格比较介意的话，我们可以按这个预算表来签约”（指出缺陷和担心）

客户：……（思考中，犹豫不决）

设计师：“你比较后也看到了，其他公司的预算单中存在很多问题。要不这样，在我们公司的预算项目保持不变，质量与品牌都有保障，在价格上打 9.9 折，这个也是我们最后的底价了。”（虽然让出 1%的总价，但是表现出巨大的诚意）

客户：“好，那就现在签。”（感到放心踏实，品质战胜了价格）

四、第三方参考

为了能够获得较好的装修效果，客户往往会货比三家，因此客户并不是与设计师沟通之后便会下定决心签单。此时，设计师便需要利用第三方参考来为客户提供新的签单理由。

利用第三方参考在于增强客户对设计师的信心，主要是通过让客户了解已经有很多人选用了设计师的设计，并对设计施工服务十分满意的事实，从而增强客户对设计师专业的信服度（图 6-6）。

a）客厅

b）卧室

6-6　样板间

在签单前主动带客户参观 1 ~ 2 处样板间，表明自己的设计水平与公司的施工能力。样板间不限于已经全部竣工的案例，在施工或进入安装施工阶段的工地都可以参观。

这里所说的第三方参考可以是已经完成设计施工，且获得较好装修体验，专门过来感谢设计师的客户，也可以是路过，顺道介绍新客户给设计师的客户。大部分人会有从众心理，在有较多人认同设计师专业水平的情况下，客户从心理角度也会更信任设计师。这就好比购物，实物好评较多，且价格又较合适的产品相对来说销售额也会更高。

第 27 课 掌握必要的技能

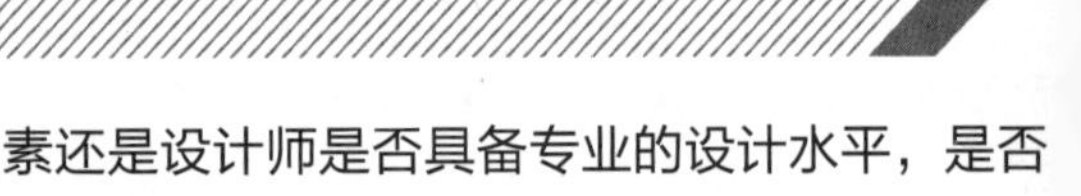

签单成功的决定性因素还是设计师是否具备专业的设计水平，是否能够正确地回答出客户提出的关于设计、施工、软装搭配等方面的问题。

一、技能 1：能快速布局

无论是住宅空间、办公空间还是娱乐空间，客户都有自己的美好想象，设计师要做的是将客户想象中符合实际的一部分变为现实，将客户想象中不符合实际的一部分加以修改，以另一种形式使其成为现实。

设计师要能通过客户的只言片语，在头脑中快速地构想出室内空间的大致格局，最好能够将其绘制在纸上，这样也便于更好地进行空间布局。设计师要能理解客户所烦恼的问题，并能通过对改变室内空间的格局来完善室内空间中不尽理想的一部分，争取能够最大化地利用空间。

设计师拿到原始房型图后，首要工作是根据经验和客户的基本需求对整个空间进行快速的划分，并需保障每个空间使用起来不会有拘束感，且整个空间动线流畅，入住者可正常通行。

图 6-7 为设计草图。

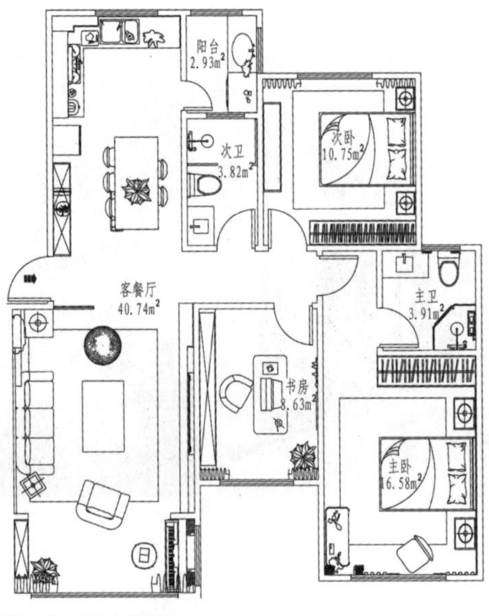

图 6-7 设计草图

←现代设计草图为了让客户有清晰、直观的认识，大多不再采用徒手绘制，而是运用绘图软件绘制基础布置方案。家具形体轮廓尽量简洁，预留修改的余地。客户和设计师都能用彩色笔在打印图纸上绘画修改。

二、技能 2：掌握基本隔断方式

在室内设计中，可通过隔断来重新划分空间，无论隔断的样式如何变化，无一例外地对空间能够起到限制、分隔的作用；而限定的程度又可依据隔断界面的大小、材质、形态而定。

通常可通过墙体隔断、布艺隔断、玻璃隔断、搁架隔断、屏风隔断等来划分不同空间，具体说明如下。

1. 墙体隔断

多采用轻质墙体隔断不同的空间，这种划分空间的方式比较常见，隐私性和安全性比较高，相应的对于施工工艺的要求也较高（图 6-8）。

2. 布艺隔断

布艺隔断（图 6-9）是最便捷的隔断方式之一，常见的布帘、线帘、珠帘、纱幔等都属于布艺隔断。这种隔断既便于日常打扫，又具有容易悬挂和改变的特点，且花色丰富，价格实惠，可以依据室内空间的整体风格随意搭配。

布艺隔断目前受到广大年轻人的欢迎，通过轻巧的帘子便可快速地将室内空间一分为二，这种隔断最适合紧凑的户型使用，既不会占用太多使用面积，又可达到遮挡的目的。当需要两个温馨浪漫的空间时，可放下帘子；当需要一个较大的空间时，则可将帘子拉开，其使用和施工均十分方便。

图 6-8 墙体隔断

↑墙体隔断可以灵活分隔空间，并会占据一定的空间。这种实体墙隔断会将功能区固定于限定面积的空间中，施工时要结合顶面梁、柱的位置选择砌墙的位置。

图 6-9 布艺隔断

↑布艺隔断具有一定的柔软性和良好的过渡作用，所选择的材质、色彩等应当与室内空间能够相互搭配。例如想营造活泼的氛围，则可选择鲜明的色彩；若想营造温馨的氛围，则可选择淡雅、素净的暖色调等。

3. 玻璃隔断

玻璃隔断具有明亮、通透、防水、防潮、防腐等特点，能很好地扩展空间。这种隔断很适合在卫生间或厨房内使用，也可选用艺术玻璃作客厅隔断，既能起到分隔空间的作用，同时也能装饰客厅；亦可选用玻璃隔断门，在分隔空间的同时又不阻挡视线，并能充分地将采光引到室内，真正做到“断而不隔，隔而不挡”（图6-10）。

4. 搁架隔断

搁架隔断是可移动性隔断，能将空间组合成多种有趣的形式，可将空间设置由“1 + 2 + 3”的方式变成“1×2×3”的方式。这种隔断拥有较好的收纳能力，但会占据一定的使用空间（图6-11）。

图6-10　厨房玻璃隔断

↑选择玻璃隔断时，要充分考虑玻璃的质感，以及玻璃隔断适合与什么样风格的装修搭配在一起，且玻璃隔断与家具的材质也应当能够相互搭配。

图6-11　客厅搁架隔断

↑搁架隔断既可以分隔空间，同时也可以作为室内空间中的展示柜使用，并且通过精心搭配展示的物品，可为室内空间创造美感。

5. 屏风隔断

屏风小巧、轻便，可随意挪动，且花色多样，可制造出“隔而不离”的效果，能使室内功能分区更明显。在适当的位置放置一架屏风，既能保证不同空间使用者的隐私，同时屏风上的纹样也能很好地装饰室内空间。不同风格的屏风有着不同的韵味，如新中式风格（图6-12）的屏风有着古典之美，且低调、奢华；现代风格的屏风纹样会更简约，时尚感比较强。在选择屏风时要注意考虑家具的颜色和风格，务必要保证室内空间的氛围能够统一。

a）贴墙隔断

↑ 贴墙隔断多采用木质构造，可以与家具柜体融合为一体，具有实用功能。

b）独立隔断

↑独立隔断多采用铝合金材料，具有一定的强度和韧性，可独立安装于空间中央。

图6-12　新中式风隔断

三、技能 3：选定设计风格

很多时候客户并不知道该选择何种设计风格，设计师在与客户沟通时，可将不同设计风格的范例图片展示给客户看，并根据客户室内空间的面积、色彩喜好、经济水平等因素推荐最适合的设计风格。

在本书的第 5 课介绍了现代风格、简欧风格、中式风格、北欧风格、工业风格、混搭风格、地中海风格、日式风格等相关内容，除这些基本设计风格外，还有田园风格、后现代风格、新中式风格、欧式古典风格、东南亚风格等设计风格。

1. 田园风格

田园风格是一种贴近自然、向往自然的风格，主要包括有欧式田园、美式田园、法式田园、中式田园等，设计追求悠闲、舒畅、自然的氛围。

（1）欧式田园风格。设计讲求心灵的自然归属感，家具多以奶白色、象牙白等白色为主，并追求优雅的造型。

（2）美式田园风格。务实、规范、成熟，材料选择多倾向于较硬和华丽的材质。

（3）法式田园风格。最明显的特征是家具的洗白处理及配色上的大胆鲜艳，洗白处理能使家具流露出古典家具的古朴质感。

图 6-13 为中式田园风格。

2. 后现代风格

后现代风格的设计常在室内设置夸张、变形的柱式和断裂的拱券，或将古典构件的抽象形式以新的手法组合在一起，以及采用非传统的混合、叠加、错位、裂变等手法和象征、隐喻等手段，创造出一种集感性与理性、传统与现代于一体的室内环境（图 6-14）。

图 6-13　中式田园风格

中式田园风格多用隔窗、屏风来分割，家具陈设讲究对称，软装饰上常有藤制品、绿色盆栽、瓷器、陶器等摆设。

图 6-14　后现代风格

↑后现代风格具有较强的多元性特征，室内多运用曲线和非对称线条。室内墙面、栏杆、窗户和家具等装饰上多会运用花梗、花蕾、葡萄藤、昆虫翅膀和自然界中各种优美的波状形体图案等元素。

3. 新中式风格

新中式风格是在传统中式风格的基础上进行升级，室内装饰多采用简洁、硬朗的直线条，或采用板式家具与中式风格家具相搭配；饰品摆放也比较自由，且饰品风格较多，但主体装饰物依旧以中国画和紫砂陶等传统饰物为主（图 6-15）。

图 6-15　新中式风格

↑新中式风格讲究对称，多运用中式元素，如花鸟画、中国结等，所营造的室内环境富有格调，空间感也比较强。

4. 欧式古典风格

欧式古典风格多运用华丽的装饰和浓烈的色彩来表现高雅、奢华的氛围。室内结构、家具、软装配饰、灯具等造型均十分精美，甚至有真正的壁炉，门窗则多为圆弧形，并配有花边。

巴洛克风格和洛可可风格均属于欧式古典风格，前一种风格多使用曲线、曲面、断檐的柱式，设计追求创新；后一种风格的设计精且小，多运用流畅的线条和唯美的造型，色彩多使用鲜艳的颜色，如粉红、白色等（图 6-16）。

5. 东南亚风格

东南亚风格取材自然，其设计不仅能突显异域风情，还能展现出东南亚地区独特的风格面貌。室内装饰所运用的材料多为木材、藤、竹等，家具多选用橡木、柚木、杉木等制作而成；在布艺色调的选用上，多用深色系，且这些色彩在阳光的照耀下有变色的效果；墙面则多装饰圆扇等地域特征比较明显的挂饰，这些装饰元素也能很好地突出东南亚风格闲情雅致的特征（图 6-17）。

图 6-16　欧式古典风格

↑欧式古典风格适合面积较大的空间，其地面材料多以石材或地板为主，且家具线条流畅，腿部多选用涡卷和贝壳浮雕，整体空间给人一种豪华、大气感。

图 6-17　东南亚风格

↑东南亚风格的家具主要以藤、木的原色调为主，在视觉感受上能给人较强的质朴感，且室内多运用手工布艺织品，艺术气息比较浓郁。

四、技能 4：了解施工工艺

室内装饰装修所包含的施工项目较多，客户在与设计师的沟通过程中会提出各种疑问，设计师必须对施工工艺有一定了解，才能保证对答如流。

1. 开工交底

这是正式施工前必须要进行的一项工程，也是设计方向施工方交代图纸，确定图纸可施工性的过程。交底时，业主要确认好施工项目，如有特殊设计和项目不明的，应向设计师和工长、监理等提出疑问，以便及时发现不合理的问题，避免后期出现减项或增项等问题（图 6-18）。

2. 拆砌工程

拆砌工程的目的是为了改变室内格局，设计师需要和施工人员说明拆、砌墙（图 6-19）的位置、尺度等，铲墙皮、包暖气、换塑钢窗等也包含在拆砌工程中，需要设计师在现场逐一说明。

3. 基础水电工程

基础水电工程的施工重点在于要考虑水、电设备的位置是否正确，水、电路的改造设计是否具备安全性和可行性等。设计师需要到现场与水、电施工人员详细地沟通水、电施工图纸，并需了解水、电路改造的施工工艺。如强弱电交叉时如何处理，电路走向为何要横平竖直等（图 6-20）。

开工交底事项

- 客户、设计师、项目负责人、施工人员等到场沟通，确认室内设计内容
- 设计师向水、电施工人员详细介绍强弱电、水管排布图和每个功能分区的施工细节
- 施工人员用小锤敲击厨卫间每处地面，检查地面铺设质量及本身的管道布设情况，避免日后错误开凿
- 查看地漏是否通畅
- 查看墙、地面空鼓是否严重，门窗是否正常等
- 对于现场每个检测过的下水管管口进行封口保护，避免施工中的灰尘、垃圾掉进去，堵塞管道

→开工交底是设计师协调多方展开工作的前奏，需指出设计图纸在施工现场的实施要点，指导施工员展开施工，检查现场施工环境，找出问题并提出解决问题的方案。

图 6-18　开工交底事项

图 6-19　砌墙

↑在砌墙前，应先定位，并用砖结构砌墙。一定要依据施工图纸进行砌墙的具体工作。拆除工程结束后务必做好基层清洁，以便后期装饰工程能更快速地进行。

图 6-20　基础水电工程

↑水电改造要具备安全性、可行性和美观性，给水和排水的位置关系一定要正确，强电与弱电也应当分离开。

4. 防水工程

设计师需要了解何处需要做防水，这关乎后期编制预算，同时还需了解防水施工的具体步骤。通常厨房、卫生间、阳台等空间需要做防水。在做防水之前要保证基层的平整度；注意墙、地面的交接处和转角处的防水不可遗漏；地漏部位、小水管和楼板衔接部位以及坐便器管道等部位要重点处理，建议涂刷 2 遍以上的防水，并做闭水试验，以检验防水质量（图 6-21）。

5. 木工工程

设计师需要了解木质家具、吊顶、隔墙等木工工程的具体做法，要

明确板材适用的构造类型，要了解如何选购板材，板材缺陷如何处理等问题。设计师还需对板材品牌和板材等级有所了解，当客户问及相关问题时，能够正面地进行回答（图 6-22）。

6. 油漆工程

设计师要了解油漆的种类和特性，要掌握选购油漆的技巧和油漆施工的方法。油漆施工有刷涂、辊涂、板刷等多种方式，其施工质量与油漆黏稠度和空气湿度有很大的关系，设计师要掌握油漆涂刷后出现裂纹、油污、起皮等问题的解决方法，并能用通俗易懂的语言向客户讲解（图 6-23）。

图 6-21　防水工程

↑可选用辊涂或刷涂的方式进行防水施工，注意室内水管和地面的接触部位应当重点涂饰防水材料。

图 6-22　木工工程

↑木工工程施工时要考虑后期开关、灯具等的安装，要做好防虫、防火、防锈处理，务必保证木质构造的稳定性。

图 6-23　油漆工程

↑室内所选用的油漆涂料主要有乳胶漆、真石漆、硅藻泥等，施工时要注意调色均匀，要保证漆膜的耐久性。

7. 安装工程

设计师需要熟知厨具、浴具、灯具、定制家具等安装的一系列知识，并需了解当安装出现问题时应如何解决（图 6-24）。

8. 竣工验收

设计师需要了解相关工程的验收技巧。例如，可使用小铁棒或空鼓垂判断地砖是否有空鼓现象；使用垂直检测尺检查地砖铺贴的平整度；对全屋通电和开关水龙头使用进行确认，检查水电是否有故障等。

图 6-25 为地砖验收。

图 6-24　安装好的灯具

↑灯具安装较常见的问题是线路外露，灯具安装不牢固。对于大型吊灯的安装要督促施工员至少安装 4 个以上膨胀螺栓强固定。

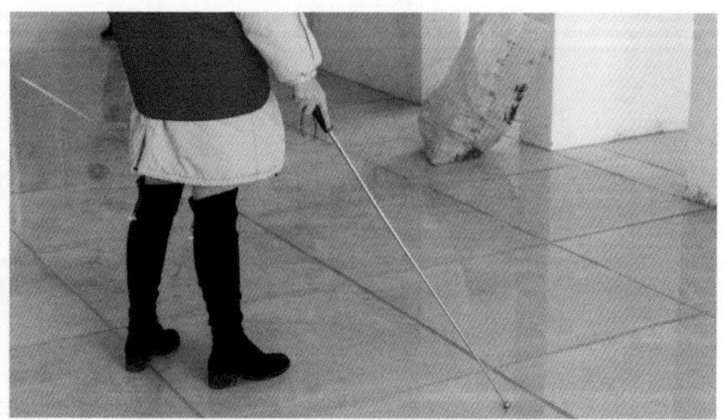

图 6-25　地砖验收

↑地砖铺装容易出现空鼓，经过检查后如发现此类现象，可以从地砖边缘缝隙处注浆来提升粘贴的密实度。

第 7 章　获取新客户

识别难度： ★★★★★
核心概念： 口碑营销、社群营销、微信产业链营销、文案撰写
章节导读： 营销的目的是为了扩展更多的设计业务，室内设计师要了解各种营销方式，这不仅是为后期开设事务所做准备，同时也有利于设计师吸引更多的新客户。目前比较常见的营销方式有口碑营销、社群营销、微信产业链营销等多种，设计师要利用各种社会资源，宣传自己的设计，并能撰写具有现实价值的优质文案，这也有利于后期更好地与新客户沟通。

第 28 课　学会反省自身缺陷

设计师要时刻保持反省的习惯，总结出自身缺陷，并不断改进。

一、缺陷 1：过于重视利润

设计师若过于重视利润，将不停增项作为一种盈利方式，且预算中部分说明含糊；在与客户的沟通过程中，态度消极，话题重点多围绕最终的报价；不正面回答客户提出的问题，疑问也多由客户抛出，这种沟通方式不仅会让客户丧失对设计师的信任感，同时也会在情感上引起客户的排斥。设计师应当明确签单的出发点（表 7-1），应在保障客户基本利益的基础之上保证自己的利润。

表 7-1　签单出发点

设计师签单为公司	设计师签单为客户
只想拿提成	为对方着想
态度消极	态度积极
没有主导权	掌握主导权
被动	具有能动性
不自信	充满自信
对方控制节奏	掌握谈话节奏

二、缺陷 2：公司管理有问题

室内设计师是装饰公司的重要组成人员，公司运营管理出现问题（图 7-1），一来会影响公司内部人员的发展，二来对公司口碑也会有影响，最终的结果就是老客户遗失，新客户不来。

装饰企业必须设置良好的管理机制，吸纳优秀的管理型人才，要

专业的营销团队和设计团队，并分部门进行管理。

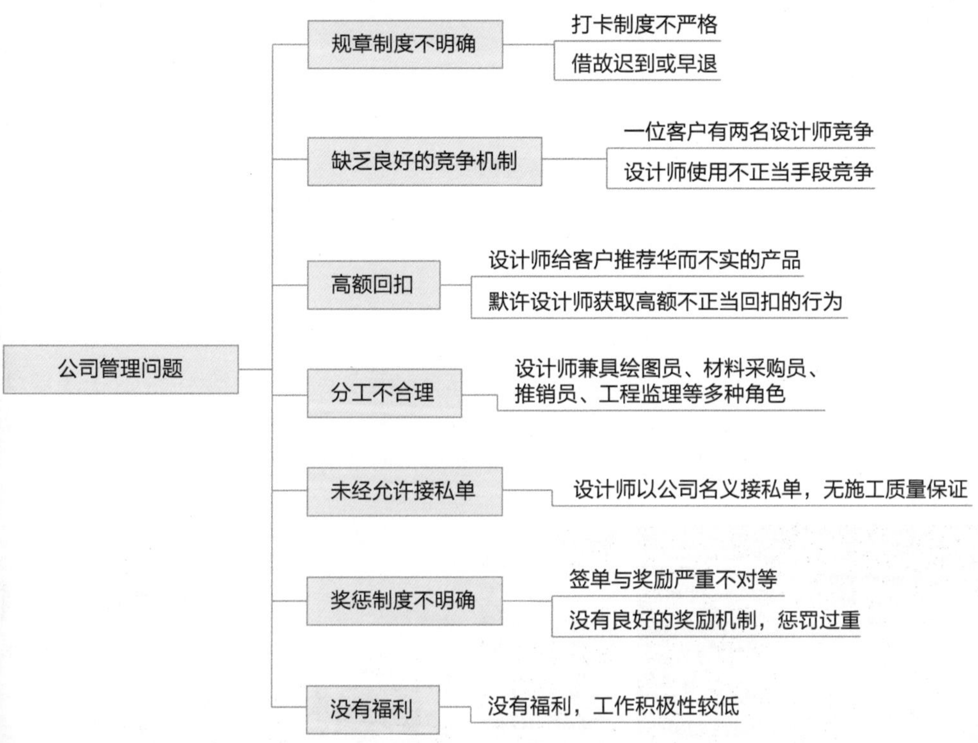

图 7-1　公司管理问题

↑大多数装饰公司忙于业务经营，忽略内部管理制度的建立与执行。设计师是公司重要的组成人员，是新客户慕名而来的接待人。正常的管理制度应当能够鼓励设计师积极工作，不断提升设计师的主观能动性去获得新客户。

三、缺陷 3：施工质量没有保证

施工人员操作不善可能会引发较多的质量问题，如果无法保障基础工程的质量，无法有效地监理施工人员，一旦后期出现问题，装饰公司便只能自行维修，而这对企业的口碑也有影响。通常出现的施工质量问题有以下类型：

1. 墙面开裂、起皮

在施工中，腻子做得太厚，或未等第一层腻子干透便开始刷第二遍腻子，便会导致墙面出现开裂或墙皮脱落等问题。

2. 瓷砖问题

墙体腻子层没有清理干净，水泥砂浆与墙体黏结不牢靠，瓷砖铺贴后很有可能会出现空鼓或脱落现象；瓷砖在铺贴前没有充分浸泡或浸泡时间过长，最终都会导致瓷砖出现龟裂或剥落等问题，通常瓷片的吸水率应大于 10%。

3. 防水质量不达标

做防水工程时，基层没有清理干净，裂缝没有补全，管线根部也没有包裹完全，从而导致排水不畅，出现渗水问题。

第 29 课 做好口碑营销

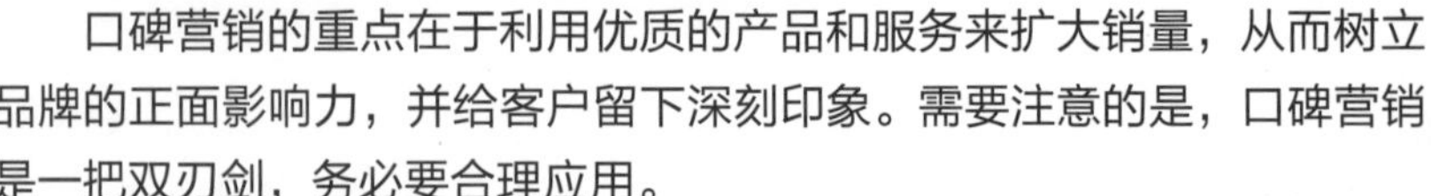

口碑营销的重点在于利用优质的产品和服务来扩大销量，从而树立品牌的正面影响力，并给客户留下深刻印象。需要注意的是，口碑营销是一把双刃剑，务必要合理应用。

一、口碑传播类型

口碑可通过线上和线下两种方式传播，线上传播（图 7-2）的速度较快，主要是通过网站、网络广告、网络互动等网络社交媒体平台来加深客户印象，是口碑营销的“主要战场”；线下传播（图 7-3）是通过促销会、展会、报纸等口口相传，是配合“主要战场”活动的“次要战场”。这两个战场之间要有侧重点，但不可完全偏向一方。

图 7-2 线上传播

↑网络投票是吸引客户参与的良好传播形式，除了推广企业服务与技术实力外，通过附赠礼品与抽奖来稳定有需求的消费者深度关注。

图 7-3 线下传播

↑线下传播能让设计师与客户面对面交流，设计师引导客户参观展板图文信息，分析解说设计、施工要点和细则。

二、口碑传播的要素

口碑传播的要素主要有五点，分别是话题、谈论者、推动工具、参与、跟踪。

话题所包含的内容较多，且必须与时事和谈论者讨论的内容紧密相连。谈论者是口碑的传播者，可以是装修施工人员，也可以是已经体验过装修服务的老客户。推动工具是口碑传播的各种媒介、平台和技术手段，合适的推动工具能加快口碑传播的速度。参与是设计师与客户之间的互动，客户与设计师之间的互动越多，讨论的设计话题越深入，最终形成的营销效果就越好。跟踪是收集老客户的反馈意见，完善售后服务并以此来创造出一个较好的口碑传播效果（图 7-4）。

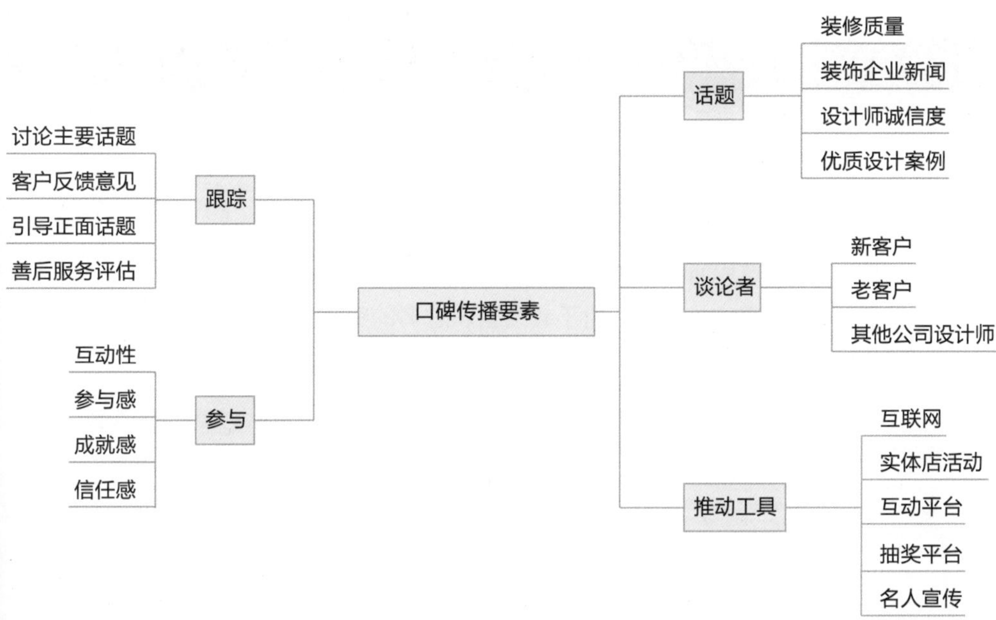

图 7-4 口碑传播要素

↑口碑传播是迎合人的从众心理，当别人对一件事物感到满意时，自己就会行动起来去消费。这种传播具有明确的引导性，只要表述出相关人员的体验，新客户就会发生兴趣，进而被吸引来消费。

三、灵活应用口碑营销

口碑营销的手段主要有以下类型：

1. 利用“熟人效应”获取新客户

通常公众会更倾向于相信身边的熟人、朋友、家人推荐的产品，这是“熟人效应”所引发的消费心理。口碑营销便是借助于客户的这种心理，以口口相传的力量来吸引客户，并通过老客户转介绍新客户的方式，为装修企业带来更多稳定、优质的客户。

2. 根据互动对象特征做营销

互动对象主要可分为对装修效果十分满意的客户，正在寻找设计公司的客户，设计专业人士等。在与客户进行互动时，应当根据不同互动对象的特征来进行深入的互动和交流，这样也能在互动的过程中，发现客户的潜在消费需求和对设计的意见等（表 7-2）。

表 7-2 不同互动对象的营销方式

互动对象	营销方式
对装修效果十分满意的客户	这类客户会对设计师的个人形象、设计方案、负责任态度等进行不断的宣传，口碑营销团队应主动给这类客户提供有传播价值的信息
正在寻找设计公司的客户	这类客户会货比三家，口碑营销团队应注重品牌形象的塑造，并能提供优质的设计案例和性价比较高的设计方案

（续）

互动对象	营销方式
设计专业人士	这类客户自身有着良好的专业素养，口碑营销团队应展示更多的优质设计案例，宣传内容应能突显出施工的质量

3. 综合应用软硬广告

这里所说的软广告是指带有故事性的宣传广告，这类广告会更容易获取客户的好感，且不会给客户过多的突兀感；硬广告则是指纯宣传设计的广告。建议以软广告为主，硬广告为辅进行口碑营销（图 7-5）。

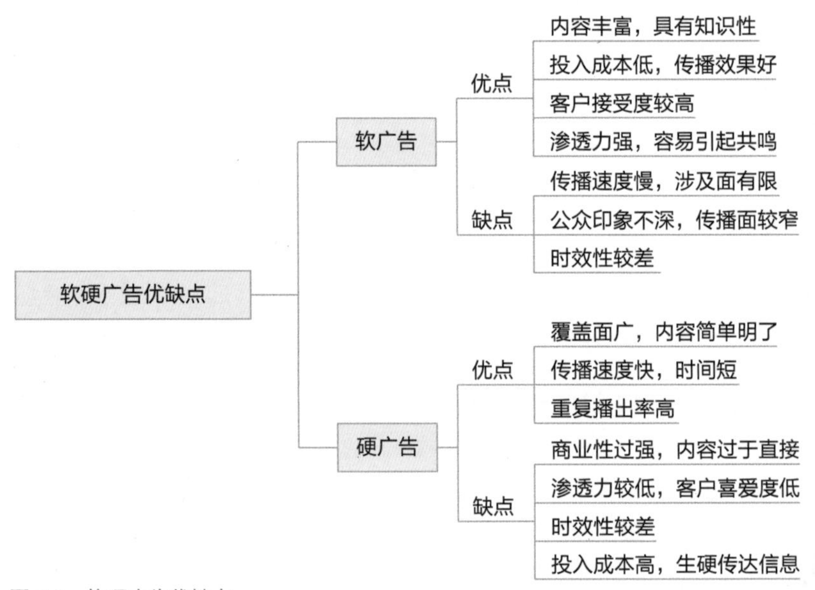

图 7-5　软硬广告优缺点

↑软广告面向被动消费者，没有消费需求的人看到软广告后会加深印象，将装修信息记在头脑中，一旦有需要就会立刻变为主动消费者前来咨询。硬广告面向主动消费者，直接传输销售信息，抓住消费契机完成商业交易。

4. 利用互动平台打造好口碑

互动平台可以有效增强客户与设计师之间的联系，客户能从互动平台上获取想要了解的信息，并能与其他客户进行互动交流。常见的互动平台主要有百度知道、新浪爱问、雅虎知识堂、搜狗问答、悟空问答、知乎、微博（图 7-6）、微信公众平台等。

四、口碑营销注意事项

1. 不可投机取巧

口碑营销的成功之处在于利用好的社会影响力来提高品牌价值，因此在进行具体的营销工作时不可投机取巧。如假装客户吹嘘自家的装修服务有多么好，利用虚假的口碑来吸引新客户，这些方式即使能在短时

a）图片为主

艺术作品集情报局
#室内设计#

● 灵感 · 撞色的空间 ●

WGNB这个项目的设计原理始于眼镜与建筑相似，空间通过结合功能性装置和审美的结合创造出来。
这些钢结构覆盖着红色不锈钢，并带有对比鲜明的绒面革柔软表面，用于展示眼镜。空间的墙壁，地板和天花板等其余区域使用了对比鲜明的蓝色，来增强红色的钢结构 展开全文

b）图文混搭

图 7-6 微博互动平台

↑在微博上发布设计作品与营销信息后，要形成常态，发布频率为每周 2 ~ 3 次，强化设计质量与更新，并将微博地址转换为二维码推送给客户。

间内带来盈利，但一旦负面口碑传播起来，后果将不堪设想。

2. 要谨慎许诺

口碑也指商誉，是指在同等条件下，能获得高于正常投资报酬率所形成的价值，这是无形的财富。在与客户的沟通过程中，应当谨慎许诺，要考虑承诺的可行性和市场效应，否则一旦违反承诺或未达到承诺，不仅会丧失客户的信任，还会形成负面口碑。

3. 选择合适的宣传渠道

口碑营销的传播应当具备持续性，可通过特定的宣传渠道来加深客户的印象，建议依据客户的年龄、获取信息的常用渠道等来选择最适合的宣传渠道。

第 30 课 掌握新型社群营销

社群营销是一种新型的营销方式，它是基于某种相同或相似的爱好或需求，通过某种社交载体聚集人气，并通过服务来满足群体的需求，线上、线下平台均可作为其载体。

一、了解社群分类

互联网的崛起促进了社群的发展，常见的社群主要有产品型社群、品牌型社群、兴趣型社群、工具型社群、知识型社群等。

1. 产品型社群

产品型社群主要是通过优质的设计产品来吸引粉丝，从而组建社群，它是连接装饰企业或设计师与客户之间的媒介。

2. 品牌型社群

品牌型社群强调设计品牌与客户之间的联系，主要是通过品牌的口碑来增强与客户之间的联系。

3. 兴趣型社群

兴趣型社群是由具有相同兴趣的人组建起来的社群，设计师可在该社群中与客户进行互动、交流，了解客户对设计的意见。

4. 工具型社群

工具型社群是利用各种社群应用平台，如微博、微信、QQ 等具有交流功能的社交软件，为客户提供基础的社群交流服务，这种社群渗透性比较强。

5. 知识型社群

知识型社群能提供较高质量的设计知识，并通过视频、分享会、课程等形式传播设计知识。客户可在该社群中学习，同时设计师也能在该社群中彰显自己的专业水平。

图 7-7 为社群营销特征。

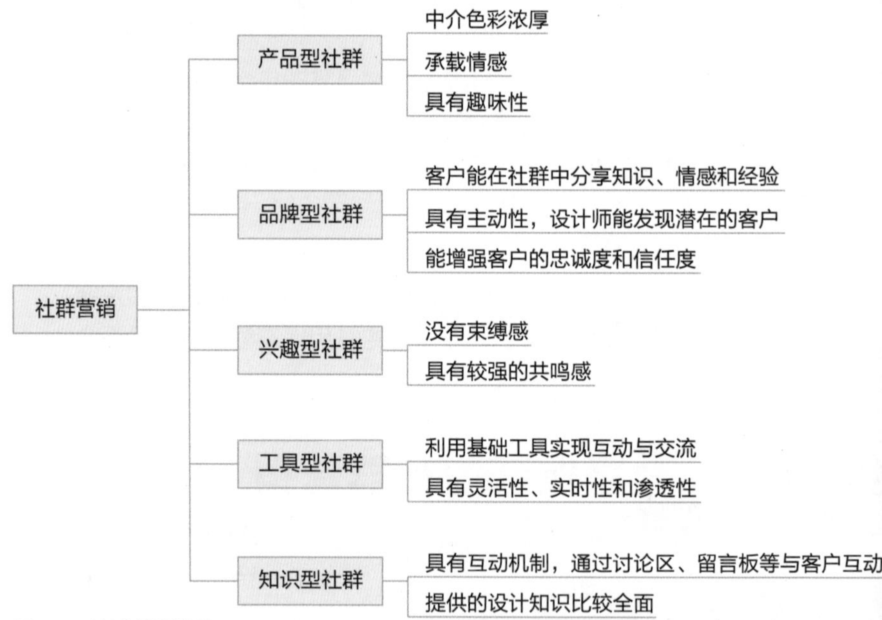

图 7-7　社群营销特征

↑社群营销能提升客户之间的互动性，让设计师与客户、客户与客户之间展开多维度交流，尤其能使未签单的客户与已签单的客户之间形成互动，从而促成签单。

二、QQ 社群营销技巧

QQ 社群可以直接被搜索到，利用 QQ 社群做营销可从三方面着手：一是建立本地的设计 QQ 社群，创造线下交流的机会；二是在给 QQ 社群分类时，选择能够体现设计类型、具有趣味性、能吸引人的词汇；三是设计师可从 QQ 昵称、个性签名、头像、资料完善度、联系方式等来完善个人资料，以提高可信度，并定时上传、更新设计资料（图 7-8）。

图 7-8 加入合适的 QQ 社群

↑设计师通过 QQ 社群添加好友较容易，在同城 QQ 社群中能获得大量潜在客户。但需注意，虽然获得了联系方式，但是需要一对一沟通交流，并表现出诚信，才能获得客户信赖。

三、微信社群营销技巧

微信社群包括微信群和微信公众平台。设计师可在微信群中寻找到潜在客户，但微信群有人数限制，且入群有一定的限制条件。设计师可通过老客户推荐入群，入群后需先与群内人员熟悉、沟通，并修改名片，待其提出设计需求后，再与其沟通设计相关问题。

微信公众平台是直接面向客户的传播平台，其营销重点在于定期发表有质量的文章和视频。文章、视频等的标题要有针对性和趣味性，要能吸引客户观看，且文章、视频等的内容不可过于单一，可适当发表具有故事性的设计内容，在故事中引出软广告。除此之外，还可以设计一些装修问题，随机挑选客户回答，增强客户与设计师之间的互动，同时还能引导新客户参与其中（图 7-9）。

图 7-9 微信公众号

↑微信公众号的包容性强，信息量很大，且方便更新。设计、装修企业建立的微信公众号都由专职团队管理，上传的信息主要以案例与营销活动为主，客户可通过留言来深度了解，并得到专业的设计咨询。微信公众号受众面广，多以二维码的形式出现在多种广告媒介上，需要能时刻应答的专职设计师或营销人员在线接待。

四、微博社群营销技巧

微博是公众比较熟悉的社交平台，使用人数较多。微博的内容包括最基本的文字、图片、视频片段、网页链接、网页推荐等。微博社群在传统媒体的基础上，又促进了视觉的多样化发展。

微博社群的营销技巧和微信公众平台的营销技巧有些类似，都是通过发表有质量的设计文章或视频，来强化客户对设计师专业的认可。设计微博号下的每一个粉丝都是潜在的客户，最好的营销方法便是粉丝自动分享，自主传播，可定期进行转发有奖的活动，或发起投票活动，如"你最喜欢什么样的设计师"的投票活动，这些活动都能带来新的客户。当然，设计师也能在其中发现更多的潜在客户（图 7-10）。

图 7-10 微博社群

↑微博社群的内容发布更自由，设计师发布的设计案例与客户的反馈能即时对应，让更多潜在客户看到多样性评论。微博社群的观众年龄多为 40 岁左右，消费能力较强，是中高端室内设计的主要营销对象。微博社群的二维码与广告多推向中高端住宅、写字楼中，能获得较好的收益。

第 31 课 微信产业链营销

微信产业链营销具有较好的互动及时性和市场性，设计师可通过微信朋友圈、微信公众号、微信小程序等来发展属于自己的设计品牌，并能从中寻找到潜在的客户。

一、经营微信朋友圈

微信朋友圈（图 7-11）是结合了文字、视频、图片等形式的新的营销方式，是能够紧密联系用户的强关系社交平台。

1. 不要落入运营误区

微信朋友圈的传播效率较低，传播范围只限于微信好友范围，在运营微信朋友圈时应注意以下 4 点：

（1）不可用广告轰炸。广告刷屏会引起客户的反感，长期分享广告的结果便是直接被客户拉黑。

（2）所发的内容不可过于单调。转发“心灵鸡汤”或带有强烈感情色彩的惊悚消息都会给人带来不适感，设计师应当多发表一些有趣而新颖的内容，从而吸引客户注意。

（3）不要总是一键群发。充满公式化的群发信息会给人一种没有诚意的感觉，会让客户产生厌烦心理。

（4）不要做点赞之交。对于客户发表的朋友圈，应当进行评论，要与客户产生互动，且需及时回复客户的每一条评论。

a）图片为主　　b）分享日常生活　　c）没有价值的分享内容

图 7-11　微信朋友圈

↑微信朋友圈兼顾了互动性与隐私性，客户在浏览时仅能获得设计师发布的信息，并只与设计师互动。

2. 微信朋友圈运营技巧

微信朋友圈具有较强的针对性，在长期运营过程中难免会出现朋友圈信息被屏蔽的现象，为了形成良性的互动，设计师可以选择比较简单的微信名称，既点明自己的职业，目的性又不会太强。微信头像可以使用本人真实照片或与室内设计相关的实景照片，这样真实度会更高，也会更容易获取客户信任。朋友圈的内容也不可过于单一，应具备实用性和趣味性，这样客户才会持续关注（图 7-12）。

二、打造优质微信公众号

微信公众号的受众范围比较广泛，只需一键转发便能与他人共享新鲜趣闻，是较好的营销平台。

1. 明确微信方向

首先需要明确客户群体，然后将目标群体分组。明确微信方向的目的是为了将装修热点消息及时推送给潜在客户，并从客户的年龄区间、职位、收入水平、具体需求等一系列因素考虑，完善公众号的内容。

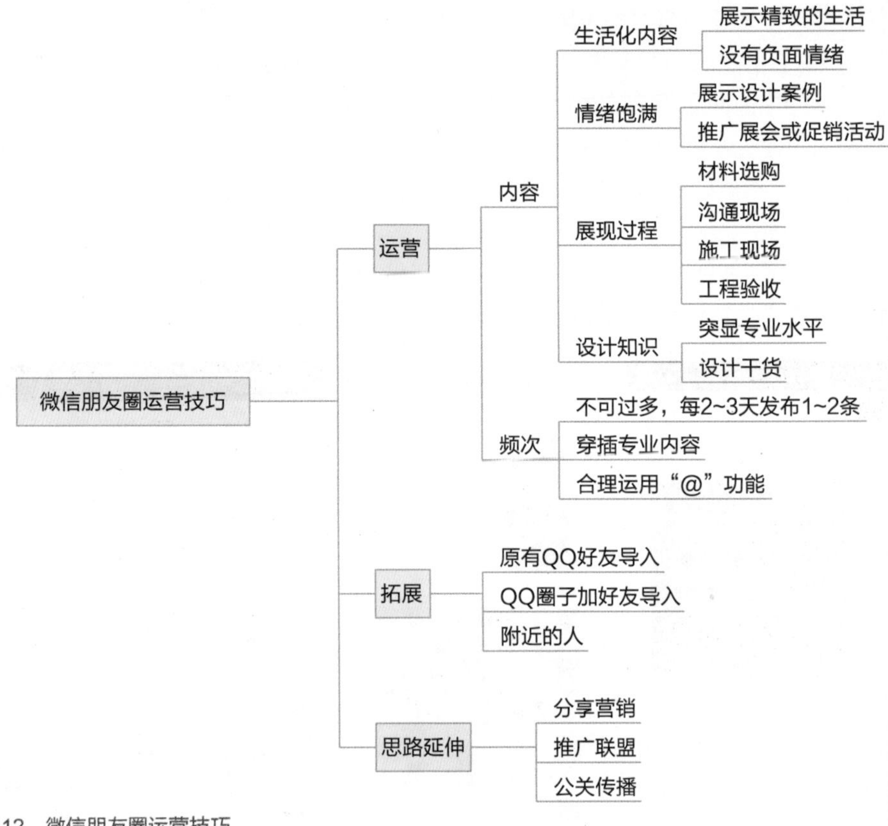

图 7-12　微信朋友圈运营技巧

↑在朋友圈推广时，要注重个性化，突出亮点，避免过度推销。可以通过讲述故事，展示装饰装修设计与施工的价值，让朋友产生共鸣；可以运用案例分享，用户反馈等内容，提升营销效果；运用精美的图片、图表和文字，让朋友圈更具吸引力；可以适当使用表情包，动图等元素，增加趣味性。除此之外，在朋友圈中，与他人建立良好的合作关系实现资源共享，共同成长，主动帮朋友解决问题，提供支持。

2. 保持客户的关注度

可从内容、服务、活动、渠道、社群等五个要素来保持客户的关注度。

（1）内容。主要有原创型内容和转载型内容，原创型内容可从行业新闻、活动消息、名人视点、在线调查中获取灵感；转载型内容则要保证转载内容已经通过作者授权，且内容应当具有实用价值。

（2）服务。应充分发掘客户的需求，并提供较好的线上服务。

（3）活动。设置促销活动和抽奖活动，增强客户的忠诚度。

（4）渠道。将公众号内容转载至微博、贴吧、知乎、豆瓣等网络社交平台，以此来增强客户对公众号的关注度。

（5）社群。建立客户群，收集关于公众号的反馈意见，以便能完善公众号的内容。

3. 形成自己的品牌

拥有能够代表品牌的 LOGO，所发表的文章都拥有统一的格式，配色、排版等都能展现出公众号的审美和格调，书写文字的语气也要能彰显出设计师的个人特色。

4. 及时推送文章

选择合理的时间推送文章，为客户培养固定的阅读习惯，这也有利于增强客户对公众号的关注度（图 7-13）。

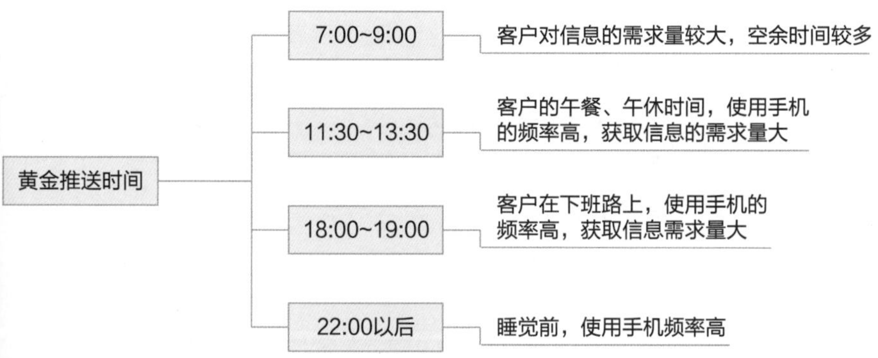

图 7-13　微信朋友圈推送时间

↑在客户的空闲时间推送，能让其在第一时间看到营销信息后能有时间做出反应，提升签单的成功率。

三、微信小程序营销

微信小程序需要专业团队开发，但是比独立的 APP 开发成本要低很多，利用小程序营销，能获取大量的用户和流量。目前，在小程序总体用户场景入口分布中，28.2% 的用户来自用户分享，23.8% 的用户来自发现栏的小程序入口，25% 的用户来自于公众号。微信小程序是一个用户非常愿意分享的产品，也是不可错过的具备转化快、数据准、门槛低等特征的营销渠道。

微信小程序主要满足客户能够在线操控行为的需求，即在小程序中办理自己的设计方案、合同、材料清单等文本手续，同时也是装饰企业营销的良好平台。例如，在微信小程序中设计材料商城，列出各种装修主材、辅材，指出价格、性能等信息，供客户挑选。选中后的材料可以即刻下单付款，材料将直接运输到施工现场交付施工。同时，微信小程序还是施工进度监控，客户与设计师、项目经理沟通的重要媒介，客户可以通过微信小程序所连接的现场摄像头观看施工现场状况，发现问题可及时在微信小程序上指出，项目经理能及时组织整改。

★小贴士

客户来源

设计师要能判断客户是否急于装修，要能从客户的语言、态度等方面，推断出该客户真实的合作意愿。客户一方面来源于老客户介绍的新客户，一方面来源于慕名而来，或在网络上咨询，或电话邀约或在交房现场沟通的新客户。

老客户转介绍的新客户人数有限，但客户签单率较高。设计师应当充分运用自身的人际关系发展出更多、更优质的客户，并保持与老客户的联系，以便随时接受客户的反馈意见。

第 32 课 撰写优质营销文案

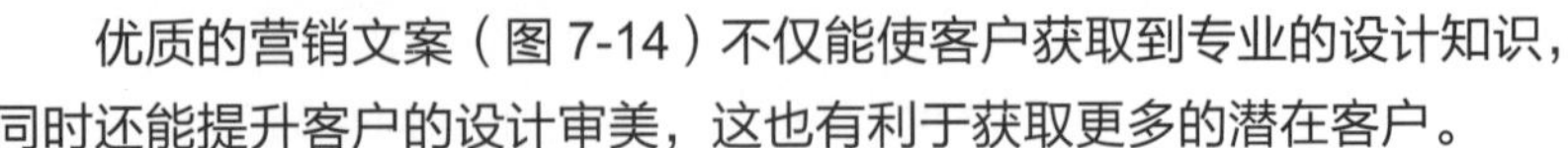

优质的营销文案（图 7-14）不仅能使客户获取到专业的设计知识，同时还能提升客户的设计审美，这也有利于获取更多的潜在客户。

一、文案版面要富有特色

富有特色的排版不仅可以提高文章的阅读体验，增加文章的可读性，同时还能彰显设计师的个性，在众多公众号中脱颖而出。

色彩搭配 健康生活

Color matching, healthy life

颜色，传递着人们的情感和个性，而不同的色彩又影响我们的行为、感觉、爱好，或者使人们融入一个特定的环境。从时装到生活，色彩带给我们变化。越来越多的油漆品牌在色彩上下工夫，根据颜色的色相和意境，把颜色分类，让你自由调配一个色彩的时尚窝。

蓝色，是一种令人产生遐想的色彩。传统的蓝色常常成为现代装饰设计中热带风情的体现。蓝色还具有调节神经、镇静安神的作用。蓝色清新淡雅，与各种水果相配也很养眼，但不宜用在餐厅或是厨房，蓝色的餐桌或餐垫上的食物，总是不如暖色环境看着有食欲;同时不要在餐厅内装白炽灯或蓝色的情调灯，科学实验证明，蓝色灯光会让食物看起来不诱人。但作为卫浴间的装饰却能强化神秘感与隐私感。

黑白配的房间很有现代感，是一些时尚人士的首选。但如果在房间内把黑白等比使用就显得太过花哨了，长时间在这种环境里，会使人眼花缭乱，紧张、烦躁，让人无所适从。最好以白色为主，局部以其他色彩为点缀，空间变得明亮舒畅，同时兼具品位与趣味。

紫色，给人的感觉似乎是沉静的、脆弱纤细的，总给人无限浪漫的联想，追求时尚的人最推崇紫色。但大面积的紫色会使空间整体色调变深，从而产生压抑感。建议不要放在需要欢快气氛的居室内或孩子的房间中，那样会使得身在其中的人有一种无奈的感觉。如果真的很喜欢，可以在居室的局部作为装饰亮点，比如卧房的一角、卫浴间的帷帘等小地方。

粉红色，大量使用容易使人心情烦躁。有的新婚夫妇为了调节新居气氛，喜欢用粉红色制造浪漫。但是，浓重的粉红色会让人精神一直处于亢奋状态，过一段时间后，居住其中的人心情会产生莫名其妙的心火，容易拌嘴，引起烦躁情绪。建议粉红色作为居室内装饰物的点缀出现，或将颜色的浓度稀释，淡淡的粉红色墙壁或壁纸能让房间转为温馨。

中国人认为红色是吉祥色，从古至今，新婚的喜房就都是满眼红彤彤的。红色还具有热情、奔放的含义，充满燃烧的力量。但居室内红色过多会让眼睛负担过重，产生头晕目眩的感觉，即使是新婚，也不能长时间让房间处于红色的主调下。建议选择红色在软装饰上使用，比如窗帘、床品、靠包等，而用淡淡的米色或清新的白色搭配，可以使人神清气爽，更能突出红色的喜庆气氛。

橘红色又或是橙色，是生气勃勃、充满活力的颜色，是收获的季节里特有的色彩。把它用在卧室则不容易使人安静下来，不利于睡眠。但将橙色用在客厅则会营造欢快的气氛。同时，橙色有诱发食欲的作用，所以也是装点餐厅的理想色彩。将橙色和巧克力色或米黄色搭配在一起也很舒畅，巧妙的色彩组合是追求时尚的年轻人的大胆尝试。

在冷调淡蓝色为主的搭配中加入少量的黄色，引起强烈的视觉冲击，产生冷暖、互补色之间的对比。虽然黄色处于面积较小的地位，但并不显得弱势，反而成为了画面中的一个亮点。

“用语言表达设计是另一种设计行为。”

图 7-14　优质文案

↑优质文案具有明确的指导、借鉴意义，其中的观点、方法应当是客户所不曾了解的知识点，要能开拓客户视野，吸引客户眼球，同时能告知客户具体的执行方案。

决定排版是否具备美感的因素较多，字体、行距、段距、边距、颜色、对齐方式、对比、重复、统一等都会影响文案的最终效果。现将排版的具体规范列于表 7-3 中。

表 7-3　排版规范一览表

名称	内容
字体	默认字体为 12 号，最小不低于 9 号，标题要比正文的字号大，但不要超过 24 号，字体的格式可根据内容风格和主体进行适当的调整

（续）

名称	内容
行距	默认行间距为 1 倍距，使用 1.75 倍距能够使双眼更加放松，可根据编写内容来灵活选择
段距	采取首行不缩进的方式，多采用分段或小标题的排版方式，阅读体验较好
边距	在两侧留白会显得文案更精致，视线移动范围缩小，阅读起来也会更轻松
颜色	字体颜色采用灰色能够减少阅读障碍，文章的整体颜色不要过多，背景色要能突显文字
对齐方式	排版默认为是左对齐，也可以居中、居左混着用，丰富版面形式
对比	标题和正文内容的对比，重点内容和正文内容的对比
重复	固定排版样式能够固化公众号印象，减少视觉疲劳
统一	字号大小、标题大小、颜色、对齐方式、图片间距、选图风格、排版样式等要统一

★小贴士

二维码

公众号被推荐或者文章底部求关注时，都会放上二维码，二维码的尺寸大小一定要合适，边长大多为 20 ~ 35mm。二维码中央应附上企业 LOGO，二维码底部文字信息摆放平整清晰，应选用识别率较高的等线体或黑体。文字整体内容所占的面积不要太大，尤其是不要比二维码大，这样会显得结尾不够简洁。

二、熟悉营销文案的类型

营销文案主要包括创意广告文案和促销广告文案，不同营销文案所侧重的内容不同，在撰写时要注意有所区分。室内设计营销文案所使用的语言应当规范完整，要避免出现语法错误或表达残缺；所使用的语言要符合语言的表达习惯，不可生搬硬套；要避免产生歧义或误解，文案中所使用的语言也应当通俗易懂，避免使用过于生僻或专业的词汇，这会影响公众对该广告的接受度。

1. 创意广告文案

创意广告文案的重点在于利用文字突显营销策略、设计情感和设计知识。所撰写的文案主题应当清晰、明了，且富有特色；要能用精炼的文字阐明设计知识和设计师或装饰企业的设计特色；要能让公众记住宣传的内容；不建议使用过分冗杂的长句，这会让公众产生排斥感。

创意广告文案的基本特征便是富有创意，所撰写的内容要能给予公众较强的视觉冲击力，要能从图案、色彩等角度，给予公众震撼，并以此加深公众对设计知识和设计师或装饰企业的印象。但需注意在创意的过程中，不可过于注重表现形式。

2. 促销广告文案

促销广告文案的重点在于突显促销活动，所撰写的文案应当能够清晰地阐明促销活动的目的、对象、地点、主题、前期准备、宣传、纪律管理、现场控制、费用、营销效果预估等内容。该文案的目的在于利用促销的方式吸引客户，并激发客户的购买欲望（图 7-15）。

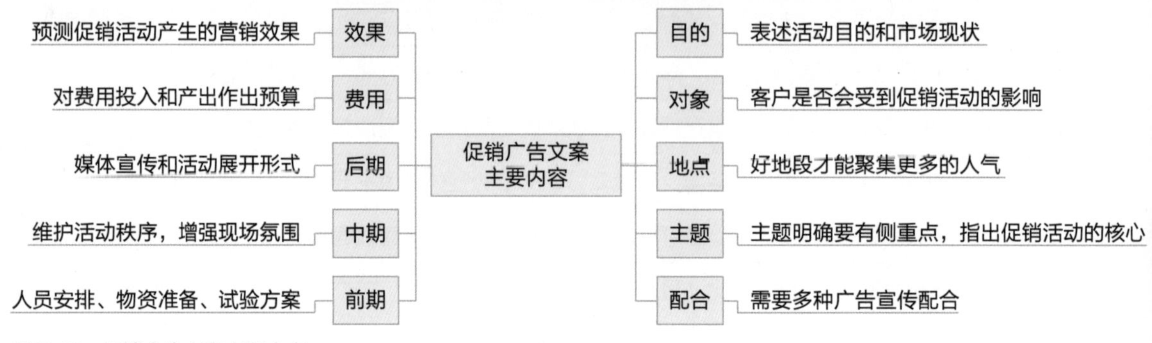

图 7-15　促销广告文案主要内容

↑促销广告文案的核心在于探索客户的诉求与痛点，诉求主要在于超低的价格与巨大的优惠，痛点在于材料品质与施工质量。在促销广告文案中注重解决这两大问题，促销活动就能获得圆满成功。

三、充实营销文案内容

室内设计的营销文案要切合实际，要具备实用价值。设计师可深入市场调查，了解客户对不同营销文案的接受度，对不同设计风格的喜爱度，以及对设计师或装饰企业的关注点等信息，并制订详细的调查问卷，这些问卷都能成为撰写营销文案的重要参考资料。

图 7-16 为充实营销文案的方法。

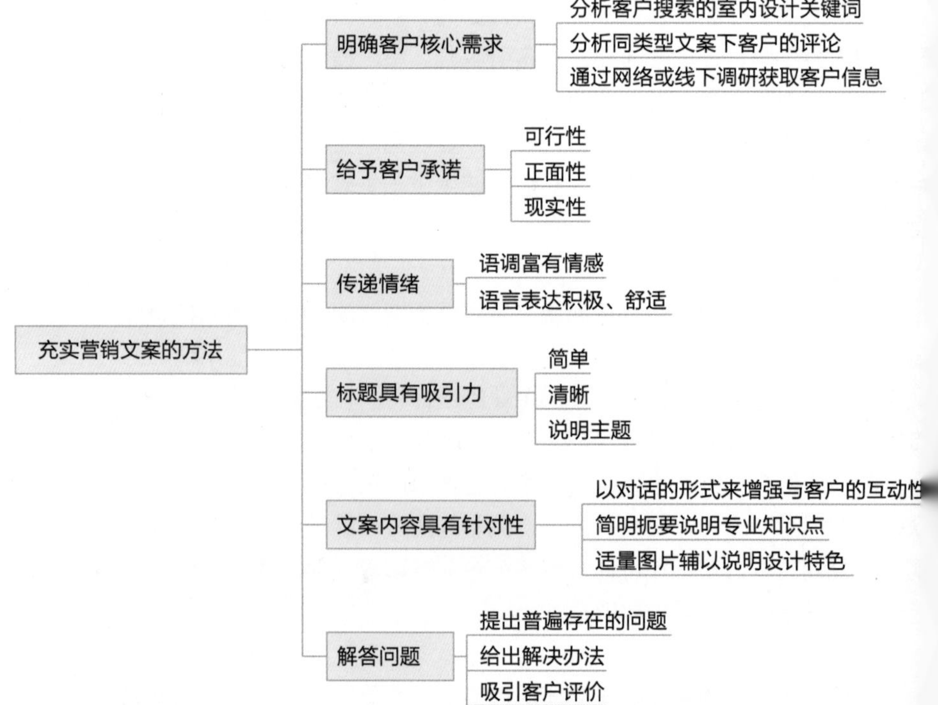

→在营销文案中注入解决问题的方法，且这些方法都是具有可行性的，在营销活动中引导客户尝试、体验这些方法，最终获得成果，信任营销活动，就能促成签单。

图 7-16　充实营销文案的方法

设计市场调查问卷要掌握一定的技巧，要选择合适的问题，控制好调查问卷的时间，提问的顺序也要控制好；所设定的问题应遵循前后连贯、先易后难的原则；可以设置一些表面上与主题无关，但实质上却有意义的问题，要明确为何提出该问题，提出该问题的目的是什么；要营造一种轻松、融洽的提问氛围，在良好的氛围下，被访者会更愿意回答问题。

表 7-4 为调查信息分类，表 7-5 为室内设计调查问卷。

表 7-4　调查信息分类

名称	内容
基本信息	被访者喜爱的设计风格，所能接受的装修价格，对品牌的重视度，对设计的重视度，所能接受的营销模式，感兴趣的促销活动等信息，为主要调查信息
分类信息	被访者年龄、性别、职业等信息，为次要调查信息
鉴别性信息	被访者姓名、电话、住址，为不重要类信息

表 7-5　室内设计调查问卷

姓名：______　性别：______　年龄：______　职业：______　家中人员数量：______	
Q1：您了解室内设计这个职业吗	A1：□是　□否
Q2：您觉得室内设计师需具备哪些素质（多选）	A2：□艺术天赋和专业知识　□创新构思能力　□沟通能力　□实践动手能力
Q3：会通过何种途径了解设计师	A3：□网络　□朋友　□设计公司　□其他
Q4：目前有设计需求吗	A4：□有　□没有
Q5：什么情况下您会有设计需求	A5：□结婚　□室内空间实用功能出现损坏　□需要有一个更好的室内环境　□其他
Q6：会找设计师进行设计吗	A6：□会　□不会
Q7：是否会参与设计	A7：□是　□否
Q8：会从哪些角度考虑设计师（多选）	A8：□工程实例　□设计理念　□造价　□设计师知名度　□设计师经验　□效果图　□具体施工进度　□其他
Q9：所倾向的设计风格	A9：□北欧　□简约　□极简　□简欧　□中式　□混搭　□工业　□田园　□日式　□复古　□古典　□其他
Q10：比较倾向于哪种装饰色调	A10：□冷色　□暖色　□神秘　□稳重　□其他
Q11：装修预算	A11：□≤ 8 万　□ 8 万～ 15 万　□ 15 万～ 25 万　□≥ 25 万

（续）

姓名：______ 性别：______ 年龄：______ 职业：______ 家中人员数量：______	
Q12：重视哪个方面的品质（多选）	A12：□足够的收纳空间 □容易打扫维护 □舒适的照明环境 □舒适的家具 □较高的审美需求 □具备实用功能 □注重环保性 □其他
Q13：对室内环境的要求	A13：□无所谓 □整体舒适即可 □有一定的品位要求 □有较高要求
Q14：更重视室内设计的哪一部分（多选）	A14：□空间 □采光 □陈设 □色彩 □装饰 □绿化 □风水 □其他
Q15：您觉得室内设计应做到哪几点（多选4～5个）	A15：□舒适 □美观 □经济 □实用 □节能 □个性 □安全 □人性化 □健康 □耐用
Q16：最担心的问题（多选）	A16：□装修合同暗藏陷阱 □设计不合理 □多花冤枉钱 □装饰效果不够好 □其他
Q17：请您为右侧各项的重要程度进行打分	A17：服务态度：☆☆☆☆☆ 设计风格：☆☆☆☆☆ 施工进度：☆☆☆☆☆ 使用质量：☆☆☆☆☆ 工程造价：☆☆☆☆☆
Q18：所倾向的色调材质	A18：□原木冷灰（木、大理石、亚麻、皮） □大地色系（木、棉麻） □原木暖黄（木、瓷砖、涂料）□暖撞色（木、瓷砖、石头、编织物） □冷绿（水磨石、涂料、黄铜） □清新粉金（大理石、树脂、涂料、黄铜） □东南亚混色（木、绿植、地毯、石） □蓝灰黑金（木、涂料、金属、亚麻、石） □淡雅（灰泥、木、石、亚麻）
Q19：更倾向于选用何种主要材料（多选）	A19：□石材和砖材 □陶瓷 □木材 □玻璃 □金属 □其他
Q20：所倾向的墙面材质（多选）	A20：□涂料 □墙纸 □瓷砖 □木材 □其他
Q21：对理想室内空间的其他需求： 1. 2.	
Q22：对室内设计行业有什么建议： 1. 2.	
辛苦了，谢谢您的参与！	

第 8 章 提高自身综合水平

识别难度： ★★★☆☆
核心概念： 专业技能提升、有效社交、工作技巧、笔记术
章节导读： 室内设计师要不断强化自己的核心竞争力，要能有较强的专业技能，要能高效地完成日常工作，无论是与客户沟通，还是与同事、上级沟通，都能获得较好的沟通结果。为了方便随时自省，也为了便于后期与客户、施工人员等沟通设计细节，设计师还可将沟通过程中产生的疑问或灵感记录下来，并仔细分析、研究直至得出解决的方法。这些笔记也是设计师职业生涯的重要资料。

第 33 课 提高专业技能水平

专业技能始终是室内设计师的立足之本，只有不断更新、强化自身专业水平，才能有效提升自身的核心竞争力。

一、熟悉设计相关软件

熟悉制图软件是室内设计师的专业技能之一，目前设计师所应用的设计软件（表 8-1）较多，其中 AutoCAD 是一款辅助绘图软件，可绘制二维图形、三维图形、标注尺寸、渲染及打印输出等，可用于绘制设计、施工图纸；3ds Max 和酷家乐是应用比较频繁的效果图软件，这两个软件所绘制的效果图能够更为直观和准确地表现室内空间环境，为装修客户提供具体的环境形象，它的绘图质量会影响装修客户对设计方案的决策。

表 8-1 室内设计常用软件汇总

名称	图示	特点
AutoCAD		• 具有良好的用户界面，通过交互菜单或命令行便可进行各种操作 • 操作简单，非专业计算机人员也能操作流畅，覆盖面较广 • 具有广泛的适应性，可以在各种操作系统支持的微型计算机和工作站上运行
3ds Max		• 常简称为 3d，是基于 PC 系统的三维动画渲染和制作软件 • 性价比高，对计算机配置有一定要求，操作流程十分简洁、高效，但操作思路清晰才能快速制图

（续）

名称	图示	特点
Vray 渲染器		●是一款高质量渲染器，为诸多领域的优秀 3D 建模软件提供了高质量的图片和动画渲染 ●主要用于渲染一些特殊的效果，如次表面散射、光迹追踪、焦散、全局照明等 ●可用于建筑设计、灯光设计、展示设计等多个领域
草图大师	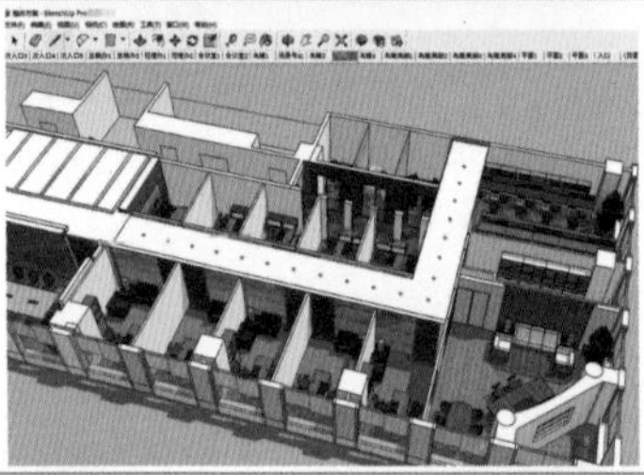	●英文名称为 Sketch Up，可以快速和方便地创建、观察和修改三维创意，操作简单，功能强大 ●可以根据设计目标，方便地解决整个设计过程中出现的各种修改
酷家乐	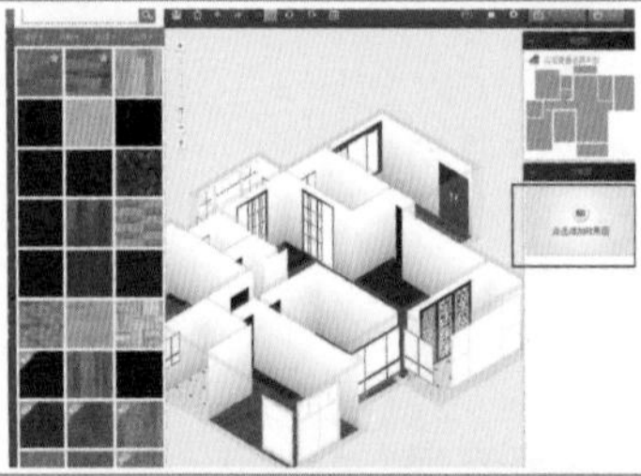	●是时下比较流行的“装修神器”，独创一键智能自动布局功能，即使不懂设计，轻点鼠标，也能立即获取精美的装修方案 ●实现“所见即所得”的全景 VR 设计装修新模式，5 分钟生成装修方案，10 秒生成效果图，一键生成方案
四维星软件		●操作简单，可在台式计算机、笔记本、智能手机上操作，广泛用于卖场展示设计、投标工程设计、个性化服务、室内软装设计等领域 ●可在不同风格的空间内随意更换壁纸、壁画、瓷砖、马赛克、地板、地毯、墙面漆、家具、窗帘等材料
圆方软件	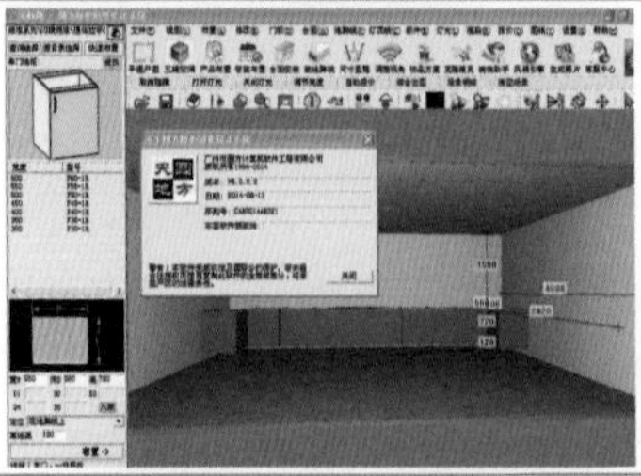	●为家具、厨衣柜、卫浴、瓷砖等大家居行业，提供设计、生产、管理、销售软件一体化的解决方案 ●在图形图像、家居行业信息化解决方案领域居于世界顶尖水平，拥有虚拟现实技术、3D 渲染引擎技术
CAD 迷你家装	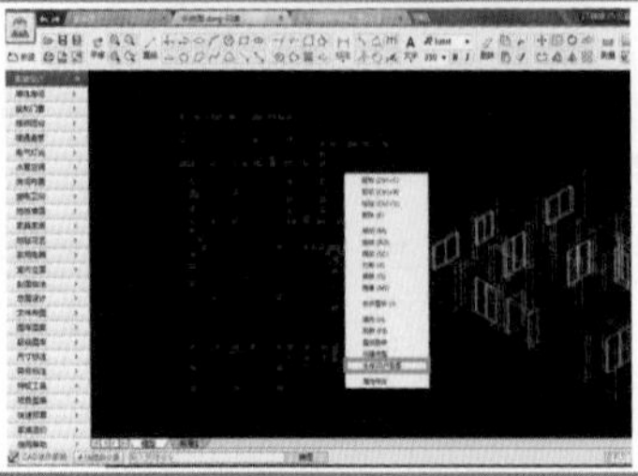	●是一款快捷、易用且功能齐全的专业级家装设计 CAD，软件小巧灵活，兼容 DWG 各版本格式 ●集家装户型设计、家居陈设、给水排水、电气灯光、采暖空调等所有功能于一体，可以大幅提高制作各种家装平面设计图的效率

二、提高设计绘图能力

室内设计的图纸是设计师对于室内空间装修设计的一切构想、创意的具体表现，也是业主、设计师、施工者三者之间沟通的有效桥梁。通常设计师可通过手绘草图、设计图、效果图等图纸来表现设计的具体内容。

1. 手绘草图

要提高手绘草图的能力，首先需要设计师能够在较短的时间内做好设计创想，并能精准地将室内空间的结构绘制在图纸上；其次需要设计师能够仔细观察空间结构，并能拥有较好的透视表现能力；最后需要设计师多加练习，做到熟能生巧（图 8-1）。

a）线稿

b）着色稿

图 8-1 手绘草图

↑手绘草图先采用绘图笔绘制线稿，后采用马克笔与彩色铅笔着色，能在短时间内完成绘制。图中所建立的空间结构与色彩关系能反映设计师的创意构思，给客户提供意向参考。

2. 设计图

设计图（图 8-2）主要是指施工图，包括原始平面图、平面布置图、地面铺装图、顶面布置图、开关插座布置图、给水布置图、立面图等图纸，这些图纸主要是利用 AutoCAD 绘制而成。

要提高设计图的绘制水平，要有较好的设计思想，要能快速设计空间的平面布局；要了解基础工程的施工工艺，正确标识出材料名称与施工工艺；要熟悉室内结构，勤加练习，并能熟练运用快捷键绘制图纸。

3. 效果图

效果图（图 8-3）主要是指方案图，包括手绘效果图和计算机软件绘制的效果图。前者更具灵活性，能更好地表现出设计师的审美风格；后者制作简单、出图较快，能准确、真实地展示出室内空间不同部位的设计效果。

要提高效果图的绘制能力；要拥有较好的色彩感知能力和搭配能力；要提高材料搭配能力和空间透视能力；要熟悉室内结构，勤加练习，并能熟练运用快捷键绘制效果图。

→设计图采用 AutoCAD 绘制，线条精准，尺寸标注准确，是创意设计的延续，也是施工的重要指导依据。

↓效果图多采用酷家乐制作，三维空间模型创建速度快，效率高，灯光照明效果真实细腻。设计师能自学掌握，一套住宅室内设计效果图 8 ~ 10 张，只需 2~3 天就可完成。

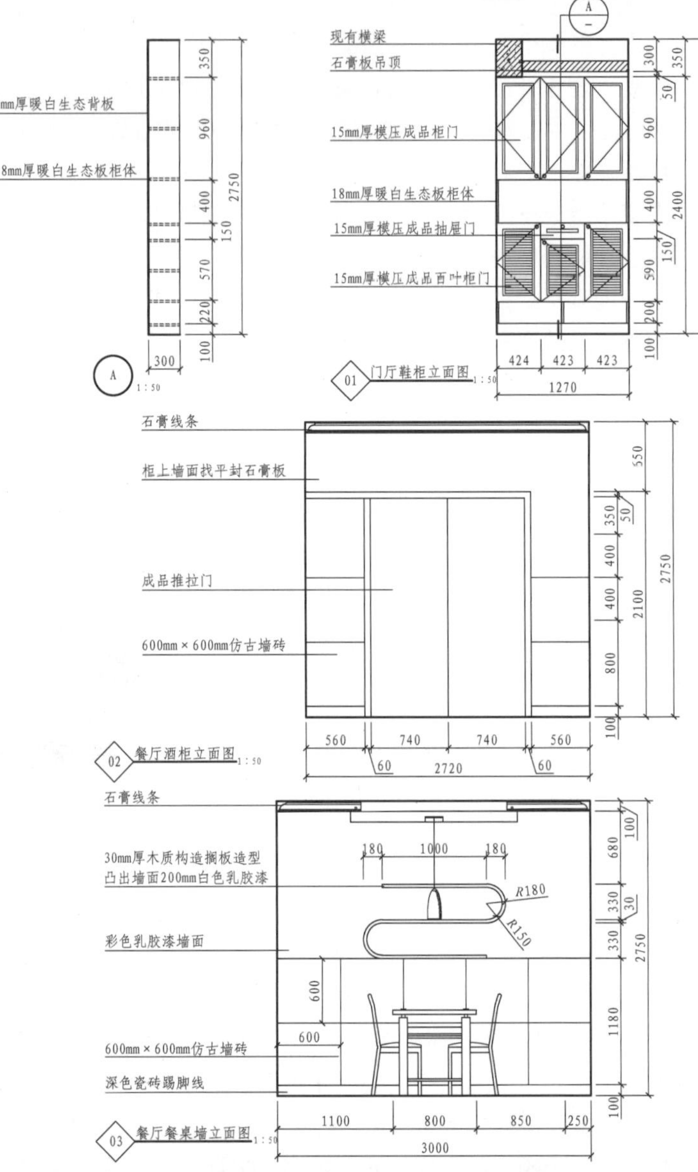

图 8-2 设计图

a）卧室

b）儿童房

图 8-3 效果图

三、提高设计水平

要提高设计水平，一方面可以从设计书籍和设计视频中获取有价值的信息；另一方面可以从实践和过往优秀案例中获取设计经验。设计师还需紧跟时代步伐，了解时下装修的趋势，包括当下流行的装饰风格、装饰材料、色彩和陈设形式等。

室内空间设计需要重点考虑的是空间内的格局、通风条件、采光条件、物品存储条件等是否能够满足客户的基本需求；空间内的装饰材料和结构材料是否符合环保要求；空间内的软装配饰、陈设格局、灯光环境等是否能塑造一个舒适的室内环境等。设计师需要大量地阅读相关设计书籍，并时刻关注国家发布的有关室内设计的规范和法律法规。

图 8-4 为厨房布局设计标识。

图 8-4　厨房布局设计标识

←厨房空间布局根据操作习惯来设计，将全套操作流程梳理后整合成文字动线，再将文字注入厨柜设计中。

提高设计水平要从基本平面布局入手，下面列举一项室内布局与动线设计案例。

在住宅设计中，针对公共空间与私密空间的动线安排可分为两种：一种是需要招待好友到家中做客的，另一种是注重家人相聚型的。对于需要招待好友的，可以将格局一分为二，一半是公共空间，一半是私密空间，将公共空间与私密空间分开，让来访的客人不会打扰到业主的私人空间。对于注重家人相聚型的，领域之间的划分就没有这么讲究，可以将私人领域规划于公共领域的两侧，用动线串联公共空间与私密空间，让一家人方便走动到中间的公共空间相聚，同时，家人也可以拥有自己的空间。

经过设计的室内布局能轻松表现出动线的存在，动线简洁明了，主动线与次动线对比分明，形成良好的层级关系，让室内空间中各区域具有明显的区分，人在各区域中都有独立的活动空间，增强了家庭成员的归属感。

图 8-5 为住宅室内空间布局与动线设计。

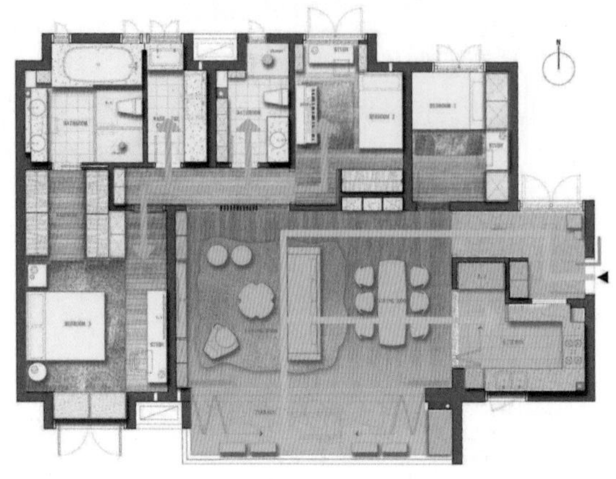

a）设计前

↑公共空间在前，私密空间在后，两者之间划分得十分明晰；动线也分为访客动线及私人动线，有客到访时能够保证私人空间不被打扰。

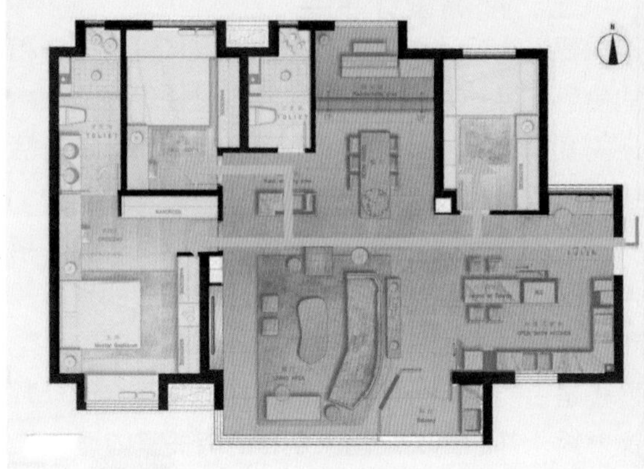

b）设计后

↑私密空间包围公共空间，两者之间相互交叉存在，动线也是交互穿插，可以促进家里人进行更多的交流。

图 8-5　住宅室内空间布局与动线设计

四、提高预算编制能力

要提高预算编制能力，最重要的一点便是要了解预算的组成，主要包括直接费和间接费两大部分。直接费包括人工费、材料费、机械费和其他费用；间接费包括管理费、税金等费用。通常管理费是直接费的5%～10%。

下面列举一套住宅设计的预算来具体说明。这是一套紧凑的三室二厅户型，在不足 $100m^2$ 的面积里划分出了三间卧室，空间得到最大程度的利用（图 8-6 ～图 8-8）。

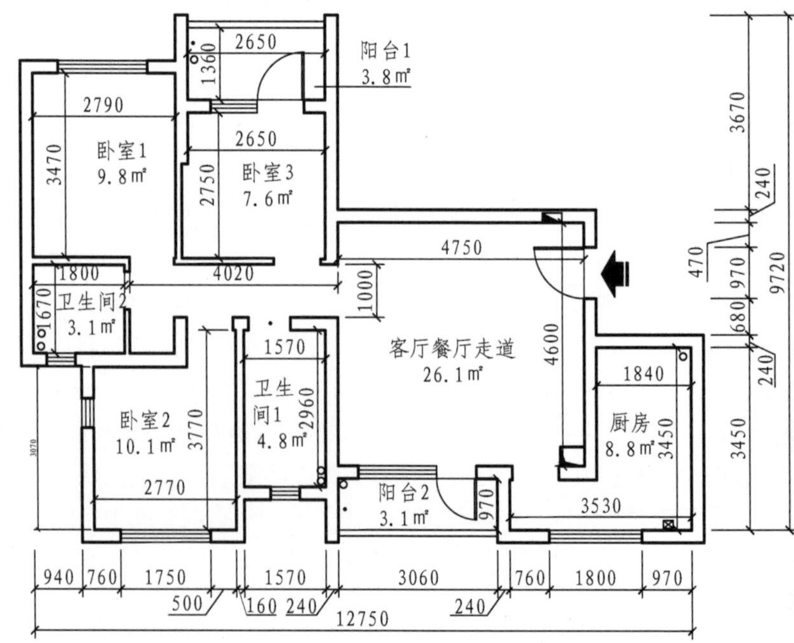

→原始平面图中详细标注出各空间的尺寸，便于精确计算面积、周长等数据。

图 8-6　原始平面图

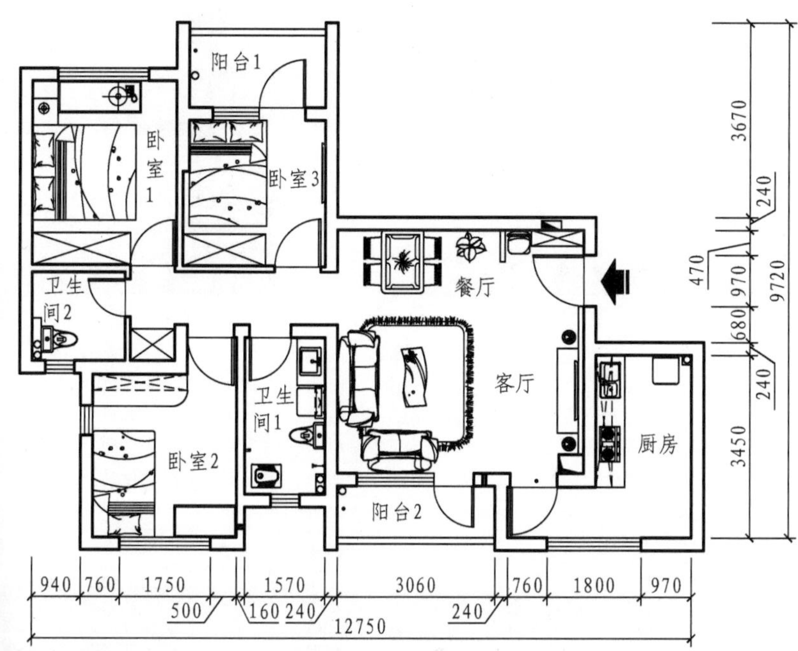

←平面布置紧凑合理，绘制出家具摆放形态，强化使用。

图 8-7 平面布置图

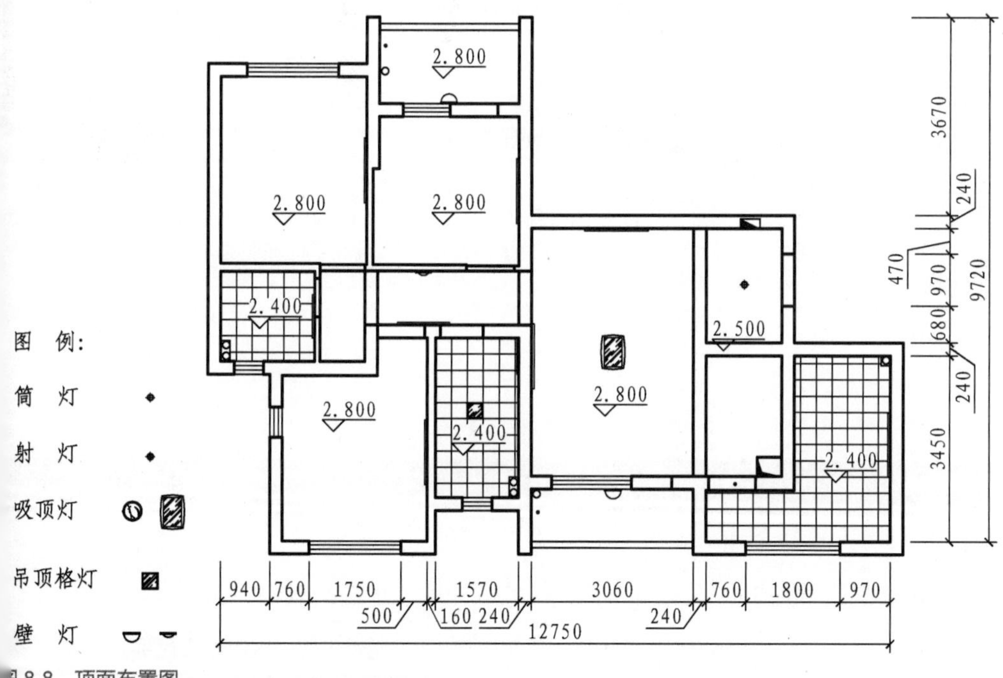

←顶面造型简洁，标注出层高，配上图例表，供制作预算表参考。

图 8-8 顶面布置图

经过施工后，室内空间呈现出完整的使用功能（图 8-9）。墙面以白色乳胶漆为主，搭配局部壁纸铺贴；安装造型简洁且具有复古韵味的灯具，呈现出宁静、安详的视觉效果。工程预、决算表（表 8-2）中记录了全部工程项目，标明了项目名称、单位、数量、单价等细节，最后计算出合价与总价，详细注写了材料工艺及说明。

a）过道

↑过道是该户型中最大的亮点，它几乎贯穿着居室中的所有功能空间。白色既能表现出简约自然的北欧风格特点，同时还能在视觉上起到增大空间感的效果。墙上的照片墙与暖黄色的灯具，也起到了很好的点缀作用。

b）客厅背景墙

↑在北欧风格的家居装修中，多使用纯色来装饰。客厅的电视机背景墙，采用白色乳胶漆涂饰，电视柜以高纯度的蓝色与棕色相搭配。为了打破这种过于简约带来的单调感，在背景墙上铺贴田园风格的墙纸加以点缀，这也增添了活泼俏皮的空间氛围。

c）客厅电视柜

↑北欧风格的家具以简约著称，具有很浓的后现代主义特色，注重流畅的线条设计，具有一种时尚、回归自然的韵味。客厅电视柜在设计中加入了现代、实用、精美的艺术设计风格，反映出现代都市人审美的新趋势。

d）卧室装饰柜

↑卧室装饰柜采用实木与透明钢化玻璃相结合的设计形式，简约的造型使柜体的储藏功能得以最大化发挥，同时，玻璃的透光特性也增添了装饰功能。

e）儿童房

↑带有阳台的卧室被设置为儿童房，阳台外充足的阳光保证了房间内光线的充裕，有益儿童的健康成长。内侧墙上的置物搁板，可以摆放一些孩子喜欢的小物件或相框，增添了童趣感。

f）次卧室

↑次卧室是集书房与客房于一体的多功能空间，不论是墙上挂置的装饰画与书法作品，还是桌上放置的陶瓷器皿或是小动物摆件，都能彰显出居室主人的高级品位与格调。

图 8-9　竣工实景图

表 8-2　工程预、决算表

名称	项目名称	单位	数量	单价	合计	材料工艺及说明
一、基础工程						
1	卫生间地面回填	m^2	7.7	75.0	577.5	水泥砂浆填平地面
2	包雨水管	根	5.0	155.0	775.0	龙骨包扎，水泥砂浆找平
3	厨房卫生间防水处理	m^2	7.5	85.0	637.5	聚氨酯防水涂刷 2 遍，聚合物防水涂料涂刷 2 遍，防水剂涂刷 2 遍
4	其他局部改造	项	1.0	600.0	600.0	全房局部修饰、改造，人工、辅料
5	施工耗材	项	1.0	800.0	800.0	电动工具损耗折旧，耗材更换、劳保用品等

（续）

名称	项目名称	单位	数量	单价	合计	材料工艺及说明
	合计				3390.0	
二、水电工程						
1	进水管隐蔽工程改造	m	46.5	58.0	2697.0	PP-R 管，打槽、入墙、安装，拆除原有管道，布设新管道
2	排水管隐蔽工程改造	m	25.2	50.0	1260.0	PVC 排水管，接头、配件、安装
3	洁具安装	项	1.0	500.0	500.0	含安装辅料与人工，不含洁具
4	电路隐蔽工程改造	m	288.0	26.0	7488.0	BVR 铜线，照明插座线路 2.5mm^2，空调线路 4mm^2，国标电视线、电话线、音响线、网络线、PVC 绝缘管，不含开关、插座，对现有电路进行改造
5	灯具安装	项	1.0	500.0	500.0	含安装辅料与人工，不含灯具
	合计				12445.0	
三、客厅餐厅工程						
1	墙顶面基层处理	m^2	96.1	12.0	1153.2	刮成品腻子 2 遍，打磨
2	墙顶面乳胶漆	m^2	96.1	15.0	1441.5	单色乳胶漆 2 遍，底漆 1 遍
	合计				2594.7	
四、厨房工程						
1	墙面铺贴瓷砖	m^2	36.9	72.0	2656.8	水泥砂浆铺贴，人工，不含瓷砖
2	地面铺装防滑砖	m^2	8.8	75.0	660.0	水泥砂浆铺贴，人工，不含瓷砖
	合计				3316.8	
五、卫生间工程						
1	墙面铺贴瓷砖	m^2	32.5	72.0	2340.0	水泥砂浆铺贴，人工，不含瓷砖
2	墙顶面乳胶漆	m^2	20.0	15.0	300.0	单色乳胶漆 2 遍，底漆 1 遍
3	墙面铺贴踢脚线	m	6.8	15.0	102.0	水泥砂浆铺贴，人工，不含瓷砖踢脚线
4	地面铺装地砖	m^2	8.4	75.0	630.0	水泥砂浆铺贴，人工，不含瓷砖
	合计				3372.0	
六、卧室 1 工程						
1	墙顶面基层处理	m^2	49.2	12.0	590.4	刮成品腻子 2 遍，打磨

（续）

名称	项目名称	单位	数量	单价	合计	材料工艺及说明
2	墙顶面乳胶漆	m^2	49.2	15.0	738.0	单色乳胶漆 2 遍，底漆 1 遍
	合计				1328.4	
七、卧室 2 工程						
1	墙顶面基层处理	m^2	50.5	12.0	606.0	刮成品腻子 2 遍，打磨
2	墙顶面乳胶漆	m^2	50.5	15.0	757.5	单色乳胶漆 2 遍，底漆 1 遍
3	闭门器安装	件	2.0	80.0	160.0	双阳台闭门器安装，人工、辅料
4	墙面铺贴瓷砖踢脚线	m	13.2	15.0	198.0	水泥砂浆铺贴，人工，不含瓷砖踢脚线
5	地面铺装玻化砖	m^2	10.1	75.0	757.5	水泥砂浆铺贴，人工，不含瓷砖
	合计				2479.0	
八、卧室 3 工程						
1	墙顶面基层处理	m^2	42.5	12.0	510.0	刮成品腻子 2 遍，打磨
2	墙顶面乳胶漆	m^2	42.5	15.0	637.5	单色乳胶漆 2 遍，底漆 1 遍
	合计				1147.5	
九、走道工程						
1	墙顶面基层处理	m^2	40.2	12.0	482.4	刮成品腻子 2 遍，打磨
2	墙顶面乳胶漆	m^2	40.2	15.0	603.0	单色乳胶漆 2 遍，底漆 1 遍
	合计				1085.4	
十、阳台工程						
1	地面铺装仿古砖	m^2	8.7	75.0	652.5	水泥砂浆铺贴，人工，不含瓷砖
	合计				652.5	
十一、其他工程						
1	材料运输费	项	1.0	600.0	600.0	材料市场到施工现场楼下的运输费用
2	材料搬运费	项	1.0	800.0	800.0	材料市场搬运上车，从门口搬运入户
3	垃圾清运费	项	1.0	500.0	500.0	装饰施工垃圾装袋，搬运到指定位置
	合计				1900.0	

（续）

名称	项目名称	单位	数量	单价	合计	材料工艺及说明
十二	工程直接费				33711.3	上述项目之和
十三	设计费	m^2	96.0	60.0	5760.0	现场测量、施工图、效果图、预算报价，按建筑面积计算
十四	工程管理费				3371.1	工程直接费 ×10%
十五	税金				1465.2	（工程直接费 + 设计费 + 工程管理费）×3.42%
十六	工程预算总价				44307.6	（工程直接费 + 设计费 + 工程管理费 + 税金）
十七、增加工程						
1	卧室 1 大衣柜	m^2	3.6	720.0	2592.0	免漆板，含五金件、推拉门等
2	卧室 3 大衣柜	m^2	3.2	720.0	2304.0	免漆板，含五金件、推拉门等
3	走道书柜	m^2	2.5	720.0	1800.0	免漆板，含五金件、玻璃等
4	鞋柜	m^2	1.8	700.0	1260.0	免漆板，含五金件等
5	电视背景墙	项	1.0	1800.0	1800.0	免漆板，客厅电视背景墙，含五金件、玻璃等
6	卧室 3 床	m^2	3.2	600.0	1920.0	免漆板，卧室床，1.5m 宽，含五金件与床头靠背
7	小卫生间防水处理	m^2	6.2	85.0	527.0	聚氨酯防水涂刷 2 遍，聚合物防水涂料涂刷 2 遍，防水剂涂刷 2 遍
8	客厅餐厅走道，卧室 1、3 地面找平	m^2	42.0	40.0	1680.0	1 ：2.5 水泥砂浆找平地面，素水泥自流地坪砂浆整平，厚度 30mm
9	壁纸施工垫付	项	1.0	70.0	70.0	壁纸安装完成后垫付 70 元
10	衣柜图案重复打印	项	1.0	75.0	75.0	重复调整后打印、裱膜
	合计				14028.0	
十八	工程决算总价				58335.6	

注：此预算、决算不含物业管理与行政管理所收任何费用，物业管理与行政管理收费由甲方承担不便。施工中项目和数量如有增加或减少，则按实际施工项目和数量结算工程款。

五、提高动手操作能力

动手操作能力包括施工操作能力和模型制作能力。

1. 施工操作能力

要提高施工操作能力，首先要提高对材料特性的认知程度，并熟知材料的不同加工方式，如观看施工视频或去施工现场观摩，然后要能进行实际操作。只有实实在在将每一步施工工序都操作到位，才能更好地理解施工工艺，所绘制的设计图纸、所设计的构造形态才能更具有现实意义。

2. 模型制作能力

要提高模型制作能力主要可从两方面出发，一是训练三维空间思维，二是尝试制作不同格局和设计的室内空间模型。训练三维空间思维可以帮助设计师更好地理解空间透视，能拓展设计师的想象能力，能让设计师更好地理解图纸中无法呈现出来的细节构造，以及室内空间中不同要素之间的关系。制作不同室内空间模型（图 8-10），能提高设计师对设计理念的理解能力。

a）住宅建筑室内模型

b）客厅局部

图 8-10　室内设计模型制作

↑模型制作完毕后需检查模型是否能够体现设计理念。从不同角度观察模型时，是否能够获取较好的视觉感；模型内部构件是否有缺失，比例是否合理，是否会显得局促；模型灯光是否合适等。

六、能现场监督施工

通常室内设计工程的完成度与施工人员的工作能力和监理人员的现场监理能力息息相关。室内设计师除掌握专业的技术水平外，还需实时跟进设计工程的每一个分项目，并能较好地掌握其中的真实施工状况。

设计师要清楚报价单上每一项工程的施工时间，要在施工之前与施工人员做好交底工作，需反复确认实际拆、砌墙的尺度和位置；要确认待施工设计项目没有再更改的可能；要仔细检验进场材料的质量和数量是否有问题，并监督施工人员安全、文明地工作；要保证收尾工程能够顺利进行，并保证施工现场的洁净，可制作收尾材料清单，以免出现漏（表 8-3）。

表 8-3 收尾材料和器材清单模板

<table>
<tr><td colspan="8">一、照明和电器设备</td></tr>
<tr><td rowspan="2">序号</td><td rowspan="2">批注</td><td rowspan="2">名称</td><td colspan="2">生产商和型号</td><td rowspan="2">数量</td><td rowspan="2" colspan="2">备注</td></tr>
<tr><td>生产商</td><td>型号</td></tr>
<tr><td>1</td><td>已确认</td><td>吸顶灯</td><td>飞利浦</td><td>CW-698</td><td>2</td><td colspan="2">LED 插座可更换，黄光</td></tr>
<tr><td>……</td><td></td><td></td><td></td><td></td><td></td><td colspan="2"></td></tr>
<tr><td colspan="8">二、家具工程</td></tr>
<tr><td>序号</td><td>批注</td><td>名称</td><td colspan="2">箱体</td><td colspan="3">备注</td></tr>
<tr><td>1</td><td>已确认</td><td>鞋柜、衣柜</td><td colspan="2">椴木</td><td colspan="3">胡桃木色</td></tr>
<tr><td>……</td><td></td><td></td><td colspan="2"></td><td colspan="3"></td></tr>
<tr><td colspan="8">三、瓷砖和壁板工程</td></tr>
<tr><td>序号</td><td>批注</td><td>部位</td><td colspan="2">铺装材料</td><td>接缝剂</td><td colspan="2">备注</td></tr>
<tr><td>1</td><td>已确认</td><td>玄关地面</td><td colspan="2">地砖 300mm × 300mm</td><td>黑色</td><td colspan="2"></td></tr>
<tr><td>……</td><td></td><td></td><td colspan="2"></td><td></td><td colspan="2"></td></tr>
<tr><td colspan="8">四、涂装工程</td></tr>
<tr><td>序号</td><td>批注</td><td>部位</td><td colspan="2">涂装材料</td><td colspan="3">备注</td></tr>
<tr><td>1</td><td>已确认</td><td>墙面（硅藻泥）</td><td colspan="2">硅藻泥，自然色</td><td colspan="3">稻谷色（更衣室前室部分的顶板、卧室入口的门框上方）</td></tr>
<tr><td>……</td><td>……</td><td>……</td><td colspan="2">……</td><td colspan="3">……</td></tr>
</table>

第 34 课 有效社交很重要

设计师一人无法完成室内设计工程的全部工作，在实际工作中，需要上级领导、同级员工等的帮助。

一、社交分类

根据社交人群的不同，可将设计师日常工作中的社交活动分为向上社交、同级社交和向下社交。向上社交是指与上级领导的日常交流活动，以及沟通设计预算、设计工期等大方向的问题。同级社交是指与同为设计师的同事进行有效的交流活动，包括设计心得交流、兴趣爱好交流、工作内容交流等。向下社交在这里是指设计师与客户、施工人员或监理人员的交流活动，包括设计细节修改、施工现场管理、施工材料进场等。

二、有效社交

要进行有效社交，首先要懂得社交礼仪，社交距离要控制好，要保持温和的沟通态度，进行提问时，不要过于追究他人的隐私，要把握好提问的尺度，控制好自己的情绪。

设计师在向上社交时不可过于谄媚，既要有自己的品格，又要对上级领导保持一种敬畏之心。同级社交时不可高傲，要能与同事和谐共处。向下社交时不可带有鄙夷的情绪，要向同级社交一样，带着虚心学习的态度与人沟通。

图 8-11 为沟通风格与社交性的关系。

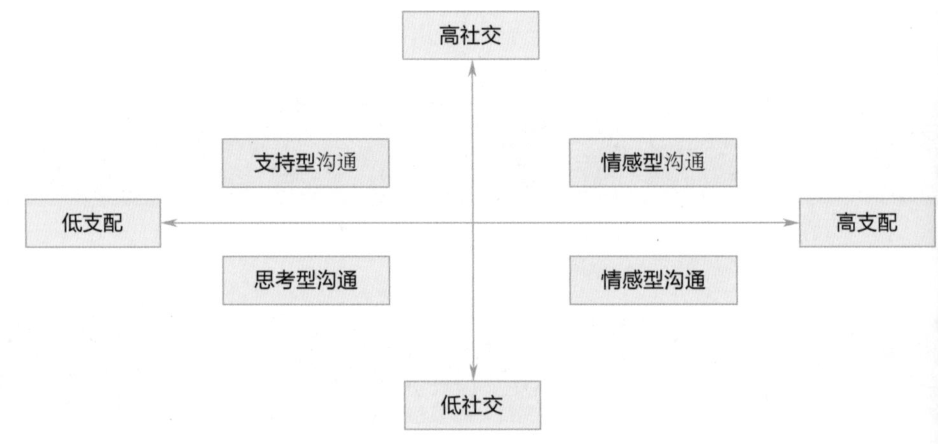

→不同的沟通方式所带来的社交结果会有不同，但这不是绝对的，最终的社交方式仍旧需要依据社交对象的性格变化而有所改变。

图 8-11　沟通风格与社交性的关系

第 35 课　有条理地工作

松弛有度的工作态度，井井有条的工作方式不仅能有效提高设计师的工作效率，在未来也将成为设计师核心竞争力的一部分。

一、养成良好的工作习惯

1. 习惯一：积累以往案例

优秀的设计案例可以很好地提升设计师的审美能力。设计师可将优秀案例图纸订立成册，并将自己对设计的想法批注在图纸上；将优秀案例的实景图片与设计图纸一同放入独立的电子笔记中，并进行批注。

2. 习惯二：随时记录灵感

在日常工作过程中，可能会因为看到某件事物而产生特殊的设计灵感，设计师可准备便捷、小巧的笔记本随时记录灵感，或将灵感记录在手机备忘录上，这些灵感将有助于完善设计构想。

3. 习惯三：培养尺度感

设计师应熟悉测量工具的使用流程，并在日常工作过程中，训练自身的测量能力，并熟记基础设计的尺寸范围，将这些尺寸与实物逐一对应，选定合适的参照物，以便更好地培养设计的尺度感。

通常椅子高度约在 400 ~ 450mm 之间；桌子高度约比椅子高 30mm；厨房操作台的高度约为 1/2 身高 + 50 ~ 100mm；推拉门的宽度最少 550mm，最多 950mm；每一级楼梯台阶的高度则约在 150 ~ 220mm 之间。

二、参考前辈工作经验

1. 经验一：不断训练三维能力

设计师可通过绘制轴测图或立体效果图来训练自身的三维能力，日常工作时还应仔细观察周边极具立体感的事物，并构思如何以更快的方式精准地绘制出该事物的立体图（图 8-12）。

图 8-12　手绘单体家具

←手绘单体家具一方面可以培养设计师的透视能力，另一方面也能培养设计师对立体空间的感知能力，同时也能通过色彩的选择培养设计师的色彩搭配能力。

2. 经验二：学会归纳总结

归纳、总结的目的在于查缺补漏，总结以往优秀案例的共通点，添补新的设计知识和施工经验，并按照项目的规模、功能、主题等元素逐一进行分类整理。

3. 经验三：定期做市场调查

定期考察的目的在于及时更新关于室内设计的相关资料，包括室内装饰材料品种、价格等。重视公众对于室内装饰风格的喜爱度排行；室内设计相关法规的更新；同类型装饰企业的经营决策等。

4. 经验四：灵活使用电话和邮件

电话可用于日常与客户沟通，邮件则可用于收发设计图纸、汇报设计方案等事宜。对于无法见面的客户而言，电话或邮件是很好的沟通工具，但要注意控制好沟通时间，并明确可用电话和邮件沟通的设计资料有哪些。

5. 经验五：学会团队合作

设计师要学会团队合作，要明白团队设计的规则，所有的设计图纸应当能够及时与团队成员共享，新的设计构想也应当及时与组员进行沟通，并做好数据备份。

6. 经验六：学会时间管理

时间管理是指设计师要学会规划每日的工作时间，可列工作清单，一方面可以提醒自己何时该做怎样的工作，另一方面也能催促设计师按时完成工作。

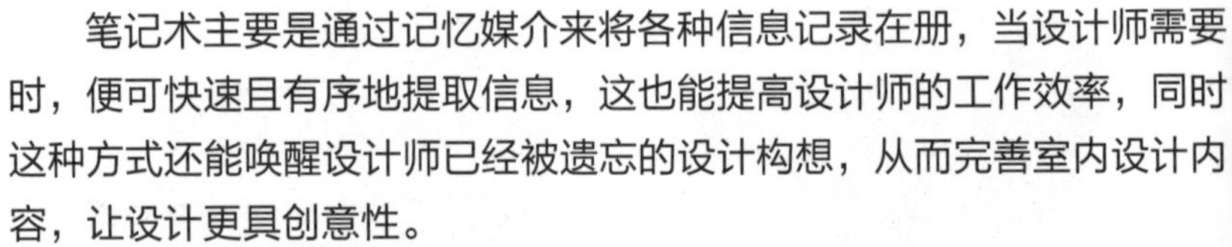

第 36 课 深入学习笔记术

笔记术主要是通过记忆媒介来将各种信息记录在册，当设计师需要时，便可快速且有序地提取信息，这也能提高设计师的工作效率，同时这种方式还能唤醒设计师已经被遗忘的设计构想，从而完善室内设计内容，让设计更具创意性。

一、室内设计笔记术

好记性不如烂笔头，通过翻阅过去的笔记，能为现在所遇到的设计问题找到更好的解决思路，坚持记录笔记，也会有令人意想不到的效果。

设计师在做笔记时，应当有规律、有计划、有重点、有条理地记录，且在笔记中应以“关键点”“思考点”“重点”来记录，对于需要经过反复推敲才能确定的布局，要以“重点”来标记。

设计师还需学会整理笔记，应当将复杂、量多的设计图纸进行分门别类，并归纳整合设计相关知识和不同客户的信息，这也便于更好地与客户沟通。经过整理的笔记要指出关键词与关键短语，由这些词汇转换为图形、符号等视觉形象，再绘制在笔记本上。

二、图形笔记术

图形笔记术主要是依靠简单的图形标注笔记的重点内容，图标应选用比较鲜艳的色彩，并标注数字。图 8-13 为“三个○”法。

下面主要介绍“○”在笔记中使用时的注意事项。

1. 一份笔记不超过三个“○”

一份笔记信息上，所使用的“○”不建议过多，最好不要超过三个。“○”过多会导致真正的重点无法突出，设计师能够获取的最有效的信息量也

图 8-13 “三个○”法

↑可利用“三个○”的方式来整理笔记内容，“○”有代表正确、完整、重视之意。

会因此减少。

2. 类似信息不标记“○”

具有相同意义的信息不建议都标记“○”，应选择最具有代表性和需要仔细研究的信息标记“○”。

3. 对有疑问的信息标记“○”

除重要信息外，有疑问的信息也可标记“○”，并在“○”后添加“？”，表示该条信息需要进行再分析。这种记录信息的方式很适合在施工现场与施工人员讨论设计细节的情况下，当施工现场不支持设计师直接修改图纸，无法将细节标注在图纸上时，便可在笔记上记录产生疑虑的设计问题，并标注“○”和“？”，以作提醒（图 8-14）。

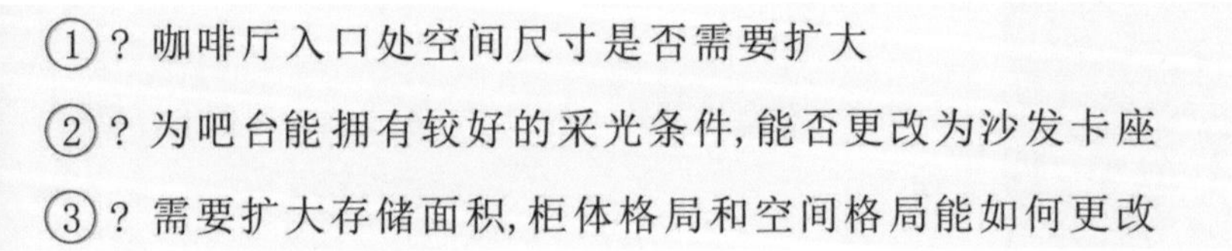

①？咖啡厅入口处空间尺寸是否需要扩大

②？为吧台能拥有较好的采光条件，能否更改为沙发卡座

③？需要扩大存储面积，柜体格局和空间格局能如何更改

图 8-14　用“○”和“？”标记疑问

←提出并记录的信息要具有代表性，且都应为在设计过程中有待解决和分析的重点。

三、对话框笔记术

对话框笔记术具备一定的预见性，它是“事前准备工作”中最简洁、快速的笔记方法。这种笔记术会给人一种下指示的感觉，所做的笔记内容应包含“A. 起始点”“B. 疑点”“C. 关键点”，这三项内容应当能够清晰地说明整件事的来龙去脉（图 8-15 ~ 图 8-17）。

图 8-15　家具材料加工厂

↑ A. 起始点（思考方向）：重新联系供应商，是否还能给予更低价？

图 8-16　板材流水线作业

↑ B. 疑点（弄清楚）：为什么家具制作的成本会如此高？

图 8-17　家具组装件物流运输送货

↑ C. 关键点（着重考虑）：运输成本是否过高，如何提升生产效率？

四、图表式笔记术

图表包括绘图和表格，它可以将复杂的事情以更直观和更简单的形式展现出来。图表式笔记能够使设计师的思路更清晰，主要包括大小图、设计图、关系图这三类。

1. 大小图

大小图在视觉上能给人一种对比的感觉，除去物理上的大小、长短对比外，还有重要程度上的对比。例如，可以在重点思路处绘制大一点的“○”，或加粗表格核心内容，以表示该处笔记的重要性。

在处理日常的工作时也是如此，比起纯粹地处理数字，将这些数字总结成图表，会更容易体会到它们所代表的含义；同时，从图表记录上，设计师能清楚了解其中的规模和比例。

图表式笔记术作为极具直观性的笔记方法，也能增强设计师对事件事实的思考，能帮助设计师针对某一设计项目或设计细节构思出更具针对性和实用性的解决方法（表 8-4）。

表 8-4　用图表式笔记术比较吊顶材料

材料名称	图示	优点	缺点
PVC 扣板		防水、防潮性能好，耐腐蚀	硬度差，易变形、老化，抗污性较差
防水石膏板		吸声效果好、造型美观	价格贵，易产生脱落
铝扣板吊顶		防水、防火、方便清洗，且抗腐蚀性强	对施工工艺要求高，美观性差
集成吊顶		安装简单、布置灵活	价格较贵，维修成本较高

注：客户纠结厨房吊顶选材时，设计师可以将多种材质放在一起进行比较，从而得出最合适的一款材料，帮助客户做出正确选择。

2. 设计图

设计图主要是以图文结合的形式来直观地说明室内空间中家具、构造等的尺寸特征或施工工艺。这种图纸能够加深设计元素之间的联系，同时也能帮助客户和施工人员理解设计的主次关系。注意这种设计图，一般不用绘制得过于复杂（图 8-18）。

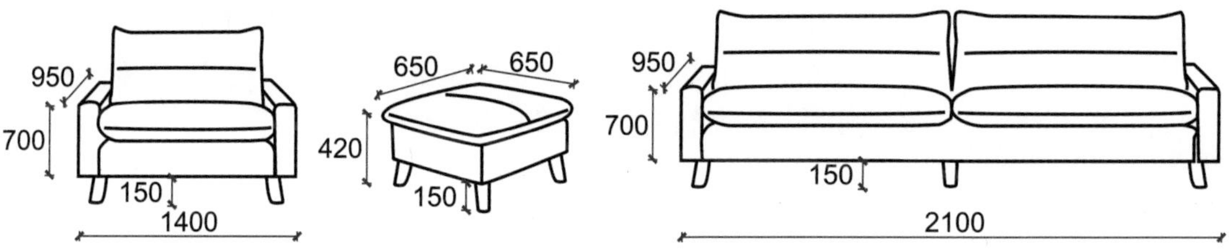

图 8-18　沙发设计图笔记（单位：mm）

↑设计图是将复杂的语言图像化，图纸内容有明显的对比效果，且往往图样越大，越能吸引注意力。

3. 关系图

关系图（图 8-19）是用连线图来表示事物相互关系的一种方法，这种笔记能够帮助设计师厘清设计师与客户、设计师与设计师等之间的逻辑关系，并能从中寻找到解决问题的最佳方法。

在制作关系图时，需注意以下 4 点：

（1）根据主题来收集相关信息，并将多次出现的问题向笔记中心靠拢，其他相关联的信息则写在四周。

（2）关联性强的关系应用粗线连接，关联性不强的关系则用细线连接。

（3）比较重要的关键词应选择加大加粗的字体，这也能反映出该信息的重要程度。

（4）应配合图像使用，这样在视觉上也会更具直观性。

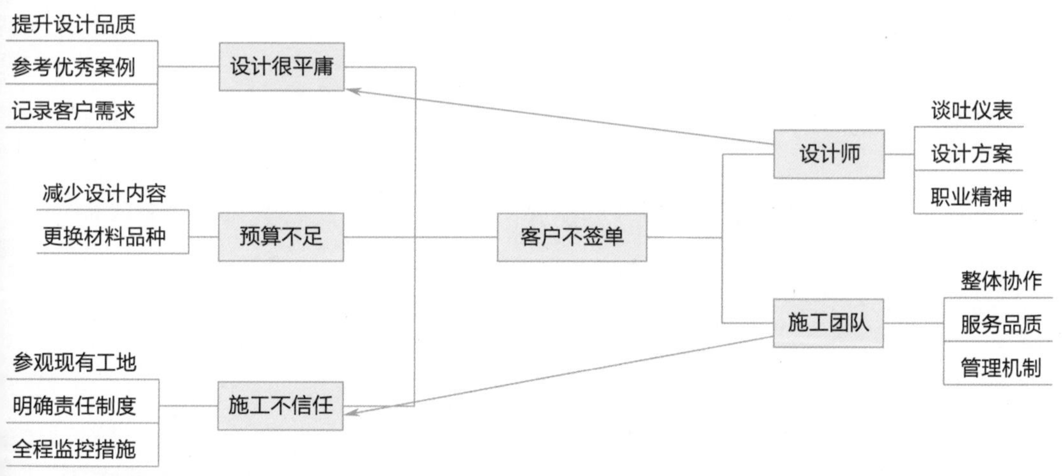

图 8-19　客户与设计师之间的关系图

↑客户与设计师之间的关系图，不仅能够充分展示出设计师的优势，同时也能将客户的疑虑清楚地展示出来，这便于更好地找出解决问题的方法。

五、指向笔记术

指向笔记术具有较好的顺序引导性，能帮助设计师厘清思路。其主要是利用“→”来表明各元素之间的关系，“→”主要具备以下作用：

（1）“→”可以使混乱的关系变得更有秩序，能够让笔记有理可循，并能将重要与不重要的信息清楚地区分开来。“→”还可以让人养成“目的→原因→解决方法”的思路。

（2）“→”具备较好的关联作用，能产生“提出问题→解决问题”的联系，并能成为发现疑问的契机。

当所要表明的信息较多时，需要将其分为A、B、C等各大模块（图8-20），通过总结这些信息的特征，能够引发出更多新的思考角度，所要传达的信息也会更具准确性。

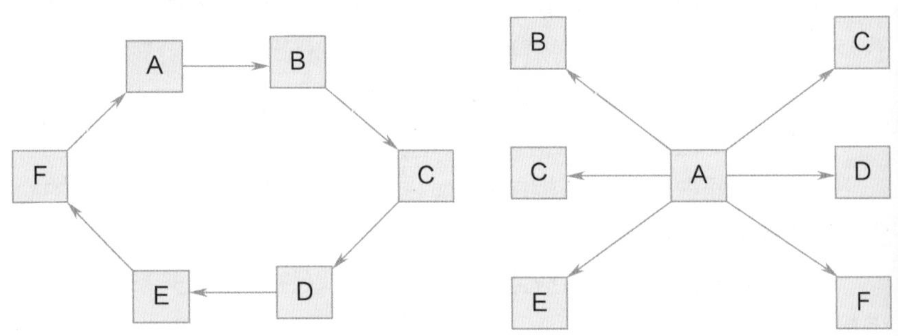

图8-20　利用“→”在笔记中来表示不同指向

图8-21为利用“→”厘清装修的各种关系。

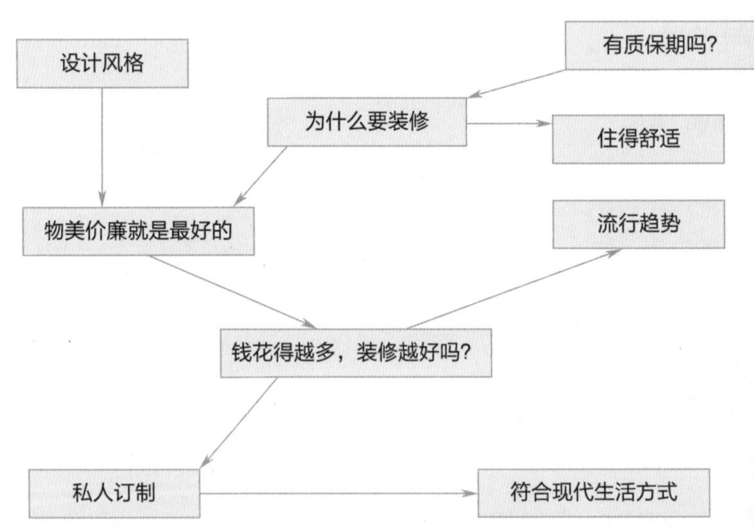

图8-21　利用“→”厘清装修的各种关系

六、符号笔记术

符号在笔记中十分常见，设计师可选用已经具有特殊含义的符号或自己赋予符号以特定的含义来标记。这种笔记形式也能很好地提高设计师的工作效率。

1. “PK”符号

“PK”符号主要有表示竞争、对立的意思，可用于比较不同装饰公司的优缺点，将对立双方的特点清晰地展现出来（图 8-22）。

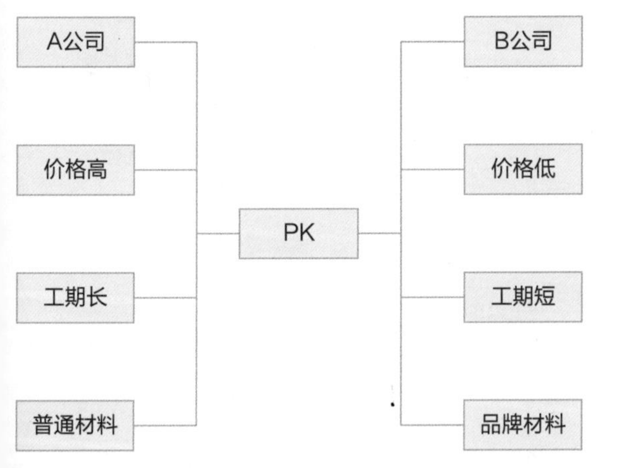

←利用“PK”符号说明两家装饰公司各自的优缺点，这也能帮助设计师更好地与客户沟通。

图 8-22 “PK”符号的应用

2. “？”符号

“？”符号主要表示疑问、不理解、有待查询等意思，在依旧存疑，犹豫不决的内容下可标注“？”符号。例如，当客户无法确定该选择何种装饰风格时，设计师可在客户需求信息的风格一栏标注“？”符号，并在结合客户性格、爱好等因素的情况下，帮助客户选定最终的装修风格。

3. “△”符号

“△”符号主要有重要信息提示或需深入研究、思考之意，此前所说的“○”也可以用于表示重要信息的提示，但这里所说的“△”所标注的信息重要程度要更高一些。

4. “√ ×”符号

“√ ×”符号属于组合符号，这种符号有表示正确、没问题与错误、不成立之意。这种笔记方式能够帮助设计师及时更正自己的设计想法，通常有效的想法打“√”；错误的想法打“×”，以表示警示。

5. “⟷”符号

“⟷”符号主要表示两者对比或对立，笔记中有需要仔细思考和再研究的内容，可使用“⟷”符号来标记。

图 8-23 为运用“特殊符号笔记法”整理设计案例。

七、创意笔记术

创意笔记术可以很好地激发设计师自身的创造能力。这种笔记的记录过程，是为了使笔记的内容更方便、简洁，并能不断拓展设计师的思

图 8-23 运用“特殊符号笔记法”整理设计案例

维模式，以此促使设计师创造出更具创意性和设计性的设计作品。

1. 挫折笔记

挫折笔记是指在记录的过程中适当地设置一些问题，并思考出解决这类问题的答案的方式。这种笔记方式能够增强设计师的执行能力，能让设计师从反向角度思考如何更好地设计，且设计师也能更精准地抓住客户的顾虑，并“对症下药”。例如，可设置“这个方案的设计色彩能得到客户的认可和喜爱吗？”“这个设计方案所涉及的装修甲醛含量一定不会超标吗？”等类似的问题。

2. 绘画笔记

绘画笔记主要是利用插画、对白等漫画要素或实景图片和对话框的形式或人物对话框的形式，来丰富笔记的内容。这种加入了符号与图画的笔记具备故事性和趣味性，不仅能鲜明、有力地传递信息，同时还能促使设计师思维的发散，加深设计师对设计元素的记忆。

3. 需求笔记

需求笔记是从客户的不满、疑虑的角度出发，将客户的潜在需求逐一呈现在设计师的面前，让设计师更懂客户的心理需求。这种笔记形式还可分为黑色笔记和白色笔记。

（1）黑色笔记。黑色笔记是发现设计师与客户之间的共鸣，是从设计到服务之间的一种创意笔记。该笔记方法是在笔记上画两个相同的图形，图形上文字含义重合的部分便是客户与设计师之间产生共鸣的部分（图 8-24）。

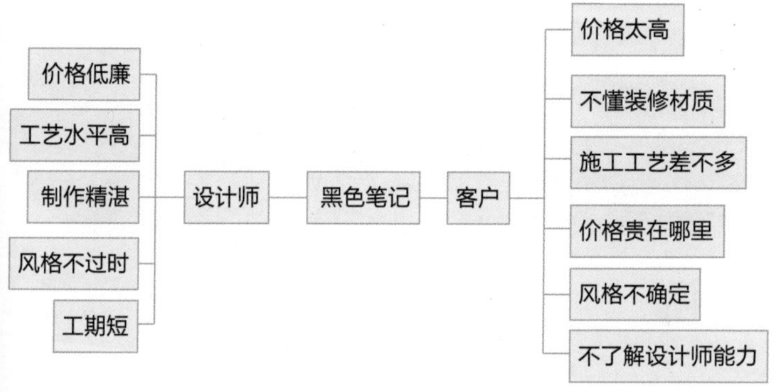

←将左右两侧的内容写上去之后，可从右侧客户“不好的意见”中找到对应在左侧的设计师解决的方法，通过“黑色笔记”可发掘出客户真正的需求。

图 8-24　运用“黑色笔记”整理设计想法

（2）白色笔记。白色笔记是从客户的“喜好”出发，研究客户的潜在需求。该笔记方法需要有一个特定的主题，并围绕该主题展开一系列的思考（图 8-25）。

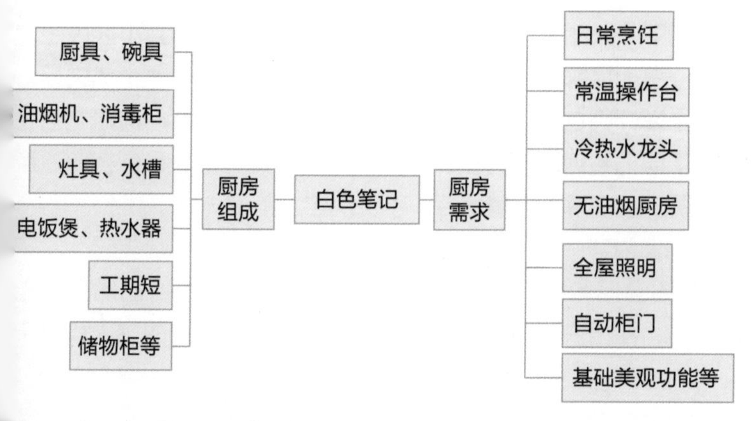

←通过“白色笔记”可挖掘客户的潜在需求，设计师需判断这些需求是否能在室内空间中实现，应当反复斟酌这些需求的可行性。

图 8-25　运用“白色笔记”整理设计想法

逆向思维笔记

逆向思维具备普遍性、批判性、新颖性等特征，这种思维方式能让设计师挣脱传统的设计形式与循规蹈矩的工作模式，并充分发挥自己的想象力。这种笔记方式能在设计师不知道怎么做的时候，或找不到解决问题的方法时，让设计师利用反向思维去考虑问题，从而发现其中的问题找寻解决的办法。

第9章　学习前人经验

识别难度： ★☆☆☆☆
核心概念： 签单实战、改造、色彩、照明
章节导读： 正确的实践需要正确的意识来指导，室内设计师要通过不断学习，不断自省，不断研究前人的优秀设计案例，从而塑造更具现实意义，更具科学性的设计意识。此外，设计师还需要通过不断地摸索、学习，积累大量的签单实战经验，从而更精准地抓住每一个客户给出的签单信号。

第 37 课　签单实战案例

签单能表现出设计师的综合能力，这要求设计师具备语言沟通与设计表现能力。下面介绍两套案例来说明。

一、实战一：层层递进打动客户

1. 实战案例背景

小黄入职了一家刚开业不久的装饰企业，今天小黄将到小区内做宣传，在宣传过程中接触到了新的目标客户，目标客户是一对中年夫妇，目前已有多个设计师在为该客户量房、验房。在与目标客户沟通之前，小黄先找出了自己整理的室内设计作品集，从中找到了与目标客户户型相同的户型图。在了解基本情况后，小黄决定上前试一试。

2. 实战沟通内容

（1）介绍自己和客户户型（图 9-1）。向客户介绍自己的身份与主要工作内容，指出户型特点与设计重点。图 9-2 为小黄的室内作品集局部。

小黄：“您好，打扰您了！我是 ×× 公司的设计师小黄，这是您家的户型，我们早已对您家的户型做了装修分析，您看。”

女业主：“我最近经常看到你们公司的广告，你们公司是新开的吗？”

小黄：“是的，我们是 ×× 公司分公司，虽然是刚开的新公司，但我们才营业了两个多月，已经服务了 80 多位客户。这是我们的设计作品集，您可以看看。我们现在还推出了主材套餐，套餐的性价比也是非常高的。”

女业主：“不错，我在广告上看到过你们的主材套餐，你们总公司是哪儿的？”

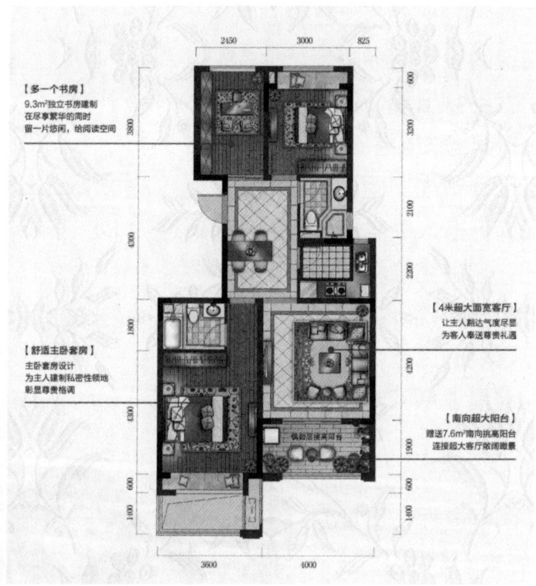

图 9-1　户型图

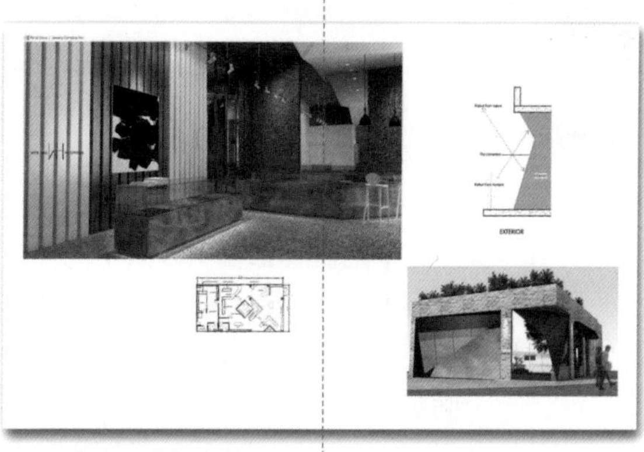

图 9-2　室内设计作品集局部

←提前了解目标客户所在小区的户型结构，并进行适当的分析和设计，这也能帮助形成较好的沟通效果。

小黄：“我们总公司在北京，年营业额可达四五千万元，深得客户的好评，目前已经成功在五个城市开了十多家分店，广州分店也正在筹备中。”

（2）谈论具体的设计方案。逐个分析室内空间中存在的问题与解决方案（图 9-3、图 9-4）。

小黄：“嫂子、大哥，你们家房子我们已经提前量好了，趁着现在你们有空，咱们可以先聊聊怎么装修你们家的房子。还不知道大哥和嫂子怎么称呼？”（主动出击、抛砖引玉）

男业主：“免贵姓黄，你嫂子姓王，你们现在有做好的方案吗？”

小黄：“黄、王一家，嫂子、大哥不愧是一家人。黄哥、王姐，咱们这个设计的目的肯定是要满足你们的需求，所以啊，还得看看你们有没有什么特别的需求。来之前，我们已经做好了一份基础的设计方案。”

小黄：“我们做设计，主要考虑三个方面的问题，一是居住空间内各项功能的满足和实现；二是针对户型空间特征设计，使空间更合理、更美观；三则是用最经济的投入，来实现室内装修的需求，毕竟我们不能让客户吃亏，大家都是诚信人嘛。”

小黄："黄哥、王姐，这是我们为你们制定的设计指标书，只要根据设计指标，一项一项地去讨论，就不会出现任何问题。咱们先来看空间这一项，通常我们会将其分为公共空间和私密空间。你们看，像玄关、过道、客厅、餐厅、厨房、卫生间、阳台等都属于公共空间，这是咱们一家人经常使用的公共部分。卧室、书房等则是私密空间，它讲究隐私性。公共空间则讲究开放性，公共空间的设计风格要统一。私密空间则可以根据个人的喜好，设计成自己喜欢的风格。从公共空间过渡到私密空间的动线十分简洁，但是注意回避了主卧室的开门方向。"

男、女业主："不错，是这么个道理，这要是没有一点私密空间，那住的也太不舒服了。"

小黄："黄哥、王姐，你们有没有什么特别的需求呢？"

男、女业主："也不算特别的需求，主要现在孩子大了，我们啊都觉得以前房子的储物空间太少了，而且我们比较喜欢亮堂一点的环境，最好价格不要太贵，要多点实用性的设计。"

小黄："理解，住得越久，东西越多，这一点我记下来了。咱们可以通过储物柜、衣柜等的设计来扩大储物空间，墙面上咱们也给它利用起来，保准又能放东西，又很美观。"

小黄："至于亮堂点的环境嘛，咱们家这房子采光还不错，到时候可以利用镜面材料、窗户等来扩大采光面积，这个很好解决的。整体的装修风格，你们比较中意哪一种呢？"（询问客户喜欢哪种装修风格时，要先观察客户的性格、衣着、谈吐、职业等，可以从中发现客户比较适合哪种风格，毕竟适合客户的才是最重要的）

女业主："哪些风格比较流行啊？"

小黄："来，你们看，这是现代中式风格，多用红木或黑胡桃木作为饰面木材，配以素色墙面，比较简约；这是北欧风格，讲求简约设计，装饰材料多为木材、石材、铁艺等；还有现代简约风格、简欧风格、田园风格等，都是比较热门的风格，主要看你和哥喜欢哪种。"

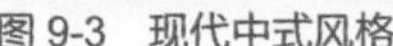

图 9-3 现代中式风格

↑现代中式风格通过简洁的造型来表现古典风韵，装饰造型与家具配置仍然以现代风格为主，但是色彩搭配却有强烈的传统气息，适合成熟稳重的中老年家庭。

图 9-4 北欧风格

↑北欧风格以浅色为主，在充足的光照环境下显得十分明亮，家具造型简洁，搭配浅色木纹，形成清新淡雅的格调。

男、女业主："我们还是比较中意现代中式风格的。这样吧，我们现在还有时间，交房手续也办得差不多了，我们先去你公司看看，了解下有哪些装修套餐。"

（3）促使客户交付定金。客户和小黄一起来到公司，客户对公司各方面都感到很满意，小黄抓住时机提出交付定金，确定设计方案，并拿出装饰设计订单。

小黄："来，黄哥，这是我们公司的设计订单，您和嫂子看一下，您刚刚对我们公司也很满意，如果您和嫂子没什么疑问的话，我就可以着手为您完善设计方案，并制订详细的报价单了，毕竟早装修早入住嘛。"（交付定金时客户会犹豫，设计师要把控好给客户考虑的时间）

男、女业主："现在就要交钱吗？报价单我都没有看到，这个要是后面不能在你们公司做，钱还退吗？"

小黄："黄哥、嫂子，是这样的，这个定金后期是会纳入第一批工程款的，是不会多收你们钱的。当你们对我们公司十分满意时，交纳一部分定金后，我们便可以一对一为你们服务，后续设计方案也好及时完善。"

男、女业主："那我们今天没带这么多钱，上午刚交了 1 万多，要不这样，我和你哥今天先回去，明天上午我们再过来交定金。"

小黄："那也行。黄哥、嫂子，是这样，我们公司现在正好有定金翻倍的活动，但名额有限，我建议你们可以先上其他公司去看一看，做一个比较。"

小黄："你们也可以去我们的工地实地考察下，可以对比下我们公司和其他公司的施工质量、施工人员素质、公司的售后服务等，看看我们公司是不是你们最好的装修选择，你们再来下订。"

3. 分析总结

送走客户后，小黄开始分析客户的心理活动，他知道客户对他还不够信任，但即便他们后期再了解其他公司，也会在无形中对比设计师和装修公司的质量，自己一定不能太急。果然第三天，客户便来签合同了。正是小黄前期准备工作充足，能灵活应对客户提出的问题，适时去公司谈单，后期也以合适的方式持续跟踪客户，最后才能促成签单。

二、实战二：用实力和细节打动客户

1. 实战案例背景

今天公司来了一位想装修快捷酒店的客户，这位客户是小黄的老客户介绍的，小黄从老客户那里得知客户秦先生是一家快捷酒店的合伙人，而该酒店位于地段繁华的商业街，一共有三层，60 间房，预计花费 90 万左右装修。

2. 实战沟通内容

（1）讨论初始设计构想。对面积较大的公共空间，讨论的重点是造价，这直接影响到具体设计形式（图 9-5、图 9-6）。

小黄："您好，秦哥，我先和您简单说一下，快捷酒店装修设计呢，需要将服务功能集中在住宿条件上，必须在核心服务上精益求精。"

小黄："这种方式能很好地控制装修预算，但是酒店的服务对象和定位不同，最后的装修预算可能会有所改变，咱们不能为了降低预算，而以廉价酒店的标准来做。您事先有想好具体做哪一类型的酒店吗？"

秦先生："我和我的合伙人已经商量好了，咱们的这个快捷酒店要装修成商务型酒店或带有个性化特征的公寓式酒店，90 万装修费用绰绰有余。"

小黄：“是这样，秦哥，商务型酒店主要是以接待从事商务活动的客人为主，这就要求酒店要靠近城区或商业中心区，且需要配备齐全的商务设施，如传真机、复印机、计算机、语言信箱、视听设备等。

您的酒店地理位置还算不错，但距离商业中心区还有一定距离，所能获取的客源有限，且商务型酒店装修费用较高，因而我不建议您装修成商务型酒店。”

小黄：“公寓式的个性化酒店呢，所需要配套的设施更杂一些，它需要像普通住宅空间一样，不仅要有独立的空间，还得配备相关的设施。例如，客厅要配备电视机或投影仪，厨房需配备烹饪工具。”

小黄：“公寓式的个性化酒店既要有公寓的私密性和居住氛围，还要有高档酒店的良好环境和专业服务，且针对的是某些特殊的消费群体，这个从多方面考虑也不太适合您酒店的定位。我建议您还是装修成经济型酒店会更好，对盈利也更有保障。”

图 9-5 商务型酒店

↑商务型酒店布局方正，家具配置齐全，舒适性较好，整体投资较高，运营竞争较大。

图 9-6 公寓式个性酒店

↑公寓式个性酒店的布局更加自由，以满足具有个性需求的客户，对建筑布局没有严格的要求，室内布局可随时改变。

（2）谈论具体设计方案，进一步明确设计内容和设计要求。

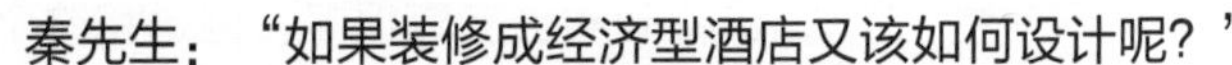

秦先生：“如果装修成经济型酒店又该如何设计呢？”

小黄：“根据您酒店的户型图，如果要装修成经济型酒店，室内布局不需要做过大的改动，这类酒店的目标对象多为游客、出差者，设计主要以实用性和功能性为主，建议将成本重点用在水、电装修和购置房间配套设施及软装设计上，毕竟快捷酒店便是追求方便、经济，这样装修，也符合它的主题。”

秦先生："嗯，但是如果设计风格不突出的话，最后呈现的整体视觉效果会不会不太好，这样我的酒店不就比别的酒店差了，竞争优势会不会也没有了？"

小黄："这个您不用担心，您酒店的基本房型格局已经确定，酒店内的 60 个房间都会设计成带洗浴的标准间，这种装修方式配上良好的配套设施和精致的软装同样可以达到精美的设计效果，且经济又实惠。"

小黄："而且，我们也可以设置少量的套间，以便适应不同人群的需要，所购买的设施，如床、饮水机、电视机、热水器、计算机、桌椅、厕所卫浴及五金等，分摊到每间房，大致需要八千元。"

小黄："此外，我们最需要注重的便是客人的入住体验，我们给您推荐的衣柜是质量上等的，不会轻易发出噪声；客房地面铺装的是复合木地板，既实用、卫生，又能给客户带来温馨和较强的舒适感。"

小黄："客房地毯也是耐污、防火的地毯，家具角我们都会处理成钝角或圆角，这样不会给年龄小或个子不高的客人带来伤害。"

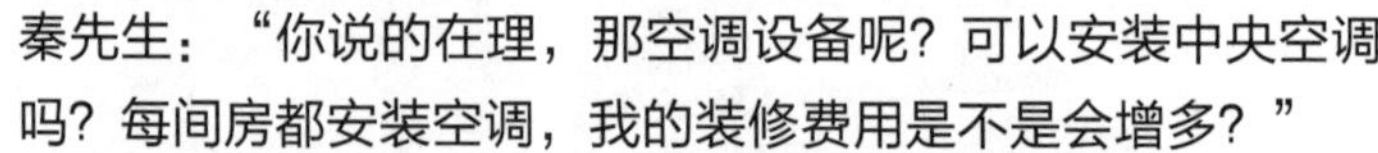

秦先生："你说的在理，那空调设备呢？可以安装中央空调吗？每间房都安装空调，我的装修费用是不是会增多？"

小黄："根据您预估的装修费用，三层楼的话不建议安装中央空调，实际上购买中央空调及其管道铺设也需花费近 50 万，还不如购买挂式空调，60 间房大概二十几万便足够了。我们还会为您设置配电房，这样即使在用电高峰期，也能保障每个房间的电压稳定。"

秦先生："嗯，这样确实会实惠很多，但是我这个酒店是要在黄金周之前可以投入使用，如果现在装修，时间上来得及吗？"

小黄："秦哥，这个您就更不用担心了，您看，这是我们公司前段时间做的酒店设计，设计理念和您的想法比较符合，您可以参考一下。这个呢，是这套酒店的施工进度表，您可以边看，我边给您讲解。"

秦先生：“这个方案和这个施工进度都可以，我今天就可以签合同，希望你们尽快出施工详图，能尽快施工。”

3. 分析总结

小黄能够成功签单的原因有：一是秦先生是熟人介绍而来，本身对设计师就有一定的信任度；二是小黄能够沉着、冷静地回答秦先生所提出的问题，并能向秦先生讲述相关的设计知识；三是小黄足够细心，他能察觉到客户真正关心的问题是什么，能够设身处地地为客户节省花销。

第 38 课 优秀设计赏析

室内设计师要不断更新自己的知识库，要积累优秀设计案例，要能从中学习有价值的知识，并融会贯通。

一、户型设计案例

室内设计的基础是户型设计，改变原有户型布局中不合理的结构，重新规划出符合使用功能的空间。下面介绍一套户型设计案例供参考。

这是一套单身女性居住的住宅，另外有一只狗与一只猫。室内空间组成为客厅、厨房餐厅、过道、卫生间、卧室。主要建材为进口地砖、实木地板、仿古墙砖、马赛克墙砖、大理石板，地毯（图 9-7 ～图 9-14）。

厨房与餐厅在同一空间之中被一堵墙分割开来，形成了两个独立的空间。如此一来不仅显得餐厅空间过分拥挤而且两者之间的动线连接也不流畅。

入口过道是一个异形空间，如何合理利用这一空间是最重要的问题。增减都可以给这个空间增加不一样的活力，两者带来的视觉感受也不相同，主要根据业主的喜好决定。

卧室与客厅的面积都不是很大，两者之间同样被一堵墙分开，两个空间都显得有些拥挤。

a）改造前

b）改造后

图 9-7 平面图

a）改造前

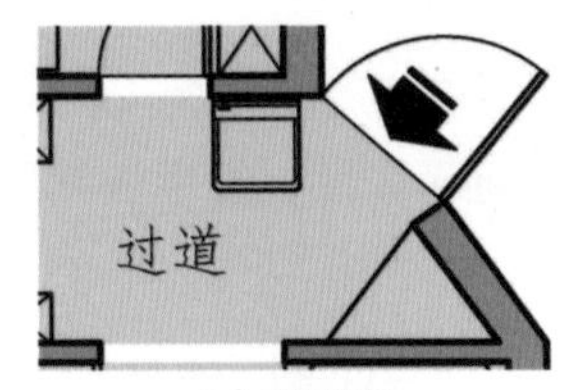

b）改造后

图 9-8　入口过道

←入户玄关过道虽然为异形，但是是三角形，所以比较好处理，安装上定制的玄关柜即可解决这个问题。玄关柜储物功能强大，一些琐碎小物件即可收纳在此处。

a）改造前

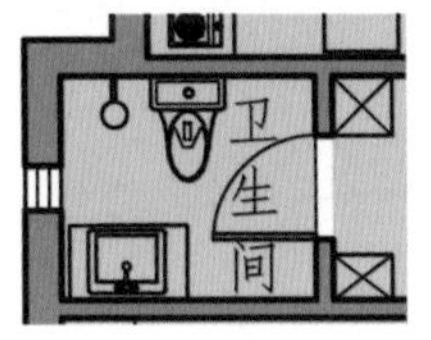

b）改造后

图 9-9　卫生间

←在卫生间开门外侧的两侧墙体处安装定制衣柜，虽然衣柜离卧室比较远了，但是洗漱完之后可就地更换衣物，使用更加方便。

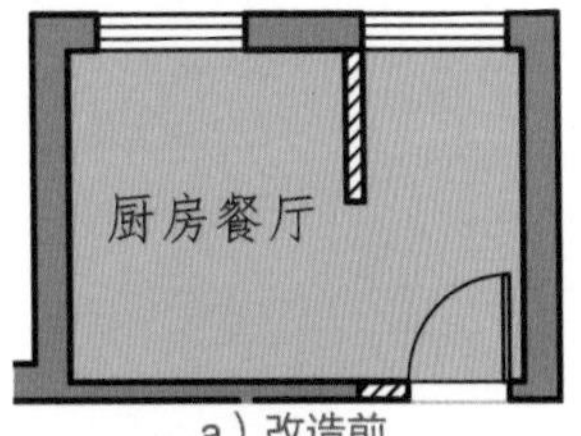

a）改造前

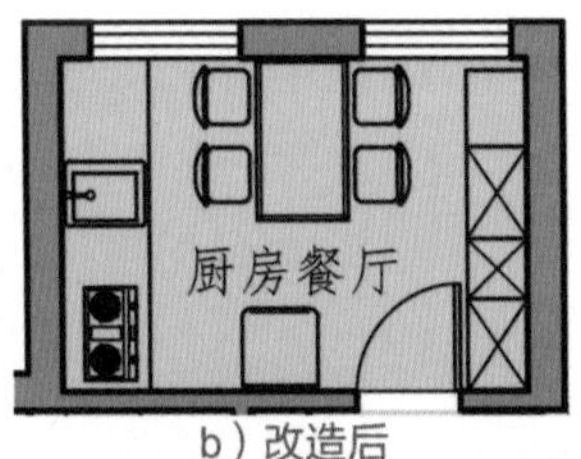

b）改造后

图 9-10　厨房餐厅

←面积本就不大的空间完全可以拆掉多余的墙体，使餐厨成为一体，不仅改善了动线，还可让空间更宽敞。

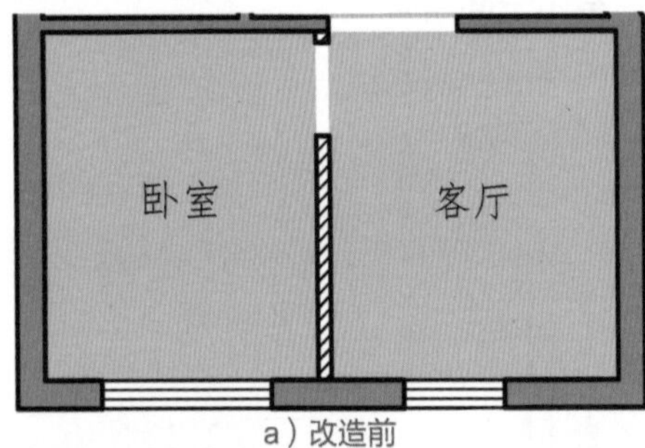

a）改造前

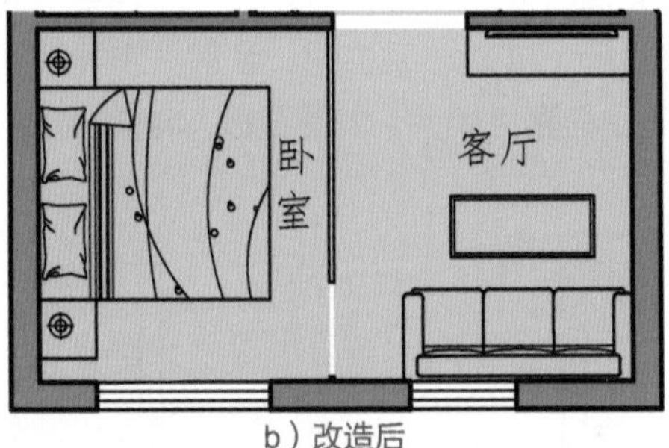

b）改造后

图 9-11　卧室客厅

←卧室与客厅之间也可以拆掉分隔的墙体，安装上玻璃隔断，这样能使两个空间都变得宽敞，使动线变得更便捷。

图 9-12　玄关

↑玄关处的定制玄关柜，其实也是一个隐藏的衣柜，出门要穿的外套可以挂在这里，这样出门可以直接套上外套，无须再返回室内。这种设计方式增强了空间的储物功能，缩短了动线。

图 9-13　厨房餐厅

↑将厨房与餐厅合二为一，更显得空间宽敞，与此同时从厨房到餐厅之间的走动也变得更方便，从做饭到用餐也就是一转身的功夫。这种设计整合了零碎的空间，改进了原本的动线。

图 9-14　卫生间过道

↑将原本卫生间的干区改成衣柜，减小了卫生间的面积，让更衣、洗漱的动线更加简便。卧室与客厅之间用玻璃作隔断，不仅有分隔空间的作用，更在视野上显得整体空间更宽敞。

二、色彩设计案例

色彩一直是室内设计的重心，色彩能反映人的情绪、性格，直接影响室内设计的品质。室内色彩设计要对空间功能预先进行分析，拟定出多种色彩搭配方案供客户选择。

下面以住宅客厅为例，分别介绍不同色彩风格的设计创意。

1. 清爽客厅

室内空间以白色和浅灰色为主，搭配蓝色，形成清新、明快的视觉效果，添加少量米黄色、棕色进行点缀（图 9-15）。

浅灰色作为主色调，能体现高级时尚的感觉，与蓝绿色搭配在一起具有浓郁的时尚感。

深棕色的点缀避免了蓝绿色与浅色调带来的过于冷清的氛围；泥土气息的色彩也让人十分亲切。

白色与任何颜色都百搭，与蓝绿色更能增加室内空间的清凉感。

蓝绿色除了拥有蓝色清爽的感觉之外，还能营造自然、平静的氛围。

C14 M9 Y14 K0

C20 M15 Y12 K0

C0 M0 Y0 K0

C84 M41 Y43 K0

C66 M63 Y62 K12

图 9-15 清爽客厅案例及配色

蓝色与白色的搭配是非常经典的配色，蓝绿色除了能够增加清爽感外，还能带来大自然的感觉，令人感到放松和舒适。同时，为了避免空间中的氛围过于冷清，加入了深棕色进行点缀。

2. 明亮客厅

室内空间以白色和浅灰色为主，搭配中等纯度的蓝色，形成高明度的对比，添加少量玫红色、棕灰色进行点缀（图 9-16）。

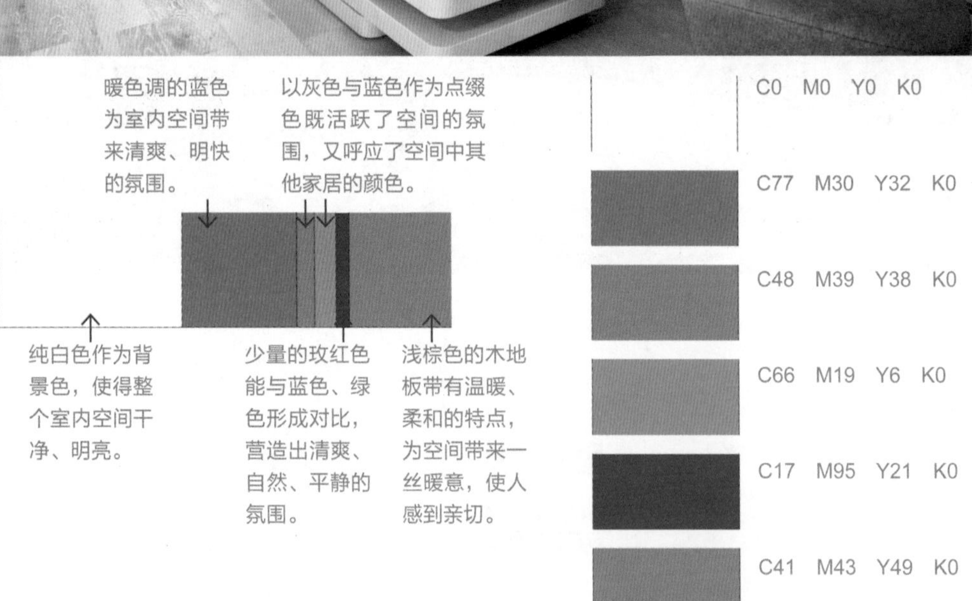

图 9-16 明亮客厅案例及配色

↑营造清爽明亮的客厅一定会使用到冷色系，但是居住空间要以人的舒适感受为第一要务。因此，大量搭配白色是十分必要的。蓝色布艺沙发与浅棕色木地板能够突显主体风格，与白色墙面、茶几形成明度上的对比，搭配少量玫红色能不失温暖的感觉。

3. 温馨客厅

充满温馨的客厅，是舒缓而平和的氛围空间，不会太过于活跃，也不会过于沉闷，可以用相近色去表现（图 9-17）。

浅棕色的地板、横梁与小家具，彼此之间相互呼应，与树木相同的颜色让人非常放松。

高纯度的黄色点缀在空间中，打破空间中原本的平淡，既温馨又富有动感。

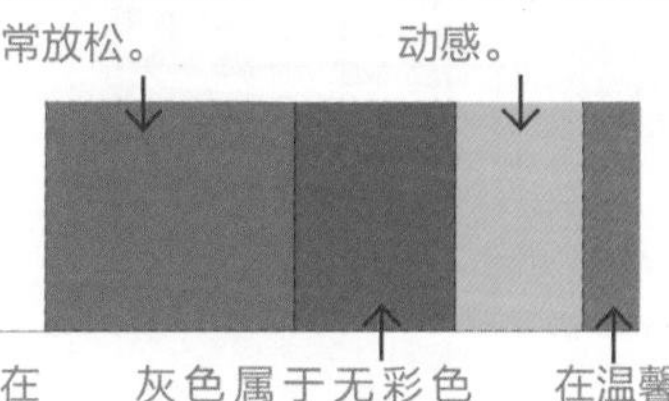

白色作为主色调在营造温馨氛围时最常用，白色干净且可塑性强。

灰色属于无彩色系，与黄色搭配在一起，整体会偏向暖色调。

在温馨的室内，通过绿植来增添空间中的色彩是非常好的选择。

C0 M0 Y0 K0

C33 M53 Y68 K0

C56 M47 Y46 K0

C11 M13 Y89 K0

C69 M37 Y85 K0

图 9-17 温馨客厅案例及配色

↑任何色彩都有自己独特的色彩印象，冷暖色调是所有色彩属性中最直观的感受。我们常常用暖色调的色彩搭配去表现温馨的室内空间氛围。

三、照明设计案例

照明设计是室内空间的二次塑造，将空间布局与色彩设计重新组合起来，通过灯具来强化室内空间氛围。现代室内设计强调无主灯照明设计，在多元化的灯光照明条件下营造出丰富的视觉效果。

下面以一套三居住宅户型为例，介绍无主灯照明设计。

这套户型，含卧室两间、书房一间、卫生间两间，客厅、餐厅、厨房各一间，朝南阳台一处，是一套最为常见的南北通透三居室户型（图 9-18）。此外，还有一条串起主卧、次卧、书房和卫生间的走廊，明确地将公共区域和休息区域隔开。同时，大阳台给空间带来了很多可能性。厨房和餐厅区域兼具了中厨和西厨功能，还配备一个小吧台可以观赏风景或办公。照明设计为无主灯设计（图 9-19），大量选用筒灯、射灯、灯带来强化局部空间照明，将多处局部照明相互搭配，形成全局照明，让整体空间通亮的同时，也注重局部细节的表现。除此之外，别致的传统装饰隔断与吊顶造型，让空间显得更加丰富多彩。

将厨房与餐厅打通，空间宽阔而美观，视觉效果好，沟通也更加方便。

次卫采用干湿分离格局，外部洗手台使用半墙，利于采光。

次卧布局方正，中规中矩。

主卫采用常规布局。

在入户门做屏风隔断，避免入户直视客厅。将客厅与阳台打通，使空间更宽敞，采光更充足。

书房拥有满墙书柜，满足业主藏书需求。利用与阳台相隔的移门进行采光，视野开阔。

主卧储藏柜充足，比较具有灵活性，功能俱全。

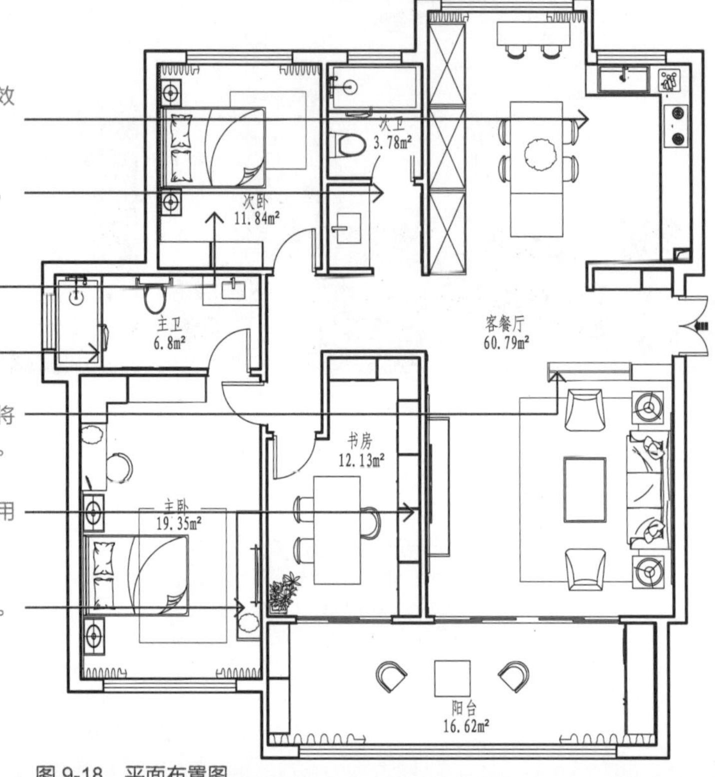

图 9-18　平面布置图

餐厅厨房灯光主要用来照亮操作台与餐厅，两个小射灯用来照亮吧台。

次卧主要以中间格栅灯照明为主，床头射灯照亮墙上装饰画。环绕吊顶内侧安装灯带。

走道灯具排列整齐，分散间距统一。

主卧室悬浮吊顶内侧安装灯带，中间安装龙骨泛光灯，电视柜一侧安装三个洗墙灯，形成优雅的光效氛围。

客厅灯光对称分布，悬浮吊顶内侧安装灯带。

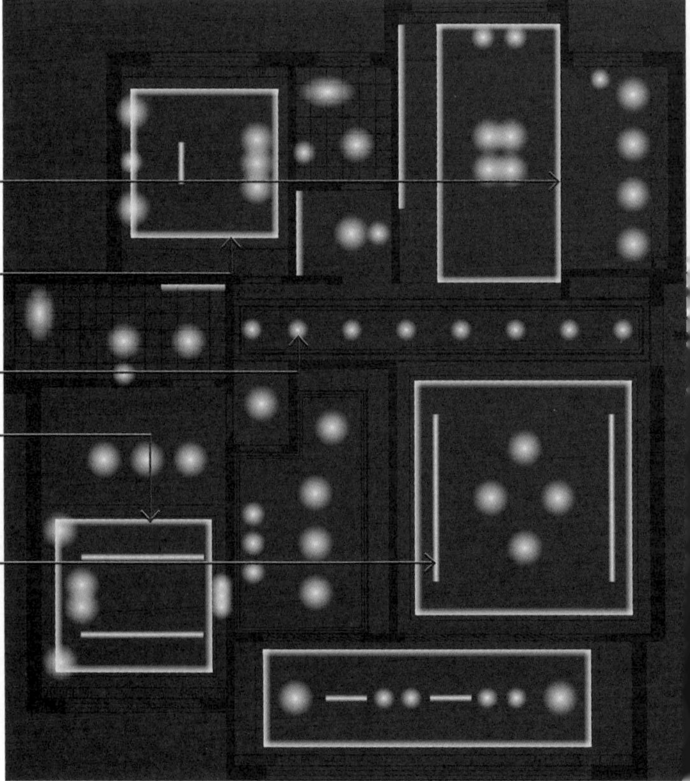

图 9-19　照明布置图

表 9-1 为灯具配置表。

表 9-1 灯具配置表

空间	灯具	图例	数量	规格型号	色温	开关控制
走道	防眩筒灯		8 个	10W，ϕ83mm，开孔 ϕ75mm	4000K	墙面交替 2 开
	深藏可调射灯		1 个	7W，ϕ86mm，开孔 ϕ75mm	3500K	墙面 1 开
客厅	防眩筒灯		4 个	12W，ϕ79mm，开孔 ϕ65mm	4000K	墙面 1 开
	磁吸轨道灯		5个 × 2 组	12W，300mm × 22mm × 25mm	3500K	墙面 2 开
	暗藏灯带		17m	7W/m，120 珠	3000K	墙面 1 开
阳台	防眩筒灯		2 个	10W，ϕ93mm，开孔 ϕ85mm	4000K	墙面 1 开
	暗藏灯带		20m	7W/m，120 珠	3000K	墙面 1 开
	轨道射灯		4 头	5W × 4 头，长 3446mm	4000K	墙面 1 开
餐厅	防眩筒灯		4 个	10W，ϕ93mm，开孔 ϕ85mm	4000K	墙面 1 开
	线条灯槽		4m	40W，52mm × 13mm	4000K	墙面 1 开
	深藏可调射灯		2 个	7W，ϕ86mm，开孔 75mm	4000K	墙面 1 开
	暗藏灯带		14m	8W/m，120 珠	3000K	墙面 1 开
厨房	防眩筒灯		4 个	12W，ϕ93mm，开孔 ϕ85mm	5000K	墙面 1 开
	防眩筒灯		1 个	10W，ϕ93mm，开孔 ϕ85mm	5000K	墙面 1 开

（续）

空间	灯具	图例	数量	规格型号	色温	开关控制
次卫	浴霸灯		1个	照明18W，换气30W，取暖2100W，600mm×300mm	4000K	遥控开关
	镜前灯		1个	11.5W，550mm×27mm	6500K	墙面1开
	防淋水筒灯		2个	12W，ϕ111mm，开孔ϕ95mm	4000K	墙面1开
	防水射灯		2个	7W，ϕ95mm，开孔ϕ80mm	4000K	墙面1开
主卫	浴霸灯		1个	照明18W，换气30W，取暖2100W，600mm×300mm	4000K	遥控开关
	镜前灯		1个	11.5W，550mm×27mm	6500K	墙面1开
	防水射灯		1个	7W，ϕ95mm，开孔ϕ80mm	4000K	墙面1开
	防淋水筒灯		2个	12W，ϕ111mm，开孔ϕ95mm	4000K	墙面1开
书房	防眩筒灯		4个	22W，ϕ210mm，开孔ϕ195mm	4500K	墙面交替2开
	深藏可调射灯		3个	7W，ϕ86mm，开孔ϕ75mm	3500K	墙面1开
次卧	防眩筒灯		3个	10W，ϕ93mm，开孔ϕ85mm	4000K	墙面1开
	格栅灯		1个	20W，10珠，280mm×45mm×37mm	4000K	墙面1开
	深藏可调射灯		1个	7W，ϕ86mm，开孔ϕ75mm	3500K	墙面1开
	暗藏灯带		11m	7W/m，120珠	3000K	墙面1开

（续）

空间	灯具	图例	数量	规格型号	色温	开关控制
次卧	床头吊灯		2 个	7W，E27	3500K	墙面 2 开
主卧	防眩筒灯		5 个	10W，ϕ79mm，开孔 ϕ65mm	4000K	墙面交替 2 开
	深藏可调射灯		3 个	7W，ϕ86mm，开孔 ϕ75mm	3500K	墙面 1 开
	泛光灯		2 个 ×2 组	30W，814mm×42mm	4000K	墙面交替 2 开
	暗藏灯带		11m	7W/m，120 珠	3000K	墙面 1 开
	床头吊灯		2 个	7W，E27	3500K	墙面 2 开

图 9-20 为照明效果图。

a）客厅正面

b）客厅侧面

c）餐厅

d）玄关

9-20 照明效果图

e）书房

f）次卧

g）主卧

图 9-20　照明效果图（续）

↑现代住宅空间照明多采用无主灯设计，分散筒灯、射灯、灯带的安装位置，分控开关，形成多维局部照明，营造出变化多样的照明效果，最终形成的照明色彩与质感要能给人带来温馨的视觉效果。

参考文献

[1] 和田浩一，富樫优子，小川由佳利．室内设计基础 [M]．朱波，万劲，蓝志军，等译．北京：中国青年出版社，2014．

[2] 胡雅茹．思维导图笔记整理术 [M]．北京：北京时代华文书局，2018．

[3] 刘星，毛颖．室内设计必用的 218 套节点图 [M]．武汉：华中科技大学出版社，2020．

[4] 祝彬，樊丁．色彩搭配室内设计师必备宝典 [M]．北京：化学工业出版社，2021．

[5] 安素琴．建筑装饰材料识别与选购 [M]．北京：中国建筑工业出版社，2010．

[6] 陈亮奎．装饰材料与施工工艺 [M]．北京：中国劳动社会保障出版社，2014．